智能群体博弈

张春燕　谢广明　著

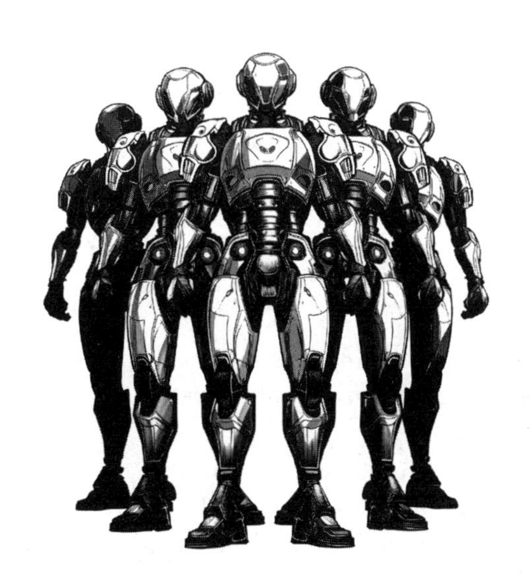

清華大學出版社
北京

内容简介

本书介绍了智能群体博弈对抗与合作理论的现状、发展趋势以及重要应用，为读者在人工智能、演化博弈、集群系统等领域开展跨学科研究和技术开发打下理论基础。

全书共12章，主要内容包括演化博弈基础理论概述、任务分配问题、懒惰个体对任务分配博弈动力学的影响、孤立者对群体公共品博弈动力学的影响、惩罚者对群体博弈动力学的影响、策略多样性在公共品合作演化中的作用、偶遇在囚徒困境博弈动力学中的影响、朋友圈大小对空间博弈动力学的影响、有限理性个体对群体博弈动力学的影响、"自己差，对手更差"策略对群体博弈的影响等技术前沿。

本书内容涉及社会心理学、博弈理论、计算机仿真、动力学分析等多学科交叉内容。本书可作为自动化、计算机科学与技术、电子信息工程、机器人工程等专业研究生和高年级本科生的教材，也可作为相关科研人员的参考书。

图书在版编目(CIP)数据

智能群体博弈/张春燕，谢广明著. —北京：清华大学出版社，2024.2
(人工智能科学与技术丛书)
ISBN 978-7-302-65190-1

Ⅰ. ①智… Ⅱ. ①张… ②谢… Ⅲ. ①人工智能—研究 Ⅳ. ①TP18

中国国家版本馆CIP数据核字(2024)第020924号

责任编辑： 曾 珊
封面设计： 李召霞
责任校对： 刘惠林
责任印制： 杨 艳

出版发行： 清华大学出版社
网 址： https://www.tup.com.cn，https://www.wqxuetang.com
地 址： 北京清华大学学研大厦A座 **邮 编：** 100084
社 总 机： 010-83470000 **邮 购：** 010-62786544
投稿与读者服务： 010-62776969，c-service@tup.tsinghua.edu.cn
质量反馈： 010-62772015，zhiliang@tup.tsinghua.edu.cn
课件下载： https://www.tup.com.cn，010-83470236
印 装 者： 大厂回族自治县彩虹印刷有限公司
经 销： 全国新华书店
开 本： 185mm×260mm **印 张：** 10 **字 数：** 245千字
版 次： 2024年2月第1版 **印 次：** 2024年2月第1次印刷
印 数： 1～1500
定 价： 59.00元

产品编号：096603-01

前言
PREFACE

智能群体博弈是涉及人工智能学科的热点研究课题，同时也是人工智能专业的重要专业课程。作为分布式人工智能研究领域的智能个体理论和技术，在分析和建立人类交互模型和交互理论中发挥着重要作用。作为一种独特的、融合了各学科的、研究人类行为的方法，博弈论可以用严谨的数学模型来解决现实世界中的协作关系。这两种理论的结合研究具有重大的理论价值和现实意义。鉴于目前研究现状，本书以个体的智能性为研究切入点，用博弈论方法分析现实世界中的利害冲突与协作问题，属于跨学科(如人工智能、复杂系统、社会心理学、博弈理论等)的研究热点。

目前，全国已经有数十所高校成立了人工智能学院，开设人工智能相关课程的高校有几百所。基于演化博弈理论的群体智能是涉及多学科交叉的前沿热点，是人工智能领域的主要方向，但相关的图书种类很少，且内容不够新颖，难以适应当前的教学和科研需求。基于此，为了满足人工智能相关专业研究生和相关专业人员在智能群体博弈相关领域的学习要求，扩展他们的知识视野，有必要按照实际教学要求，对以演化博弈为核心的群体智能理论知识进行精心选择，使学生能够掌握群体智能体系以及关键理论方法。作者在国家自然科学基金、天津市自然科学基金的资助下，持续多年开展智能群体演化博弈的研究，熟悉群体智能与演化博弈传统理论与发展前沿。作者熟悉本科生、研究生教学规律，了解学生课堂体验，在南开大学人工智能学院开设生物启发计算等多门相关课程。本书是作者基于讲义，总结其在演化博弈与群体智能方面研究工作的基础上，经过系统整理撰写而成。

本书共分为 12 章。第 1 章介绍了群体智能和演化博弈理论的基本概念和方法；第 2 章介绍了懒惰个体对任务分配博弈动力学的影响；第 3 章是关于孤立者对群体演化博弈的影响；第 4 章是惩罚者对群体协作和博弈动力学的影响；第 5 章介绍了策略多样性对群体公共品博弈的影响；第 6 章是关于个体偶遇对囚徒困境博弈动力学的影响；第 7 章研究了朋友圈大小对空间博弈动力学的影响；第 8 章涉及有限理性个体对群体博弈动力学的影响；第 9 章关于“自己差，对手更差”策略对群体博弈动力学结果的影响；第 10 章是关于“自己差，对手更差”策略的适应度和稳定性研究；第 11 章深入研究基于演化博弈理论的社会困境诱因及合作优化机制；第 12 章介绍了动态合作困境中多智能体行为的演化规律等。本书多处附彩图，读者可扫描对应二维码观看。也可以扫描本页二维码下载。

全书彩图

本书内容有助于自动化与智能科学、机器人工程、社会心理学、仿生科学等专业的复合型人才培养，对于所涉专业的高年级本科生和研究生的学习提供了参考。希望通过对这些基础理论和最新科研成果的介绍，为相关领域的科研人员和爱好者提供智能群体利益冲突与合作问题的理论参考。

在本书的编写过程中，南开大学人工智能学院天津市智能机器人技术重点实验室、智能预测与自适应控制实验室、复杂系统与群体智能研究组的研究生提出了改进建议，促进了本书内容和结构的不断优化。尤其感谢刘思媛、李巧宇、赵正午等同学在全书成稿阶段的内容检查和修订工作。

限于作者水平，书中难免会有疏漏和不足之处，敬请读者批评指正。

作　者

2023年10月

目录

CONTENTS

绪　论

第1章

CHAPTER 1

1.1 博弈对抗与合作困境

合作是在自然界中广泛存在的现象。无论是人类社会、动物群体还是植物或微生物之间都存在着大量的合作行为，例如原始部落集体狩猎、无偿献血、网络资源的共享、工蚁喂养幼蚁、猴子互相抓背、阿米巴虫帮助同伴产生孢子等[1-2]。合作行为对于人类社会和自然世界的发展起着至关重要的推动和促进作用，但合作的形成与维持并非易事。人类合作行为的机制是如何产生的？人类合作的道德含蕴和意义何在？这些是经济学、政治学等其他社会学科中的一些基本问题。

自20世纪80年代以来，美国政治学家和博弈论专家Robert Axelrod教授设计出了一些计算机程序，并组织来自世界各地的学者展开模拟试验竞赛，取得了很多“惊人”的理论发现，在国际学术界产生了重大影响，尤其是对演化生物学、社会学、心理学、经济学、生物学，甚至数学和人类学等学科产生了广泛且深远的理论冲击，引起了科学界的广泛关注。博弈理论作为一个基本工具，广泛用于研究此类问题。目前，博弈理论，特别是演化博弈理论吸引了来自多领域的学者从不同的角度对演化博弈理论中的问题进行了深入研究，取得了一系列研究成果[3-5]。

具体地，任务分配是一种广泛的存在于自然界中的生物集群行为，例如：社会性昆虫成员之间通常按照等级分化来实现分工，多细胞生物也表现出高度的细胞分化[6-7]，甚至细菌也会通过分工维持菌落的生存[8]。分工合作模式为群体活动提供有效的支撑，很多群体的正常运转对于分工合作具有依赖性。

对于最初的分工合作现象的研究被看作是生物学中的一个重要课题，在一些社会性昆虫的群体中，微观层面的每个个体会根据不同的行为刺激和从同伴获得的信息做出策略选择[9-11]，通过与周围个体不断地交互，最终导致宏观的集群行为的出现。所以，群体层面任务分配现象的产生其实依赖于个体的行为决策，群体中的个体通过反复且非随机地执行特定任务使得群体实现分工合作的效果，这在自然界是普遍存在的[12-14]。现如今，在经济、军事、社会等系统中同样也可以找到分工合作的发展形式。例如：交通配时问题就是研究如何将合适的信号绿灯时间分配给合适的相位以实现整个交叉口的交通性能最优，其实等同于研究如何将合适的任务分配给合适的智能个体以实现整体执行效果最优[15]；无人机群协同飞行是目前军事领域和消费者商用领域都在关注的热点，在作战行动或执行任务的过程中，任务系统根据它们的实时角色进行分配调度，这里的分配调度机制同样属于分工合作研究的范畴[16-17]。

合作是一种带有利他性质的行为，它的表现形式多种多样，但是都具有一个共同的性质——选择合作行为的个体会付出一定的代价而使得他人从中获益。分工现象可以看作是一种特殊的或进一步发展的合作形式，但由于自私个体的存在，每个个体为实现自身利益的最大值都倾向于选择获利较高的任务，而这往往会伤害群体利益，进而产生分工合作困境[18-20]。所以，在分工合作的模式下，研究获利较低的任务如何在由自私个体组成的群体中得以幸存是一个非常吸引人的课题。在众多分析方法中，演化博弈论为解决这个问题提供了强有力的理论框架[21-24]。

1.2 演化博弈论及应用

演化博弈理论最早源于 Fisher、Hamilton 和 Trivers 等遗传生态学家对动物和植物的冲突与合作行为的分析。通过研究他们发现，动植物演化结果在多数情况下都可以在不依赖任何理性假设的前提下用博弈论方法来解释。Smith 和 Price(1973)结合生物进化论与经典博弈论来研究动物为争夺食物、领域或配偶等有限资源之间的斗争，并在他们发表的创造性论文中首次提出演化稳定策略(evolutionary stable strategy，ESS)概念，从而标志着演化博弈理论的诞生[21]。

演化博弈理论的研究对象是一个随时间变化的种群，探索的目的是理解该种群演化的动态过程，并解释该种群如何达到这一状态。影响种群变化的因素既具有一定的随机性和突变，又具有一定的规律性。通常，演化博弈理论的预测和解释能力与种群的选择过程有关，一般来讲，种群的选择过程既具有惯性也存在突变，因此在博弈演化过程中会呈现丰富的动力学特征[22]。

时至今日，演化博弈论已经成为研究人类社会、动物世界中合作行为的强而有力的分析工具。为解释现实中广泛存在的合作行为，自 20 世纪 60 年代以来，学者们提出了多种促进合作涌现和维持的机制，例如，亲缘选择(kin selection)、直接互惠(direct reciprocity)、间接互惠(indirect reciprocity)、群体选择(group selection)和空间互惠(spatial reciprocity)[23-25]等。通常情况下，空间结构和网络异质性被认为是合作的有力推动者，而其演化规则可以增强参与者对对手实施策略的灵活性。此外，基于网络互惠的合作也可以通过奖励或惩罚来维持。对于博弈参与者，他们可以向其他参与者做出承诺来影响其他人，从一定程度上避免其他参与者做出更有利可图的选择。Han 和 Pereira 进一步研究了如何在存在预先承诺的困境博弈中改进多智能体系统的合作问题。

在针对有限群体演化博弈理论的研究方面，Imhof 和 Nowak 基于 Wright-Fisher 过程研究了有限群体的演化博弈动力学，并且给出弱选择下描述策略占优的“三分之一”法则。Altrock 和 Traulsen 推导出了弱选择下有限群体中固定时间的近似表达式。Adlam 和 Nowak 推断出了均匀混合的群体中的固定概率的公式，并且认为对于大多数随机图模型的固定概率可以随着网络规模的增大而逐渐接近上述公式[94]。还有研究人员将个体选择扩展到组选择，通过求解相应的固定概率推导出合作演化的条件[26-29]。

近年来，随着跨学科研究的蓬勃发展，演化博弈论也不仅局限应用于某个特定的领域，在与经济学、物理学、社会学和多智能体行为控制等领域相结合的研究中也取得了令人瞩目的成果。例如，通过演化博弈论讨论双寡头零售商的竞争问题，分析零售商竞争对参与者、消费者和制造商产生的影响；随着网络技术的不断发展，舆情信息的传播方式不断地刷新着大家的认知，为探索网络舆情传播的动态性和互动性也可以借助演化博弈论进行分析。此外，在机器人组成的多智能体系统中，基于演化博弈论探索如何实现自组织的任务分配也是各界专家学者关注的焦点。

演化博弈论是在生物学的基础上发展而来的理论，是博弈理论与动态演化过程的有机结合，在描述和解释种群集群行为的形成和演化方面有着重要的意义，特别是当个体的利益和群体的利益发生冲突时，演化博弈论可以很好地解释合作行为的涌现和演化过程[30-32]。但是，以往的基于演化博弈论对合作现象的研究均期望群体达到个体策略选择的同质状态，即期望最终的最优状态是群体中的个体都采取相同的合作策略。这种假设在应用中显得脱离实际，在许多情况下会出现群体中的个体在本质上维持合作状态，但个人或组成部分之间并没有表现出同质性行为的现象，这也就是本书涉及的任务分工合作，期望群体最终演化到各司其职、分工合作的状态。

1.3 促进合作的衍生机制

自20世纪80年代以来，美国政治学家和博弈论专家 Robert Axelrod 教授设计出一些计算机程序，并组织了来自世界各地的学者展开模拟试验竞赛。在开始研究合作之前，Robert Axelrod 设定了两个前提：①每个人都是自私的，即个体的目标是将自己的收益最大化；②没有权威干预个人决策，即个体自由决定自己的策略，不受其他因素干扰，也就是说，个人可以完全按照自己利益最大化的意愿进行决策。

在此前提下，合作要研究的问题是：①人为什么要合作；②在什么情况下自私的个体会合作，什么情况下不合作；③如何使别人与你合作。Robert Axelrod 通过实验发现，在博弈的收益矩阵和未来的折现系数一定的情况下，可以算出，只要群体的0.05或更多成员是“一报还一报”的，这些合作者就能生存，而且，只要他们的收益超过整个群体的平均收益，合作策略将会逐步占优。反之，无论背叛者在一个合作者占多数的群体中占有多大的比例，背叛者还是无法最终在整个群体中占优。这就说明，在这种意义下，社会是向合作方向发展的，群体合作的可能性越来越大[33-36]。

Robert Axelrod 正是以这样一个鼓舞人心的结论，突破了“囚徒困境”的研究困境。在研究中发现，合作的必要条件是：①博弈关系要持续，一次性的或有限次的博弈中，博弈者是没有合作的动机的；②对对方的行为要做出回报，一个永远背叛的个体是不会有人跟他一直合作的。然而，以上结论只是在 Axelrod 的研究框架下对合作行为广泛存在的一种解释。在具体的生物环境和社会环境中，由于个体和群体之间有着更为复杂的相互关系，探究合作行为的涌现机制是一个颇具挑战性的课题，已引起数学、物理学、社会学、经济学、生物学乃至工程领域学者的广泛关注。目前已有的大量研究工作提出了很多能够促进合作行为产生的有效机制。当然，这些机制的大多数和具体的生物或者社会环境的假设相联系[37-43]。

2006 年，哈佛大学的 Nowak 在其综述文章中总结提出了五种有利于合作演化的机制：亲缘选择(kin selection)、直接互惠(direct reciprocity)、间接互惠(indirect reciprocity)、网络互惠(network reciprocity)和群选择(group selection)。以下主要对前 3 种机制进行说明。

亲缘选择是指对有亲缘关系的一个家族和家族中的成员所起的自然选择作用。它是在基因层次上起作用的自然选择，主要是对支配行为的基因起作用，因此有时它所增进的不是个体的适合度，而是个体的广义适合度。如果其他诸如年龄、健康等条件都相同的话，个体帮助别人所耗费的代价低于亲属受益的数目乘以血缘亲密的程度。有这样一个古老的故事，英国生物学家 Haldane 在被问及是否愿意为兄弟牺牲自己的生命时回答："不为一个兄弟牺牲，但我可以为两个亲兄弟或者八个叔表兄弟牺牲。"这个原则及其在解释群体中合作的重要意义被正式承认了，这体现在 1964 年英国生物学家哈密顿(William Hamilton)的重要论文里，他后来因此获得 1993 年 Craford Prize[44-53]。

另一位英国生物学家 John Maynard Smith 为亲属选择这一现象施命名礼。Hamilton 在 1964 年提出了亲缘选择理论，其主要内容就是：亲缘关系越近，动物彼此合作倾向和利他行为也就越强烈；亲缘越远，则表现越弱。具体地，Hamilton 给出了一个判断能否出现合作的数学表达式，即 Hamilton 原则：假设个体的合作行为给其带来代价 c，同时给他人带来收益 b，定义个体之间的亲缘系数(不同个体存在同样基因的概率)为 r。亲缘个体之间都在不同程度上占有共同基因，例如亲子之间和子女彼此之间有 50%的基因是相同的(亲缘系数 $r=0.50$)，祖孙之间有 25%的基因是相同的(亲缘系数 $r=0.25$)等。自然选择促进合作行为产生的条件为亲缘系数 r 高于合作者的支出收入比 c/b，即 $r>c/b$。Hamilton 原则也被称作是"亲缘选择"或"广义适应度"(inclusive fitness)[54-60]。

道金斯在他的著作 *Selfish Genes* 提出，自然选择的基本单位并不是物种，甚至不是种群或者群体，而是作为遗传物质的基本单位，即基因。基因的自私性一方面导致了物种之间甚至同一种群内部不同个体之间的生存竞争，但是同时也引起了动物界广泛存在的利他行为。群体或者种群都随时处在动态的变化中，只有基因是相对稳定的，并通过"复制"或"拷贝"的形式永恒地存在。动物的基本目的就是使和它自身相同的基因得到壮大。

因此，亲缘选择常用来解释动物界的利他行为。直接从达尔文的个体选择观点来看，我们很难解释利他行为，因为利他行为所增进的不是行为个体自身的适合度，而是其他个体的适合度。如果应用亲缘选择的观点，利他行为便能得到合理的解释，因为亲缘选择只对那些能够有效传递自身基因的个体有利，而不管该个体的行为是否有利于自身的存活和繁殖。假如有一个利他行为者用自身的死亡换取了两个以上兄弟姐妹的存活，或者 4 个以上孙辈个体的存活，那么，由于利他行为而死亡的个体损失的基因就会因为有足够数量的亲缘个体存活而得到完全的补偿，而且还会使基因频率有所增加。换句话说，也只有在这种遗传利益大于个体所失的情况下，利他行为才会被自然选择所保存。值得一提的是，如果个体之间没有亲缘关系，但是却具有相似的基因，此时亲缘选择仍然适用。比较典型的例子是具有同一种"标签"(tag)的个体之间容易产生合作现象，这种情况也被称作"绿胡子效应"[61-72]。

亲缘选择适用于解释具有亲缘关系的个体之间合作的产生，而在人类社会里，很多合作行为发生在不具有亲缘关系的个体之间。直接互惠的机制是指当同一对个体总是重复相遇时，这次我帮助了你，下次你就会帮助我。直接互惠行为要依赖于别人的行为，直接互惠者愿意支付短期成本来帮助别人是因为可以从中获取长期或间接利益；能够证明直接互惠可以促进合作的最著名的例子是前面已提及的，在Robert Axelro举办的计算机锦标赛上，"以牙还牙"(tit-for-tat，TFT)的策略战胜了所有其他的策略，取得了最高的平均收益。这是一个重复博弈策略，在第一轮，使用者选择合作策略，而在之后的每一轮中，使用者采取对手上一轮的策略。TFT策略的成功说明在直接互惠的机制下，合作能够出现并保持。然而，有意图的不公平或背叛行为与随机过程控制的不公平或背叛行为相比更容易破坏TFT策略的稳定性，使其容易陷入背叛策略的死循环[73-80]。

直接互惠简单说就是指今天我帮助你了，明天你就会帮助我；它通过直接的反复交互产生作用。直接互惠需要两个个体间的重复交往，然而随着科技的发展，人类的交往范围迅速扩大，频繁快捷的一次性交往在人类生活中越来越普遍，但是人类社会依然展现出了广泛的合作行为。美国密歇根大学的Alexander最早给出了"间接互惠"的定义，并认为间接互惠是人类道德、伦理和法律体系的基础。间接互惠指的是这样一种现象，我帮助你，我所得到的帮助不是来自你而是其他人。间接互惠，又称为第三方利他，是指第三方以观察者的身份，在看到助人者帮助受助人时，加入这一互动之中去帮助助人者，虽然他并不是直接的受助人。这一概念最早由Alexander在其1987年出版的《道德生物体系》一书中首次提出[81-85]。

近年来，大量的工作用实验或者理论分析的方法研究了间接互惠。根据个体的初衷，间接互惠可以分为顺流互惠(upstream reciprocity)和逆流互惠(downstream reciprocity)两种。所谓顺流互惠，是指A帮助B的初衷是希望B能够帮助C。举例说明，假如有三人，分别是甲、乙、丙。当甲遇到困难时，乙帮助了甲，这一行为被丙所知。于是在乙遇到困难的时候，丙帮助了乙，即使丙并没有从乙那里获得过帮助。而逆流互惠是指A帮助B是希望C能够帮助A。另外，虽然互惠者本身并不期待能从自己"一对一"的博弈对手那里获得好处，但是，在博弈中，假如采取的是合作策略，则有可能提高自己的声誉，将来和其他人打交道的时候，会更加容易得到好处。间接互惠促进合作产生的条件为：知道对手声誉的概率q，超过合作的支出收益比c/b，即$q>c/b$。间接互惠不仅能够促进个体间的合作行为，还对人类认知、语言和道德的形成起到了举足轻重的作用[86-90]。

随着复杂网络理论的发展，研究者们也提出了一些更为合理的模型，如个体的移动性、记忆效应、有限人口数量、个体的年龄、优先选择、随机噪声效应、社会的多样性和策略多样性、自愿参加策略、博弈交互网络与模仿网络的分离、博弈交互的作用方式、个体的异质学习能力、博弈的代价、不同的策略更新方式、同步更新和异步更新的方式、收益计算方式以及惩罚机制对合作的影响[91-110]。这些模型考虑了更为复杂的博弈个体，以及更具有现实意义的机制和因素，从而使得对于复杂网络上合作行为的研究更为深入，也有助于理解真实的结构化种群中合作行为的演化情况。

除了研究静态网络上的合作演化之外，动态拓扑结构上的合作问题近年来也得到了广泛的关注。因为真实的种群系统中的个体的策略及其拓扑结构大多会处于动态的变化过程中。在这种共演化条件下，一方面种群中的合作行为处于动态的演化过程，另一方面种群中个体之间的连接关系也在随之发生改变，两者的相互作用最终影响着合作行为的涌现和演化。到目前为止，已有大量工作在这个研究方向上展开，如不满意-重连(dissatisfied-rewire process)、动态连接方式(active linking)、优先连接规则(evolutionary preferential attachment)等[111-120]。

1.4 个体智能性和多样性

值得注意的是，现有的复杂网络上的演化博弈的研究成果一般都是在较强的假设条件下得到的。比如所建立的模型过于理想化，研究的是简单的博弈个体，无异质性，缺乏智能化。然而真实的社会种群具有某种程度的复杂性。这样一来，未必能真实地模拟和解释真实的社会种群中合作行为涌现和传播的根源。

现阶段虽然有部分工作涉及了这一问题，例如个体的学习或被学习能力有差异，但真实社会种群存在着复杂性的特质。比如个体所处的外部环境存在复杂性，个体具有智能性和异质性，复杂系统中的个体具有的自适应性，个体在网络上移动的方式和范围也可以呈现多样化等。因此，鉴于个体的智能化和复杂化特征，以个体为博弈主体的演化博弈动力学也吸引了复杂系统研究领域的学者的兴趣。建立更符合客观实际的博弈模型或框架，并重点研究其中的演化博弈动力学，还有大量的工作需要去做[121-125]。

在建立演化博弈模型时，考虑个体所处的复杂外部环境，以及个体的高级智能性和自适应性，可以更好地理解智能群体中个体之间的决策和博弈行为。另外，引入其他的机制，如声誉、处罚、报酬、博弈代价、博弈个体的动态特性等，来建立网络拓扑和博弈动力学共演化模型，使模型更加符合客观现实，并进一步研究这些引入的机制对其演化动力学的影响。例如，从众心理在演化博弈中的作用和影响。从众心理指个人受到外界人群行为的影响，而在自己的知觉、判断、认识上表现出符合公众舆论或多数人的行为方式。社会学实验研究表明，每个人都有或多或少的从众心理。从众心理强的人，循规蹈矩，力求与周围人保持一致。从众心理弱的人，则往往会采取特立独行的行为。我们可以从理论上研究从众心理在复杂网络上演化博弈动力学中的作用。

复杂网络中涉及个体的位置和个体之间的连接关系，可以为研究具有关联关系的个体之间的动力学行为提供有效的框架。因此，以复杂网络为连接结构，研究其上的演化博弈动力学也成为一个研究热点，有大量的研究成果产生。在复杂网络为基础的演化博弈研究中，个体之间的连接关系和博弈关系紧密相关。在研究的早期，一般假设参与博弈的个体通常只和邻居个体进行博弈，并获取相应的收益[126-128]。

在复杂网络上，个体以何种方式和其他个体进行连接和博弈，是值得思考的问题，也是影响动力学结果的重要因素。例如，社会中的人群存在着短暂连接关系，也可以理解为偶遇现象。如果偶遇现象也发生在博弈群体中，动力学结果会是怎样呢？也就是个体在社会网络系统中，除了有固定的邻居、亲属、同事关系外，还有短暂相处或遇到的关系。对于这些偶遇到的个体，他们之间也可能产生类似博弈的行为。因为这种关系带有短暂、不确定的性质，我们把它取名为偶遇。虽然它不同于长久的、稳定的邻居、亲属、同事等关系，但是这种临时性的博弈关系确实存在，所以我们对它所产生的影响也很感兴趣。在网络化博弈研究方向,如果能对这种短暂博弈关系展开研究,将是对已有研究框架的拓展和延伸[129-132]。

另外,简化的群体结构假设中,个体之间的连接关系往往是固定的。在这种情况下,个体数目往往保持不变。然而,在现实世界中,个体的连接关系数目并不是固定不变的,最根本的原因还是在于个体的智能性和差异。也就是说,在现实情形中,个体由于社交能力、地位、经济条件等的差异,其连接的朋友圈大小往往是不同的。最初没有连接关系的个体,也会随着时间的推移,因为某种原因建立起关联关系。那些社交能力、信誉高的个体,往往有更多的机会建立新的连接关系。与此同时,有些个体之间的连接关系也有可能随着时间推移而中断。这些情形都真实地在社会活动的博弈现象中存在。只是在引入了偶遇关系后,我们暂不考虑连接关系消失的情形,因为这样会导致模型相当复杂,影响关于偶遇活动给博弈行为带来什么影响的研究。

任务分配问题的研究由来已久,其中,如何用演化博弈理论来研究任务的分配和演化问题是一个新兴的研究热点。它是涉及演化博弈理论、智能群体、任务决策和演化的交叉课题,具有重要的研究意义。目前在该学科交叉领域,已有一些研究成果产生。科学研究的发展总是遵从由简单到复杂的顺序,这也是很多研究课题的发展趋势。在基于演化博弈理论的任务分配问题研究中,任务执行的演化是由个体之间的交互产生。在目前的一些理论框架中,通常假设个体之间没有显著性差异,也就是个体缺少智能性。另外,目前大多数的模型属于探索性的模型,旨在揭示任务执行和演化的结果和模型参数之间的关系,缺乏严格的数学证明或解释。在本书的部分章节中,我们基于演化博弈论中常见的动力学方法对任务分配现象进行了深入的探索。考虑到各种现实社会中的角色对任务分配现象造成的影响,构建模型时在设定基本的任务策略之外,还设置了新的博弈策略用于模拟真实个体的行为选择,提高了群体的智能性和异质性[133-140]。

最后,现有的很多对于合作问题的研究都是基于观察到的自然和社会现象,建立复杂的数学模型,经过计算机的仿真迭代,进而预测并干预系统的发展方向。但是真实的世界是不断变化的,数学模型无法完全真实地复刻和预估系统的实际演化过程。本书部分章节内容从一个全新的角度出发,构建了一个完全自由且中立的博弈环境,让成千上万采用随机策略的个体进行自由交互和竞争,从而模拟更加真实的系统演化过程,进而探索经自组织演化后,什么样的个体具有更强的生存和竞争优势,基于此,提出能够提高群体合作水平的有效机制。

借助演化博弈理论和复杂网络的知识和工具,对网络化智能群体的策略演化进程进行研究和分析,探讨了社会困境形成的原因并提出了能提高群体合作水平的合作优化机制。考虑到真实的生物系统和人类社会中个体间连接方式的差异性和多样性,我们选取了多种复杂网络作为博弈个体进行行为交互和策略更新的博弈环境。由于单步记忆策略的全参数空间是四维变化的,我们借助机器学习中的 AGNES 聚类算法和 PCA 降维方法对单步记忆策略进行处理和可视化。此外,我们通过对单步记忆策略中的单个策略值进行剖析,发现了一种导致社会困境的诱因,并提出了两种创新的合作优化机制。

第2章 CHAPTER 2 懒惰个体对任务分配博弈动力学的影响

2.1 任务分配问题

第1章主要就演化博弈理论、任务分配的研究背景和研究现状进行介绍。博弈论在经济学领域所取得的巨大成功，推动了其进一步的发展，其他学科领域纷纷借鉴。从人类活动到生物种群的演化乃至全球形势的变化和发展，目前关于博弈论的研究已广泛遍布物理、数学、社会学和生物学等领域。结合博弈论和动态演化过程，演化博弈论可被用于研究大规模群体中个体的交互与决策，以及由此所引发的集群效应。

2001年，Beshers和Fewell基于对任务分配成因主要假设的不同将其划分成反应阈值模型、自我强化模型、觅食工作模型和网络任务分配模型等[69]，这些模型最初都是为描述蜂群、蚁群等昆虫的社会行为建立的。针对这些模型研究者开展了广泛的研究，下面的内容为各个模型当前研究发展的现状。

反应阈值模型中每个个体对相应的任务都具有各自内部的反应阈值，群体中个体之间通过任务阈值的变化产生分工。具体地，只有当给定任务的刺激超过自身任务阈值水平时，个体才会执行该任务[70]。此外，该任务的刺激水平也会受到相关参数的影响，即当个体选择执行该项任务时，该任务的刺激水平将基于执行该任务的个体子集的反应阈值逐渐降低；若不执行，则该任务的刺激水平将增加。一般情况下，考虑当执行任务的个体数量与任务的刺激水平相匹配且每个个体保持恒定的任务执行概率时说明系统达到了稳定状态。但是响应阈值模型也存在一定的局限性，例如阈值的设定问题、群体中的个体如何感知任务刺激以及任务的空间分布和个体流动对模型的影响等问题。

进一步，可以将反应阈值模型中阈值的设定改为自适应的模式，而自适应阈值模型中一种常见形式就是自我强化模型[70]。自我强化模型是将基于经验的任务执行的变化集成到阈值模型，所以阈值的设定不再是固定不变的。自我强化是一种假设机制，在这种机制下，成功执行某项任务会增加再次执行该任务的概率，而执行失败则会降低再次执行该任务的概率，这种机制可以用来解释各种生物系统中专家的出现。

觅食工作模型不同于前面两个模型的假设[73]，在该模型中个体任务的执行取决于工作机会而不是内在的任务偏好，即个体在可能的情况下都会重复之前的工作机会，当没有任务要执行时，他们才会主动地寻找工作机会。所以这种模型假设每个个体的本质都是相同的，即所有遇到工作机会的个体都会做出相同的反应，而事实并非如此。此外，该模型假设空间结构是径向对称的一个形状，较年轻的个体在巢的中心，而较年老的个体将更多地靠近巢的外围。该模型虽与蚁穴的设定较为一致，但是有人认为，单一的行为算法不太能解释在许多其他不同的生态环境中任务分配现象的演化[73]。

通过对上述模型的简单回顾，可以发现通过简单的行为规则可以得到群体层面的任务分配现象的产生，但是上述模型产生的灵感多出自蜂群、蚁群等昆虫的社会行为，对于其他领域的任务分配现象的解释可能并不具有较强的普适性。基于演化博弈理论的任务分配模型[153-154]探究的是如何通过个体之间自组织交互实现任务分配的群体行为动力学。而如何建立起演化博弈理论与任务分配情形的一一对应关系，是数学分析中的难点和重点。其次，基于建立的模型，分析策略(即执行哪种任务)的演化和执行情况是工作的核心。作为一个新兴的研究热点，在这个方向上有很多问题值得去探索。

在理想的分工合作中，个体纪律性地各司其职完成任务，然而在实际社会系统中会存在懒惰个体，他们带着“我不做自会有人做”的心理在工作。当任务由多个子任务组成并且任务的产品又必须被所有个体共享时，就有可能让这些“搭便车”的懒惰个体坐享其成，导致分工合作困境的产生。本章的研究中将考虑懒惰个体对分工合作现象产生的影响。为了建立合作困境与任务分配问题之间的天然联系，本章将演化博弈论中的复制动力学应用于任务分配博弈模型来分析群体策略的演化情况。复制动力学作为演化博弈理论中最具影响力的模型之一，为描述无限大、同质且无结构的群体的策略演化提供了强大的理论支持。

2.2　带有懒惰个体的任务分配博弈模型

博弈模型是后续进行理论分析和仿真实验的基础，模型中的参数将对群体策略的演化起到重要的作用，所以本节首先对带有懒惰个体的任务分配博弈模型进行详细的介绍。博弈参与者执行任务的决定是实现任务分配的核心，这里考虑群体中有两个可供选择的任务，包括任务 A 和任务 B。群体中的个体可以选择其一作为他们的策略。此外，为了加入影响任务分配的干扰因素，除了上面提到的传统设置外，考虑加入第三种可选择的策略 D，它代表不执行任何任务而选择免费共享别人劳动所得的利益。基于策略 A(执行任务 A)、策略 B(执行任务 B)和策略 D(不执行任何任务，坐享群体的劳动成果)对群体行为进行刻画，并在此基础上展开策略演化动力学的研究。

在具体的博弈过程中，博弈参与者如果选择执行任务 A 或任务 B，就可以获得与其选择任务相对应的收益，但同时也要承担其执行任务所消耗的成本。对于这两个任务，收益分别标记为 b_A 和 b_B，成本分别标记为 c_A 和 c_B。此外，如果博弈双方选择执行相同的任务，则此任务的成本由博弈双方平均分担。但是，如果博弈双方其中一个参与者选择策略 D，那么另一个参与者通过执行任务获得的好处将与该懒惰个体共享。若博弈双方都是懒惰个体，由于他们都想坐享他人之利，所以两个策略 D 的个体进行博弈时双方都不会获得任何收益。

进一步，为了区别两个任务的特性，假设任务 A 与任务 B 相比具有更高的收益和更高的成本，并且任务 B 的成本不为零，即参数满足 $b_A > b_B > 0$ 和 $c_A > c_B > 0$。此外，这里还引入了一个称为协同收益的参数 β，它代表当博弈双方分别选择执行任务 A 和任务 B 时产生的额外的收益。这里通过一个简单的例子对协同收益的含义作进一步解释，假设需要执行的任务是生火和狩猎，若博弈双方选择执行不同的任务，那么他们除了获得温暖和猎物之外还可以获得煮熟的肉，这个煮熟的肉就是上面所提出的协同收益，它在后续分析群体策略演化的过程中扮演着重要的角色。具体的收益矩阵如表 2.1 所示。

表 2.1 带有懒惰个体的任务分配博弈的收益矩阵

	策略 A	策略 B	策略 D
策略 A	$b_A - c_A/2$	$b_A + b_B + \beta - c_A$	$b_A - c_A$
策略 B	$b_A + b_B + \beta - c_B$	$b_B - c_B/2$	$b_B - c_B$
策略 D	b_A	b_B	0

值得注意的是，为了简化后续的分析过程，这里假定 $b_A - c_A/2 \geqslant 0$ 和 $b_B - c_B/2 \geqslant 0$。基于上述收益矩阵对其中各参数的含义作进一步说明，如果博弈双方采取的策略都是执行任务 A 或执行任务 B，那么他们将对应获得 $b_A - c_A/2$ 或 $b_B - c_B/2$ 的收益。但是，如果博弈双方都采取策略 D，那么他们将一无所获。博弈双方采取相同策略时的收益正如上面所述，下面要说明的是博弈双方采取不同策略时的收益情况。当博弈双方选择执行不同的任务时，执行任务 A 的参与者将获得的收益为 $b_A + b_B + \beta - c_A$，而另一个执行任务 B 的参与者获得的收益为 $b_A + b_B + \beta - c_B$。

此外还有另一种情况，即博弈双方中一方选择执行任务，而另一方选择坐享其成，那么选择策略 D 的参与者将获得与他进行博弈的参与者通过执行任务(A 或 B)获得的收益 b_A 或 b_B，而另一个选择单独完成任务的参与者就要一个人承担所有的任务成本，具体可获得的回报为 $b_A - c_A$ 或 $b_B - c_B$。

2.3 理论分析及仿真实验

本节主要对 2.2 节提出的带有懒惰个体的任务分配博弈模型进行理论分析和仿真实验。首先，根据经典的分析工具复制动力学对三种策略的演化过程进行理论分析，即策略 A(选择执行任务 A)、策略 B(选择执行任务 B)和策略 D(不执行任何任务)。然后将模型应用于不同的网络结构中用于仿真实验，这里分别采用了 BA 无标度网络和 Lattice 二维方格网络两个典型的网络结构来描述群体中个体之间不同的交互结构，通过仿真实验研究不同的网络结构对分工演化的影响。

2.3.1 基于复制动力学的理论分析

复制动态方程可以从本质上对无限大均匀混合群体的动力学演化进行描述，为研究群体策略的演化提供了一个数学框架。这里在借助复制动态方程进行动力学分析之前，为了对模型进行简化又保证不失一般性，首先对表2.1中的收益矩阵做一个简单的变化：令参数 $l=b_A-c_A/2, m=b_A+b_B+\beta-c_A, n=b_A-c_A, p=b_A+b_B+\beta-c_B, q=b_B-c_B/2, r=b_B-c_B, g=b_A$ 和 $h=b_B$，可以得到如下简化的收益矩阵：

$$\begin{array}{c} \\ A \\ B \\ D \end{array}\begin{array}{c} \begin{array}{ccc} A & B & D \end{array} \\ \begin{pmatrix} l & m & n \\ p & q & r \\ g & h & 0 \end{pmatrix} \end{array} \tag{2.1}$$

考虑一个充分混合的无限大规模的群体，假设群体中选择策略A的个体的比例为 x，选择策略B的比例为 y，选择策略D的比例为 z，且参数满足 $x+y+z=1$，那么基于收益矩阵可以计算出每个策略的平均收益。

$$\pi_A=lx+my+nz \tag{2.2}$$

其中，π_A 表示策略A的平均收益。

$$\pi_B=px+qy+rz \tag{2.3}$$

其中，π_B 表示策略B的平均收益。

$$\pi_D=gx+hy \tag{2.4}$$

其中，π_D 表示策略D的平均收益。

进一步，基于上述三个策略的平均收益，可以得到整个群体的平均收益：

$$\begin{aligned}\langle\pi\rangle &= x\pi_A+y\pi_B+z\pi_D \\ &= lx^2+(m+p)xy+(g+n)xz+qy^2+(r+h)yz\end{aligned} \tag{2.5}$$

基于式(1.4)这个连续时间的复制动力学方程，将式(2.2)～式(2.5)每个策略的平均收益和群体的平均收益的计算结果相应地代入式(1.4)就可以得到每个策略的演化变化率：

$$\begin{cases}\dot{x}=x(lx+my+nz-(lx^2+(m+p)xy+(g+n)xz+qy^2+(r+h)yz)) \\ \dot{y}=y(px+qy+rz-(lx^2+(m+p)xy+(g+n)xz+qy^2+(r+h)yz)) \\ \dot{z}=z(gx+hy-(lx^2+(m+p)xy+(g+n)xz+qy^2+(r+h)yz))\end{cases} \tag{2.6}$$

令 $\dot{x}=0, \dot{y}=0, \dot{z}=0$，可以得到下述7个平衡点，分别为 $(1,0,0)$，$(0,1,0)$，$(0,0,1)$，$\left(\frac{-(m-q)}{l-m-p+q}, \frac{l-p}{l-m-p+q}, 0\right)$，$\left(\frac{n}{g-l+n}, 0, \frac{g-l}{g-l+n}\right)$，$\left(0, \frac{r}{h-q+r}, \frac{h-q}{h-q+r}\right)$，$(f_A, f_B, f_D)$，其中第7个平衡点的形式较为复杂，$f_A$、$f_B$、$f_D$ 的具体公式形式为

$$\begin{cases}f_A=\dfrac{hn-hr+mr-nq}{g(m-n-q+r)+h(n-l+p-r)+l(q-r)+m(r-p)+n(p-q)} \\ f_B=\dfrac{-(gn-gr+lr-np)}{g(m-n-q+r)+h(n-l+p-r)+l(q-r)+m(r-p)+n(p-q)} \\ f_D=\dfrac{gm-hl-gq+hp+lq-mp}{g(m-n-q+r)+h(n-l+p-r)+l(q-r)+m(r-p)+n(p-q)}\end{cases} \tag{2.7}$$

接下来，根据李雅普诺夫稳定性理论，重点研究上述得到的7个平衡点的稳定性。首先，需要通过计算式(2.6)中 $\dot{x}$、$\dot{y}$、$\dot{z}$ 三个方程的偏导数，得到下述雅可比矩阵：

$$
\boldsymbol{J}=\begin{pmatrix}
\dfrac{\partial \dot{x}}{\partial x} & \dfrac{\partial \dot{x}}{\partial y} & \dfrac{\partial \dot{x}}{\partial z} \\
\dfrac{\partial \dot{y}}{\partial x} & \dfrac{\partial \dot{y}}{\partial y} & \dfrac{\partial \dot{y}}{\partial z} \\
\dfrac{\partial \dot{z}}{\partial x} & \dfrac{\partial \dot{z}}{\partial y} & \dfrac{\partial \dot{z}}{\partial z}
\end{pmatrix} \tag{2.8}
$$

具体地，雅可比矩阵中每个元素为

$$
\begin{cases}
\dfrac{\partial \dot{x}}{\partial x}=2lx+my+nz-3lx^2-2(m+p)xy-2(g+n)xz-qy^2-(r+h)yz \\
\dfrac{\partial \dot{x}}{\partial y}=mx-((m+p)x^2+2qxy+(r+h)xz) \\
\dfrac{\partial \dot{x}}{\partial z}=nx-((g+n)x^2+(r+h)xy) \\
\dfrac{\partial \dot{y}}{\partial x}=py-(2lxy+(m+p)y^2+(g+n)yz) \\
\dfrac{\partial \dot{y}}{\partial y}=px+2qy+rz-lx^2-2(m+p)xy-(g+n)xz-3qy^2-2(r+h)yz \\
\dfrac{\partial \dot{y}}{\partial z}=ry-((g+h)xy+(r+h)y^2) \\
\dfrac{\partial \dot{z}}{\partial x}=gz-(2lxz+(m+p)yz+(g+n)z^2) \\
\dfrac{\partial \dot{z}}{\partial y}=hz-((m+p)xz+2qyz+(r+h)z^2) \\
\dfrac{\partial \dot{z}}{\partial z}=gx+hy-lx^2-(m+p)xy-2(g+n)xz-qy^2-2(r+h)yz
\end{cases} \tag{2.9}
$$

接下来，根据李雅普诺夫稳定性判据对每个平衡点的稳定性进行分析。基于雅可比矩阵式(2.8)和式(2.9)，求解之前计算得到的7个平衡点对应的雅可比矩阵的特征值，若所求特征值都具有负实部，那么在该平衡点下系统是渐近稳定的；若特征值中至少存在一个值含有正实部，则该平衡点就是不稳定的；若特征值中至少有一个的实部为零，则系统处于临界状态。根据所涉及的平衡点，分别考虑以下情况：

(1) 平衡点为(1,0,0)。

这个平衡点意味着系统随着时间演化最后只存在策略A的个体，则在该平衡点下对应的雅可比矩阵为

$$
\boldsymbol{J}_{(1,0,0)}=\begin{pmatrix}
-l & -p & -g \\
0 & p-l & 0 \\
0 & 0 & g-l
\end{pmatrix} \tag{2.10}
$$

这里，可以求得该雅可比矩阵的三个特征值，分别是$\lambda_1=g-l$，$\lambda_2=p-l$，$\lambda_3=-l$。根据上一节收益矩阵中参数的定义可以知道$\lambda_1=g-l=c_A/2>0$，所以该雅可比矩阵的这个特征值是始终为正的。根据李雅普诺夫稳定性判据，当特征值中至少存在一个值含有正实部时，系统是不稳定。因此，系统即使演化到全部由策略A的参与者组成的状态也会在受

到扰动后偏离原来的平衡状态而无法恢复，即这个平衡点是不稳定的。

(2) 平衡点为(0,1,0)。

同样，按照第一个平衡点的分析方法，首先求解该平衡点下的雅可比矩阵：

$$\boldsymbol{J}_{(0,1,0)}=\begin{pmatrix} m-q & 0 & 0 \\ -m & -q & -h \\ 0 & 0 & h-q \end{pmatrix} \tag{2.11}$$

通过计算可以得到该矩阵的三个特征值：$\lambda_1=h-q$，$\lambda_2=m-q$，$\lambda_3=-q$。根据之前的参数设定可以知道 $h=b_B$ 且 $q=b_B-c_B/2$，那么可以计算得到 $\lambda_1=h-q=c_B/2$，而参数 c_B 作为任务成本假设它是始终大于零的整数。所以根据李雅普诺夫稳定性理论，在该平衡点下系统是不稳定的。

(3) 平衡点为(0,0,1)。

平衡点(0,0,1)表示系统最终演化到仅存在策略 D 的参与者的状态，而根据前面的描述，也就是群体中将没有人会执行任务，则在该平衡点下对应的雅可比矩阵为

$$\boldsymbol{J}_{(0,0,1)}=\begin{pmatrix} n & 0 & 0 \\ 0 & r & 0 \\ -n & -r & 0 \end{pmatrix} \tag{2.12}$$

同样，计算该雅可比矩阵的特征值，分别为 $\lambda_1=0$，$\lambda_2=n$，$\lambda_3=r$。零特征值的存在增加了判断系统是否稳定的难度。在这种情况下，可以说明当其他两个特征值满足 $n>0$ 或 $r>0$ 时这个系统在该平衡点下是不稳定的；当其他两个特征值满足 $n\leqslant 0$ 且 $r\leqslant 0$ 时这个系统在该平衡点下是处于临界状态的，而系统具体的稳定性不能简单地通过特征值的符号来确定。

接下来，由于雅可比矩阵的复杂性，若要给出以下四个平衡点对应雅可比矩阵的具体表达式将占据大量篇幅，所以为了更加直观明了地对平衡点进行分析，下面将只给出相应平衡点对应雅可比矩阵的特征值的具体形式，然后再根据特征值来分析系统在该平衡点下的稳定性。

(4) 平衡点为$\left(\frac{-(m-q)}{l-m-p+q},\frac{l-p}{l-m-p+q},0\right)$。

该平衡点意味着随着群体中策略的更新迭代，系统将最终演化到策略 A 和策略 B 共存的状态。在这种情况下，可以有效地避免策略 D 自私参与者的存在，以保证群体实现任务分配。相应地，为了分析该平衡点的稳定性，需要进一步对该平衡点下雅可比矩阵对应的三个特征值的正负情况进行判断，通过计算可以得到特征值为

$$\begin{cases} \lambda_1=\dfrac{-(gm-hl-gq+hp+lq-mp)}{l-m-p+q} \\ \lambda_2=\dfrac{-(lq-mp)}{l-m-p+q} \\ \lambda_3=\dfrac{-(lm-lq-mp+pq)}{l-m-p+q} \end{cases} \tag{2.13}$$

根据李雅普诺夫稳定性理论，如果上述三个特征值都具有负实部，那么在该平衡点下系统是渐近稳定的。基于式(2.14)作进一步的分析，通过代入相应参数，可以得到 $l-m-p+q=-(b_A-c_A/2)-(b_B-c_B/2)-2\beta<0$ 恒成立，所以当参数同时满足

$$\begin{cases} gm - hl - gq + hp + lq - mp < 0 \\ lp - mp < 0 \\ lm - lq - mp + pq < 0 \end{cases} \tag{2.14}$$

时，系统在该平衡点可达到渐近稳定的状态。为了更加直观地展示这个平衡点的收敛情况，可以借助 Dynamo[107] 在 Mathematica 上绘制一个数值仿真图。Dynamo 是一个免费的开源软件，可以用于根据演化博弈动力学创建与动态系统相关的相图或其他图像。上述情况下具体图像的结果如图 2.1 所示。

2.1(a)彩图

2.1(b)彩图

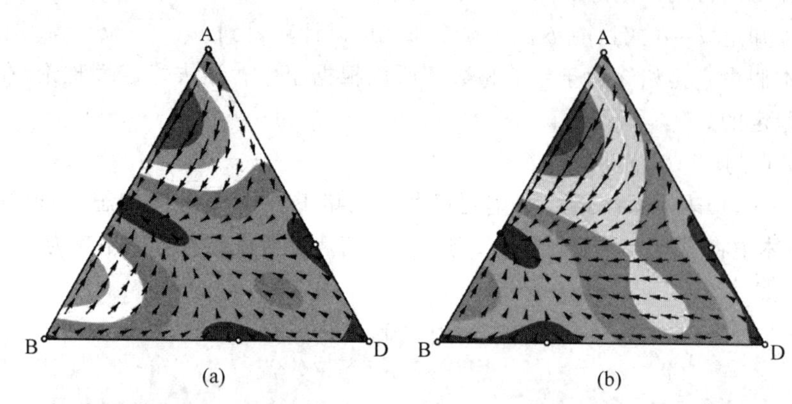

图 2.1 稳定状态是 A 和 B 两策略共存态的策略演化图

图 2.1 给出了两组具体的例子，图(a)的参数设定为：$b_A=1, c_A=0.8, b_B=0.8, c_B=0.6, \beta=0.2$；图(b)的参数设定为：$b_A=1, c_A=0.8, b_B=0.8, c_B=0.4, \beta=0.2$，两组参数都满足式(2.15)的设定，所以理论上在该参数设定下系统可以最终收敛于策略 A、B 共存的状态。图中的箭头表示收敛方向，实心点为稳定点，空心点为不稳定点。

此外，图中的颜色反映收敛速度，蓝色表示最慢，红色表示最快。三个顶点分别表示群体最终演化到全 A 的状态、全 B 的状态和全 D 的状态，根据图中所示这三个点都是空心点，所以这三个平衡点都是不稳定的。图 2.1(a)、(b)最终收敛的稳定点为 AB 边上的实心点，在这种情况下，选择策略 D 的个体将消失。而其他两个分别存在于 AD 边和 BD 边的两个空心点，在这两个演化图的参数设定下也是不稳定的。

为了展示参数值对演化结果的影响，图 2.1 是基于两个不同的参数 c_B 值做的一组对比实验，在图(a)中稳定点为(7/15,8/15,0)，而图(b)中稳定点为(3/8,5/8,0)，可以发现 c_B 值的减少将促进策略 B 比例的提高。为了更直观地理解参数的影响，可以将上述平衡点的参数替换为 b_A、c_A、b_B、c_B 和 β，具体可表示为

$$\left(\frac{(b_A - c_A) + \frac{c_B}{2} + \beta}{\left(b_A - \frac{c_A}{2}\right) + \left(b_B - \frac{c_B}{2}\right) + 2\beta}, \frac{(b_B - c_B) + \frac{c_A}{2} + \beta}{\left(b_A - \frac{c_A}{2}\right) + \left(b_B - \frac{c_B}{2}\right) + 2\beta}, 0 \right)$$

根据这个平衡点的公式可以得到一个显而易见的结论：增加参数 b_A、c_B 或减少参数 c_A 对策略 A 的存在是有益的；而增加参数 b_B、c_A 或减少参数 c_B 对策略 B 的存在是有益的。所以，根据图 2.1 中所描绘的两个图的结果表明，具有高收益的策略 A 或策略 B 将在群体中占据主导地位。

(5) 平衡点为$\left(\frac{n}{g-l+n},0,\frac{g-l}{g-l+n}\right)$。

在这种情况下，随着群体中策略的更新迭代，系统将最终演化到策略 A 和策略 D 共存的状态，策略 B 的参与者会在演化的过程中被其他两个策略的个体所取代。同样，为了分析该平衡点的稳定性，这里给出了该平衡点下雅可比矩阵对应的三个特征值：

$$\begin{cases}\lambda_1=\dfrac{-(gn-ln)}{g-l+n}\\ \lambda_2=\dfrac{-(gn-gr+lr-np)}{g-l+n}\\ \lambda_3=\dfrac{-gn}{g-l+n}\end{cases} \tag{2.15}$$

根据李雅普诺夫稳定性判据，式(2.16)的三个特征值实部的正负性将决定该平衡点是否稳定。这三个特征值的分母都为 $g-l+n=b_A-c_A/2$，依照收益矩阵中的设定可以知道该分母始终满足大于或等于零，所以只需要其他的参数满足

$$\begin{cases}n>0\\ gn-gr+lr-np>0\end{cases} \tag{2.16}$$

时，就可以保证系统在该平衡点下是稳定的。为了更加清晰地解释各参数对平衡点的影响，将第五个平衡点的形式用 b_A、c_A、b_B、c_B 和 β 这 5 个参数来代替求得该平衡点的另一种表达形式：

$$\left(\frac{b_A-c_A}{b_A-\frac{c_A}{2}},0,\frac{\frac{c_A}{2}}{b_A-\frac{c_A}{2}}\right)$$

根据这个公式的形式可以很明显地知道，该平衡点主要受 b_A 和 c_A 这两个参数的影响。当选择策略 A 获得的收益 b_A 越大时，策略 A 就能有更大的概率被群体中的个体选择；相反，如果增加策略 A 的执行成本 c_A，则将抑制策略 A 个体数量的增加。在这种情况下，如果收益矩阵中的参数满足式(2.17)，那么群体的稳定状态即为策略 A 和策略 D 两种策略的参与者共存，此时，策略 B 由于收益不占优所以并不能存在于群体中。

为了直观地展示参数对演化结果的影响这里给出了一组数值仿真图，如图 2.2 所示。和图 2.1 有相同的设置，即图中的箭头指示收敛方向，实心点代表稳定状态，空心点代表不稳定状态。此外，图中的颜色反映收敛速度，扫描图 2.2 对应的二维码可见彩图，其中蓝色表示最慢，红色表示最快。随着策略的更新演化，这两个数值仿真图都可以收敛到策略 A 和策略 D 共存的状态。下面给出两个子图具体的参数设定值，图(a)：$b_A=1.2$，$c_A=1$，$b_B=0.4$，$c_B=0.6$，$\beta=0.3$；图(b)：$b_A=1.2$，$c_A=0.8$，$b_B=0.4$，$c_B=0.6$，$\beta=0.3$。

图(a)中，实心点为(2/7,0,5/7)表示当前参数设置下的理论稳定状态；图(b)中，稳定点为(1/2,0,1/2)。图中的箭头表示由不稳定状态向稳定状态演化的过程。图 2.2 中两个子图唯一不同的参数设置就是 c_A，通过减少 c_A 可以使得策略 A 的个体在群体中的比例增加。根据实心点的具体数值可以看到，当参数 c_A 从 1 减小到 0.8 时，在稳定状态下策略 A 的比例由 2/7 增加到 1/2，与对这个平衡点理论分析得到的结果一致。

2.2(a)彩图

2.2(b)彩图

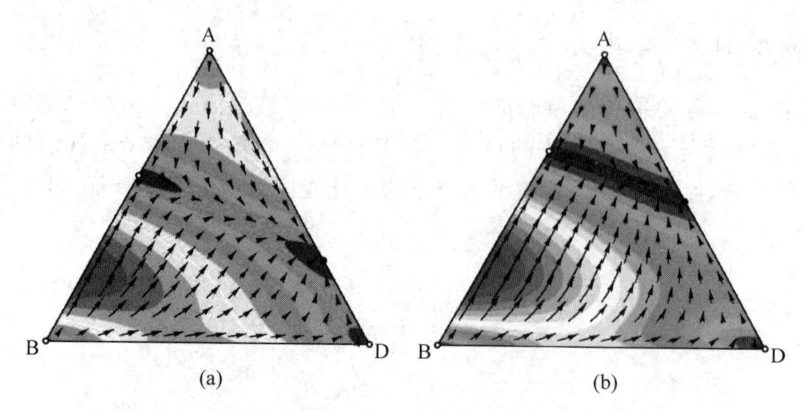

图 2.2 稳定状态是 A 和 D 两策略共存态的策略演化图

（6）平衡点为$\left(0,\frac{r}{h-q+r},\frac{h-q}{h-q+r}\right)$。

若这个平衡点是稳定的，则意味着随着策略的演化，群体中策略 A 的参与者将消失，而策略 B 和策略 D 共存的状态将成为最终的稳定状态。为分析该平衡点稳定性，根据雅可比矩阵可以得到以下三个特征值：

$$\begin{cases}\lambda_1=\dfrac{hn-hr+mr-nq}{h-q+r}\\ \lambda_2=\dfrac{-(hr-qr)}{h-q+r}\\ \lambda_3=\dfrac{-hr}{h-q+r}\end{cases} \tag{2.17}$$

同样，根据李雅普诺夫稳定性判据，为了保证平衡点的稳定，要使得上述三个特征值都具有负实部。这三个特征值的分母为 $h-q+r=b_B-c_B/2$，始终大于或等于零，所以当其他参数满足

$$\begin{cases}r>0\\ hn-hr+mr-nq<0\end{cases} \tag{2.18}$$

时可以确定该平衡点是稳定的。与第五个平衡点的形式类似，由于本平衡点不存在策略 A 的参与者，所以该平衡点主要受参数 b_B 和 c_B 这两个参数的影响。用 b_A、c_A、b_B、c_B 和 β 这 5 个参数来代替原平衡点中的参数 l、m、n、p、q、r、g 和 h，可以得到

$$\left(0,\frac{b_B-c_B}{b_B-\frac{c_B}{2}},\frac{\frac{c_B}{2}}{b_B-\frac{c_B}{2}}\right)$$

在这种情况下，系统中的策略分布主要受 b_B 和 c_B 这两个参数的影响。当策略 B 的收益较高、成本较低时将促进策略 B 在群体中的扩散；但当策略 B 的收益较低、成本较高时将抑制策略 B 在群体中的扩散。为了清晰描绘参数的影响，这里给定不同的参数 c_B 做了一组数值仿真图，来探究该参数值的大小对最终系统达到稳定状态时策略分布的影响。

图 2.3 中，图中的三个顶点分别表示系统达到平衡点时群体中全部是策略 A 的参与者、策略 B 的参与者或策略 D 的参与者的状态，空心点表示它们是不稳定的。图中 BD 线段

上出现的实心点为稳定的状态，代表策略 B 和策略 D 共存于群体中。图(a)的参数设置为：$b_A=1, c_A=1.2, b_B=0.6, c_B=0.4, \beta=0.3$。图(b)的参数设置为：$b_A=1, c_A=1.2, b_B=0.6, c_B=0.5, \beta=0.3$。图中的箭头用于指示状态演变的方向，即从不稳定状态向稳定状态演化的方向。

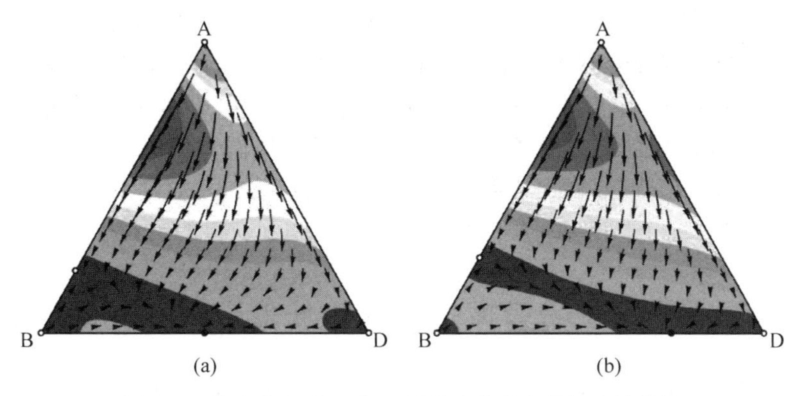

2.3(a)彩图

2.3(b)彩图

图 2.3　稳定状态是 B 和 D 两策略共存态的策略演化图

在上述两种情况下，系统的稳定点分别为(0,1/2,1/2)和(0,2/7,5/7)。根据收益矩阵中参数的设定可以知道策略 A 的收益情况在群体中是不占据优势的，所以导致最终只有策略 B 和策略 D 共存的情况，正如 BD 线段的实心点所示。而通过增大参数 c_B 会使得策略 B 的获利降低，进一步抑制了策略 B 在群体中的扩散，进而导致更多的参与者演化到策略 D 的状态。

(7) 平衡点为(f_A, f_B, f_D)。

该平衡点的具体公式由于其复杂性就不再给出具体形式，详情请参见式(2.8)，这个平衡点代表三种策略共存的状态。要精确地分析这个复杂平衡点稳定的条件是不容易的，对应雅可比矩阵或者特征值都是难以在书中以简洁的形式展示。所以这里推断当模型参数不满足上述六种情况时系统可能会收敛到这一点，但这不是一个充分条件。

为了清晰描绘参数的影响，这里给定了两组不同的参数做了一组数值仿真图，详情如图 2.4 所示。图 2.4 展示了稳定状态时三种策略共存的示例，在每个数值仿真图中可以得到七个平衡点，即图中所示的六个空心点(不稳定)和一个实心点(稳定)。通过箭头，可以直

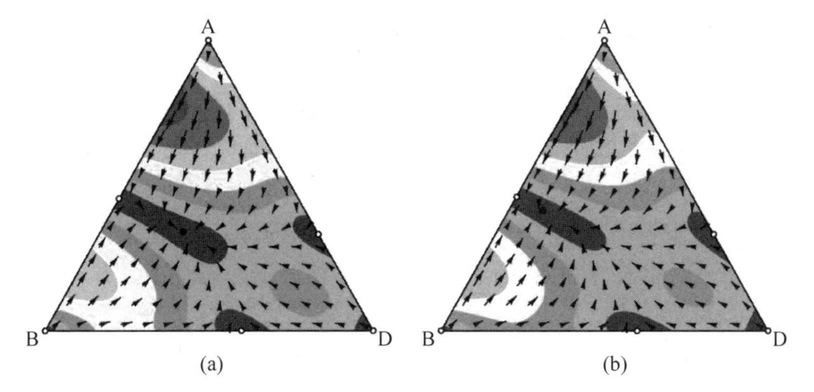

2.4(a)彩图

2.4(b)彩图

图 2.4　稳定状态是 A、B 和 D 三策略共存态的策略演化图

观地观察到由不稳定的状态向稳定状态演化的情况。图中的颜色反映收敛速度，蓝色表示最慢，红色表示最快。这两个仿真图主要研究的是参数 β 对任务分配博弈演化的影响。下面给出两个子图中具体的参数设定值，图(a)的参数设置为：$b_A=1, c_A=0.8, b_B=0.8, c_B=0.6, \beta=0.01$；图(b)的参数设置为：$b_A=1, c_A=0.8, b_B=0.8, c_B=0.6, \beta=0.1$。

在这两个图中，唯一的区别就是 β 的值(图(a)：$\beta=0.01$ 和图(b)：$\beta=0.1$)，越大的协同收益使得策略 D 的参与者越难在系统中生存，导致比例下降。在图中显示为，越大的协同收益 β 对应所在图的稳定点(实心点)离 AB 边越近，所以协同效益在影响任务分配博弈模型策略演化的过程中起着至关重要的作用。通过增加协同收益的数值，可以在一定程度上减少策略 D 的参与者，从而保证任务分配有效地进行。此外，影响策略 A 和策略 B 存在比例的因素主要还是每个任务执行时所需要承担的成本和获得的收益。

2.3.2 复杂网络上带有懒惰个体的任务分配博弈的仿真结果

基于群体无限大均匀混合这个假设，在上一节中对带有自私个体的任务分配博弈模型进行了理论分析。然而，大量的研究表明群体中个体之间的互动结构也需要被考虑，因为它能更好地描述真实社会系统中的交互情况。因此，本节将任务分配博弈模型应用于两类不同的复杂网络结构中进行仿真实验，并与理论分析结果进行对比，作为先前理论分析的必要补充。

复杂网络理论的蓬勃发展，为描述群体中个体之间复杂的连接关系提供了极大的便利。这里采用了两个典型的网络结构：BA 无标度网络和 Lattice 二维方格网络。BA 无标度网络中网络节点的度数服从幂律分布，具有异质性。

而二维方格网络中每个节点都与其最近邻的 4 个节点相连接，属于同质网络，即多数节点具有相同的度。仿真时设定的群体规模为 $N=4096$，其中 BA 无标度网络中平均度为 6，Lattice 网络中平均度为 4。实际上，仿真实验也在更大或者更小的网络结构中进行，发现网络规模的大小并没有对群体中策略演化的变化规律和最终分布造成实质性的影响，所以这里仅给出规模是 4096 的网络结构上的仿真图。

群体中的参与者即网络上的节点，初始时，每个节点随机地被赋予三种可选择的策略：A、B 和 D。之后，每个个体与其邻居进行博弈，根据博弈双方策略的不同依据收益矩阵会获得不同的收益值。然后，每个个体需要依据策略更新规则进行策略更迭，直至系统达到稳定。这里采用的策略更新规则类似于 Fermi 函数：

$$W=\frac{1}{1+\exp(-\omega(\pi_i-\pi_j)_+)} \tag{2.19}$$

其中，π_i 代表被选取邻居的收益值，π_j 代表中心个体的收益值。这个策略更新规则的应用范围是针对 $\pi_i \geqslant \pi_j$ 的情况。

当 $\pi_i > \pi_j$ 时，个体 j 采用个体 i 的策略的概率为根据式(2.19)计算的结果，当个体 i 的收益值超出个体 j 的收益值越大，则学习个体 i 策略的概率也越大；当 $\pi_i=\pi_j$ 时，个体 j 选择继续采用自己的策略或选择采用邻居策略的概率都为 1/2；当 $\pi_i<\pi_j$ 时，个体 j 采用个体 i 的策略的概率为零，即当所选邻居的收益值小于该中心个体的收益值时，不学习该邻居的策略。参数 ω 代表选择强度，且满足 $\omega \geqslant 0$。当 $\omega \to 0$ 时为弱选择，该策略演化规则为一个随机性的规则，即以一定的概率去选择是否学习邻居的策略；当 $\omega \to \infty$ 时为强选择，且

当邻居收益大于中心个体的收益时，策略演化规则为一个确定转变的规则，即每个中心个体都会学习该邻居的策略。这里假设 $\omega=1$，基于不同的协同收益 β 的取值，在 Lattice 二维方格网络和 BA 无标度网络上分别进行了仿真实验。

图 2.5 是在 Lattice 二维方格网络中做的仿真实验，横坐标为参数协同收益 β，以 0.1 为间隔从 0 变化到 1，纵坐标为系统达到稳定状态时各策略在群体中所占的比例。网络规模为 64×64，即共有 4096 个节点。参与博弈的每个个体可以选择执行任务 A(对应策略 A)、执行任务 B(执行任务 B)、不执行任何任务(策略 D)。这里使用的其他参数为：$b_A=1.5$，$c_A=1.2$，$b_B=0.6$，$c_B=0.3$，$\beta=[0,1]$。对应不同的 β 值，在图 2.5 中给出了群体最终演化稳定后 A、B、D 三种策略的比例分布柱状图。并且，在每组参数设定下都进行了 10^5 次迭代，最终稳定分布数值都是后 10^4 比例数值的平均结果。

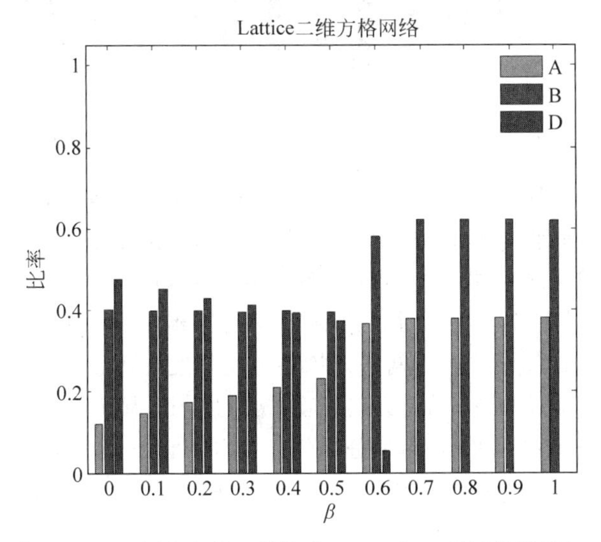

2.5 彩图

图 2.5 位于 Lattice 网络上的三种策略：A、B 和 D 的演化情况与 β 的关系

为了使仿真实验的结果更具有普遍意义，图中每组参数下最终稳定比例分布都是 1000 次独立实验的平均值。参数 β 作为协同收益，在维持 A、B 两项任务分工合作的方面有着重要的意义，根据图 2.5 也可以看出相应的规律。随着 β 值的增加，可以在一定程度上减少自私个体在群体中存在的比例，并且当 β 值增加到一定程度时，会使得策略 A 的个体(自私个体)完全消失，而只有策略 A、B 的个体共存于群体中，才使任务实现有效分配。总体来说，在 Lattice 网络上的仿真结果和理论分析的定性结果基本是一致的(具体可参照图 2.4)，随着 β 值的增加，可以减少自私个体的比例，所以协同收益值是保证任务分工实现合作的重要因素之一。

图 2.6 是在 BA 无标度网络中做的仿真实验，可与图 2.5 进行对比，研究的是在不同的参数 β 设定下 A、B、D 这三种策略的参与者在群体中演化到最终稳定状态时的分布情况。这里使用的参数和图 2.5 保持一致：$b_A=1.5$，$c_A=1.2$，$b_B=0.6$，$c_B=0.3$，$\beta=[0,1]$。横坐标为参数协同收益 β，纵坐标为各策略在群体中所占的比例。每个数据点都是 10^5 次迭代结果中后 10^4 结果的平均值。在无标度网络中进行的仿真结果和 Lattice 网络上的结果略有不同。

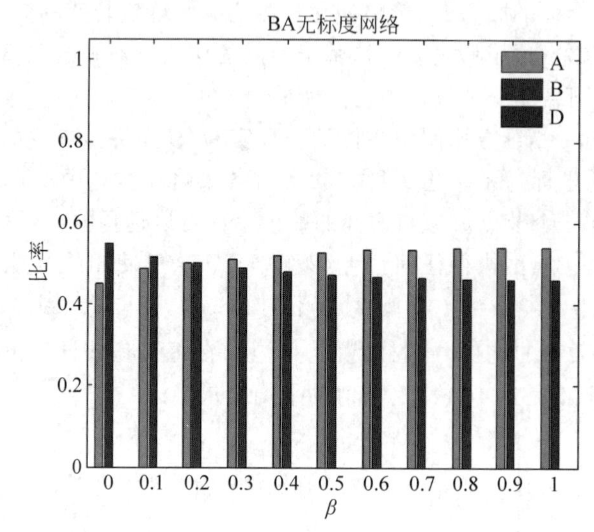

图 2.6　位于 BA 无标度网络上的三种策略：A、B 和 D 的演化情况与 β 的关系

在无标度网络中，即使协同收益的值很小，策略 D 的参与者在最终稳定状态时的分布比例也为零，而随着协同收益值的增加，根据理论分析的结果可知策略 D 的参与者只会减少，所以在这组仿真中策略 D 的参与者的比例始终为零。协同收益值的增加对策略 A 和 B 的比例并没有产生根本性的影响，两者比例始终处于相对稳定的状态。所以，通过对比图 2.5 和图 2.6 可以知道，异质性的网络结构在一定程度上可以有效地抑制策略 D 的参与者，在防止懒惰个体采取“搭便车”的行为上有着重要的作用，为分工合作的存在创造了机会。

接下来的四个仿真图主要研究的是每个任务各自的收益值对策略演化产生的影响。根据理论分析的结果可以知道，任务的执行成本越高，在一定程度会抑制该任务本身存在的比例，所以这里给定了不同的 c_{B} 和 c_{A} 的值进行仿真实验，通过仿真结果可以直观地观察到随着任务成本值的变化，群体达到稳定时的策略比例分布。同样，为研究网络结构演化结果的影响，这里分别采用了 Lattice 网络和 BA 无标度网络。

图 2.7、图 2.8 为任务分配模型在 Lattice 网络和 BA 无标度网络中分别进行的仿真实验，随着参数 c_{B} 的变化，系统稳定时的策略分布也随之发生改变。这两组仿真中的参数设置为 $b_{\mathrm{A}}=1.2, c_{\mathrm{A}}=1, b_{\mathrm{B}}=0.4, c_{\mathrm{B}}=(0,1), \beta=0.3, N=4096$。图中横坐标数值是执行任务 B 需要付出的成本，纵坐标数值表示系统演化到稳定状态时的策略占比。图例中的 A 为选择执行任务 A，B 为选择执行任务 B，D 为选择坐享他人之利。针对每组不同的数值，各自都进行了 1000 次独立实验，每次实验迭代步数为 10^5 次，然后取后 10^4 步结果的平均值作为单次实验稳定时的比例分布，图 2.7 和图 2.8 中每个柱状图的结果即为 1000 次独立实验的平均结果。

在图 2.7 的 Lattice 网络中，当策略 B 的成本值较低时，可使得最终的稳定状态为 B、D 两策略共存或者 A、B、D 三策略共存；当 c_{B} 增加到某一值时，策略 B 的个体在群体中将消失，稳定状态为 A、D 两策略共存。在 BA 无标度网络中，由于异质性网络对自私个体的抑制，当 c_{B} 值较小时，使得稳定时刻是 A、B 两策略共存；而随着 c_{B} 值的增加，策略 B 的个体逐渐减少直至消失，使得群体稳定时是 A、D 两策略共存于群体中。

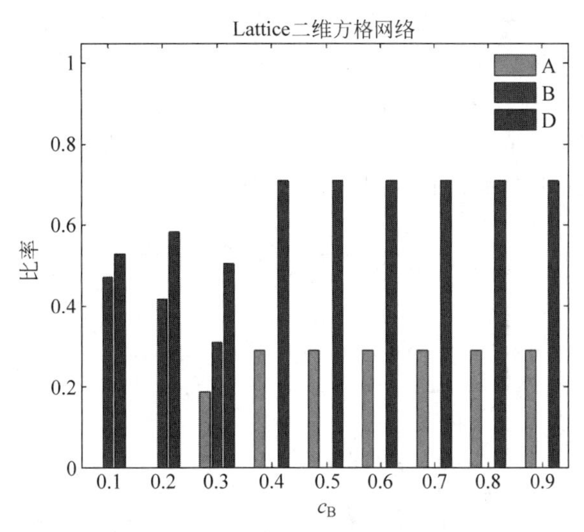

2.7 彩图

图 2.7　位于 Lattice 网络上的三种策略：A、B 和 D 的演化情况与 c_B 的关系

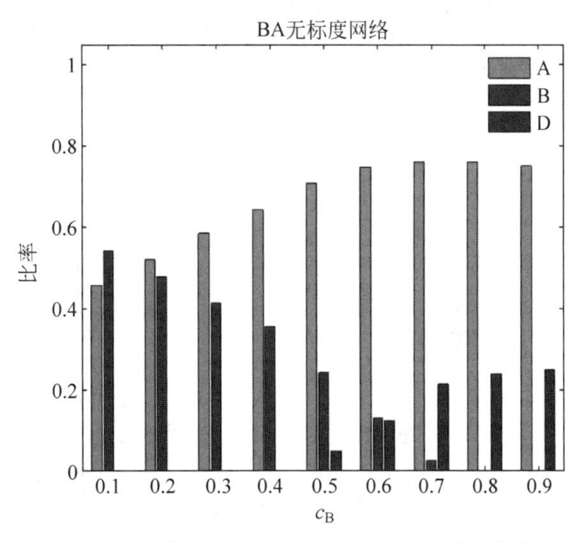

2.8 彩图

图 2.8　位于 BA 无标度网络上的三种策略：A、B 和 D 的演化情况与 c_B 的关系

综上所述，由于个体都会倾向于选择能够带来高回报的策略，所以增加执行任务 B 的成本将降低选择该策略的吸引力，这样使得具有较高成本的策略在群体中的传播被抑制。而对比图 2.7 和图 2.8 可以发现，不同的网络结构在相同的参数设定下也会出现不一样的仿真结果，异质性的网络在抑制自私个体存在方面有较大的优势。尽管如此，随参数 c_B 变化，策略 B 的比值呈现的变化规律在两类网络上却是一致的，并且与理论分析的结果相吻合。

与图 2.7 和图 2.8 类似，图 2.9 和图 2.10 研究的是任务 A 的执行成本 c_A 对任务分配博弈模型下各策略演化的影响。两个网络中的参数设置一样，$b_A=1.2$，$c_A=[0.5,1.5]$，$b_B=0.4$，$c_B=0.2$，$\beta=0.3$，$N=4096$。图中横坐标数值表示执行任务 A 需要付出的成本，纵坐标数值表示稳定状态时三种策略的占比。图 2.9 和图 2.10 中每个柱状图的结果为

1000 次独立实验的平均结果。在这一组图中也可以发现，将同质网络向异质网络转变可以显著地抑制策略 D(不执行任何任务)的存在和演化。而 c_A 作为执行成本，它的增加会抑制策略 A 的个体在群体中的存在，较高的执行成本使得大部分参与者不选择该策略。当任务 A 的执行成本增加到某一值时，该策略的个体将从群体中消失，但是由于网络结构的影响，Lattice 网络和 BA 无标度网络中该临界值并不完全相同。

2.9 彩图

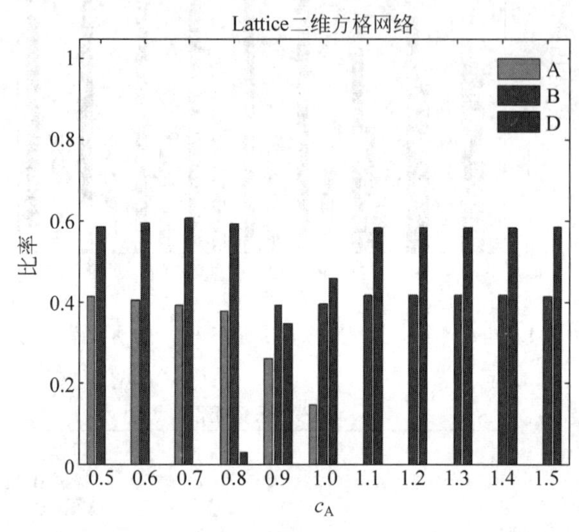

图 2.9　位于 Lattice 网络上的三种策略：A、B 和 D 的演化情况与 c_A 的关系

2.10 彩图

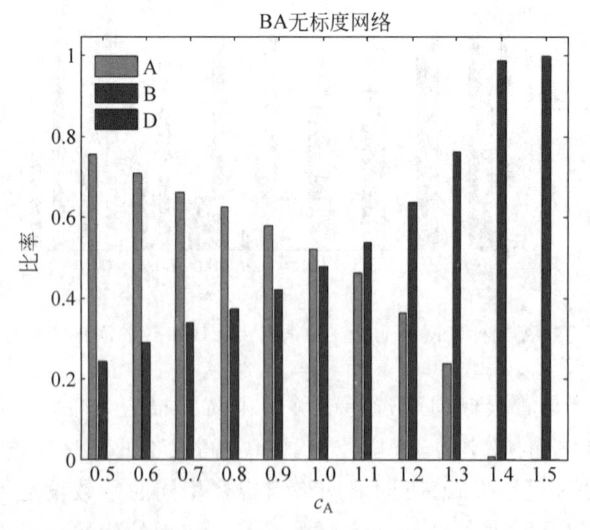

图 2.10　位于 BA 无标度网络上的三种策略：A、B 和 D 的演化情况与 c_A 的关系

综上所述，基于不同的参数 β,c_B 和 c_A 分别在 Lattice 和 BA 无标度网络中进行了仿真实验，以研究不同的网络结构和相关收益矩阵中的参数对任务分配博弈中策略演化的影响。β 代表两个任务都执行时的协同效益。图 2.5 和图 2.6 表明，β 将显著影响任务分配博弈中策略的演化。具体来说，较大的 β 将抑制策略 D 参与者的存在，因此有利于保证群体实现合理的任务分配。图 2.7～图 2.10 研究的是各项任务的执行成本对策略演化的影响。

结果表明，执行任务 A 或执行任务 B 的成本越大将越抑制其在群体中的传播。这也是可以理解的，参与者总是会倾向于追求能够带来更高回报的策略。随着参数 $c_B(c_A)$ 的增加，群体达到稳定状态时策略 B(A)的比例会呈现减少的趋势，且当 $c_B(c_A)$ 增加到一定值时，策略 B(A)的个体将从群体中消失。

此外，根据在同质网络(Lattice 网络)和异质网络(BA 无标度网络)上分别进行的仿真结果可以看出，异质网络对自私个体的存在有较强的抑制性。这些发现都可以提供很多启发，以探究在一个存在懒惰个体的群体中可以通过怎样的参数调整来保证任务分配的实现。

2.4　本章小结

个体行为影响群体任务的自组织分配，考虑到现实社会并不完全是勤勤恳恳认真劳动的个体，本章的研究提供了一个新的参与角色：懒惰者，他们不执行任务，选择等待别人来完成。本章首先针对带有懒惰个体的任务分配博弈模型建立了收益矩阵，并以此为基础应用复制动力学的方法对其进行了理论分析，并判断了每个平衡点的稳定性。

此外，为了探究参与任务分配博弈的参与者之间的交互结构对演化结果的影响，本章将任务分配博弈的模型分别在二维方格网络和 BA 无标度网络中进行了仿真实验。理论分析和仿真实验的结果都对收益矩阵中主要参数对任务分配博弈模型演化结果的影响进行了详细的说明。其中，越大的协同效益越有助于抑制懒惰个体在群体中的存在，进而帮助形成有效的任务分配。

由于任务的执行成本和任务执行后的收益是描述该任务的两个关键性参数，所以它们的取值也将显著影响群体达到稳定状态时的策略分布。例如，在保持其他参数不变的情况下，较大的执行任务所需的成本将对该策略在群体中的推广产生不利影响，其原因在于每个参与者都会倾向于追求较大的利益。此外，通过仿真发现将网络结构从同质变为异质可以在一定程度上抑制懒惰个体的存在，从而保证群体实现有效的任务分配。

第3章

CHAPTER 3

孤立者对群体公共品博弈动力学的影响

3.1 引言

借助演化博弈论这一思路和方法对复杂网络或复杂群体中个体策略演化的研究有助于人们了解实际系统中的人类或生物群体中的策略选择,尤其是合作行为的演化,从而对自私或损害公共利益的行为加以约束和调节。合作广泛地存在于生物和社会系统之中。对合作行为的研究是演化博弈理论的核心问题,目前,合作机制的研究仍是一个十分严峻的挑战,来自各个学科的众多学者就此展开了大量研究[140-145]。

本章将从群体合作这一角度出发,在公共品博弈模型(public goods games,PGG)的基础上,分别研究三种机制:①加入第三种策略(孤立者);②对背叛个体的收益设定阈值;③对背叛和合作个体均设置收益阈值,研究对群体合作演化产生的影响。结果表明,通过引入相应的孤立策略个体,公共品博弈模型下的群体均衡状态能够摆脱原来的完全背叛,从而为群体中合作行为的演化提供一定契机。另外,通过对背叛者的收益设置阈值,相比不考虑阈值的公共品博弈,可以使合作行为在群体中得到促进。进一步的结果表明,如果对背叛和合作收益均设定阈值,相比仅限制背叛收益的情况,更有利于合作在群体中的演化。

本章接下来的内容安排如下:3.2 介绍阈值公共品博弈模型;3.3 节对两种策略共存时的群体演化进行动力学分析;3.4 节对三种策略(合作、背叛、孤立)共存时群体的演化情况进行分析;3.5 节主要讨论公共品博弈下群体演化的仿真结果。

3.2 阈值公共品博弈模型

3.2.1 公共品博弈模型

这里采用公共品博弈模型来刻画社会困境。在一个典型的公共品博弈中,就存在由多个个体共同参与博弈的决策过程,其中每个个体面临两种策略选择:合作和背叛[32]。举例来说,某地区或社区要对某项大型公共设施进行投资建设,公民可自行决定是否注入资金,这样就产生两种不同的策略选择：投资—合作（cooperation，C），不投资—背叛（defection，D）。合作意味着投资，同时付出相应的成本 c，背叛个体则无须付出成本。

集体共同进行决策后，无论采取合作或背叛，每人都会获得同等数目的分红：rcn_c/N，其中，n_c 代表合作者数目，r 表示公共品收益放大系数，即投资回报会在原来的基础上翻 r 倍。N 表示群体中总的个体数。那么在经典 PGG 下群体中个体策略以及所对应的收益如下：

$$\begin{cases} P_c = \dfrac{rcn_c}{N} - c \\ P_d = \dfrac{rcn_c}{N} \end{cases} \tag{3.1}$$

显然，背叛者获得的收益一定大于合作者，于是所有个体均选择背叛将是群体唯一的纳什均衡态。根据上述收益的表达式，当 r 越大，投资公共福利所带来的吸引力就会变得更大，因此增加 r 的值会引导群体中更多的个体参与投资（合作者的数目增多）。而增加合作者的投资数额 c 只会让更多的人选择不参与投资（背叛数目增加）。相关的研究结果表明[56,58]，在这种多人公共品博弈模型条件下，参与博弈的个体总数 N 同样会对博弈结果产生不可忽视的影响。

3.2.2　含孤立者的阈值公共品博弈

本章将在原有的典型公共品博弈模型的基础上加入第三种博弈策略——孤立者（loner，L）。也就是说，社区中可能还会含有这样的一些人，他们既不参与投资，但也不会像背叛者那样从公共投资中获取回报，或者说，他们并不参与博弈，只获得一个基础的固定收益，记作 σ。此外还考虑带有阈值的公共品博弈模型，此模型的建立是基于一些学术网站中学术论文的下载量或是针对一般公共用地的使用权限来制定的。在这样的情况下，搭便车行为偶尔可被允许，但必须对参与搭便车的次数或人数加以限制。

下面对这种含有孤立者并考虑博弈阈值的公共品博弈模型进行详细介绍。首先，给定一个含有三种策略的公共品博弈模型，假设群体中共有 N 个个体，并且 $N>1$，这些个体中共包含有 n_c 个合作者，n_d 个背叛者，以及 n_l 个孤立者。阈值用参数 T 来表示，当群体中的合作个体数目超过指定阈值 T 时，背叛者将会面临一个收入限额，并且 $1 \leqslant T \leqslant N$。合作者、背叛者以及孤立者的收益如表 3.1 所示。

表 3.1　含孤立者的阈值公共品博弈模型

策　略	$n_c \leqslant T$	$n_c > T$
合作策略	$\dfrac{rcn_c}{n_c+n_d} - c$	$\dfrac{rcn_c}{n_c+n_d} - c$
背叛策略	$\dfrac{rcn_c}{n_c+n_d}$	$\dfrac{rcT}{n_c+n_d}$
孤立策略	σ	σ

表 3.1 中,参数 c 表示合作者付出的代价。为简单且不失一般性,在后续的讨论中,均假设 $c=1$。显然,根据群体当前的合作策略个体数目,个体收益的获取共对应两种不同的情况。首先,当 n_c 的取值不超过收益阈值 T 时,以上三种策略相应的收益分别对应如下:

$$
\begin{cases}
P_c = \dfrac{rn_c}{n_c + n_d} - 1 \\
P_d = \dfrac{rn_c}{n_c + n_d} \\
P_l = \sigma
\end{cases}
\tag{3.2}
$$

其中,P_c、P_d 和 P_l 分别表示合作、背叛、孤立策略的收益。如果合作者数目超过阈值 T,那么这三种策略所对应的收益如下:

$$
\begin{cases}
P_c = \dfrac{rn_c}{n_c + n_d} - 1 \\
P_d = \dfrac{rT}{n_c + n_d} \\
P_l = \sigma
\end{cases}
\tag{3.3}
$$

3.2.3 复制动力学方程

接下来将借助复制动力学方程对上述阈值公共品博弈模型下的群体进行动力学分析。给定某个无限大均匀混合群体,假定所有个体均参与表 3.1 中的三策略阈值公共品博弈。这里考虑连续时间系统模型,分别用变量 x、y 和 z 表示群体中合作、背叛和孤立策略的比例,含有三种策略系统的动力学方程为

$$
\begin{cases}
\dot{x} = x(P_c - \bar{P}) \\
\dot{y} = y(P_d - \bar{P}) \\
\dot{z} = z(P_l - \bar{P})
\end{cases}
\tag{3.4}
$$

式中,$P_i, i \in (C,D,L)$用来表示策略 C、D、L 的收益。群体的平均收益为 $\bar{P} = xP_c + yP_d + zP$。

3.2.4 收益计算

接下来将根据个体的不同策略选择以及选择相应策略后获得的收益列出系统的复制动力学方程表达式。实际上,式(3.2)和式(3.3)列举的是一组个体在参与公共品博弈时取得的收益。本节将给出参与群体博弈的不同策略在复制动力学下的收益表达式。

为了计算上述三种策略参与群体博弈时的收益表达式,在整个无限大群体的内部,随机取出相应策略的个体,构成含有 N 个个体的样本组群体,接下来导出含有 N 个个体的群组中不同策略的收益表达式。对于在这 N 个个体之中的任意一个个体 i,其所面对的规模为 $N-1$ 的群体中存在 $S-1$ 个博弈参与者(合作和背叛策略个体的统称,假定孤立者不参加博弈)的概率为

$$\binom{N-1}{S-1}(1-z)^{S-1}z^{N-S} \tag{3.5}$$

上述概率的计算与所选中的个体当前的策略无关，即无论个体 i 的当前策略是合作或者背叛均有此结果。这里特别需要注意的是，如果群体中除当前被选中的个体 i 以外不存在任何的参与者（合作和背叛策略），那么当前个体 i 的策略将在随后的演化过程中演变为孤立策略。

接下来计算对某个参与者，它所面对的这 $S-1$ 个博弈者中，存在 m 个合作者以及 $S-1-m$ 个背叛者的概率，即

$$\binom{S-1}{m}\left(\frac{x}{x+y}\right)^{m}\left(\frac{y}{x+y}\right)^{S-1-m} \tag{3.6}$$

根据收益式（3.2）和式（3.3）可得，在由 $S(S=2,\cdots,N)$ 个合作和背叛策略构成的子群组中，合作者的收益为

$$P_{cs}=\sum_{m=0}^{S-1}\binom{S-1}{m}\frac{r(m+1)}{S}\left(\frac{x}{x+y}\right)^{m}\left(\frac{y}{x+y}\right)^{S-1-m}-\sum_{m=0}^{S-1}\binom{S-1}{m}\left(\frac{x}{x+y}\right)^{m}\left(\frac{y}{x+y}\right)^{S-1-m} \tag{3.7}$$

上式中的收益 P_{cs} 可以简化为

$$P_{cs}=\frac{r(S-1)}{S}\frac{x}{x+y}+\frac{r}{S}-1 \tag{3.8}$$

于是，整个群体中的合作者平均收益 P_c 计算如下：

$$P_c=\sigma z^{N-1}+\sum_{S=2}^{N}\binom{N-1}{S-1}(1-z)^{S-1}z^{N-S}P_{cs} \tag{3.9}$$

且上式可进一步改写为

$$P_c=\sigma z^{N-1}+\frac{Nrx+r(1-z^{N})}{N(1-z)}-\frac{rx(1-z^{N})}{N(1-z)^{2}}+(1-r)z^{N-1}-1 \tag{3.10}$$

如前面所提到的，合作者的代价 c 的取值为 $c=1$。所有孤立者都不会参与博弈，而同时获得一个固定的收益 σ，并且如果仅有一个个体参与博弈，那么此个体也将会变为孤立者，这样的情况发生的概率是 z^{N-1}，因此孤立策略的收益计算为 $P_l=\sigma z^{N-1}$。

下面计算背叛者的收益，在含有 N 个个体的这组样本群体中，为了清楚起见，将背叛者的收益分为 P_{d1}、P_{d2}、P_{d3} 三部分。首先，当群体中仅含有一个背叛者时，有

$$P_{d1}=\sigma z^{N-1} \tag{3.11}$$

在共计 $S-1$ 个参与者中，分为两种不同的情况。当 $S-1\leqslant T$ 时，所有个体均参与普通的公共品博弈。此时背叛者的收益记为 P_{d2}，取值为

$$P_{d2}=\sum_{S=2}^{T+1}\binom{N-1}{S-1}(1-z)^{S-1}z^{N-S}\times\sum_{m=0}^{S-1}\binom{S-1}{m}\frac{rm}{S}\left(\frac{x}{x+y}\right)^{m}\left(\frac{y}{x+y}\right)^{S-1-m} \tag{3.12}$$

上式可改写为

$$P_{d2}=\frac{rx}{x+y}\sum_{S=0}^{T}\binom{N-1}{S-1}(1-z)^{S}z^{N-S-1}\frac{S}{S+1} \tag{3.13}$$

如果继续令

$$\binom{N-1}{T+1}\frac{1}{1-z}\int_0^z t^{N-T-2}(1-t)^{T+1}\mathrm{d}t-\frac{z^N}{N(1-z)}$$
$$=\sum_{S=0}^{T}\binom{N-1}{S}\frac{1}{S+1}(1-z)^S z^{N-S-1} \tag{3.14}$$

和

$$\sum_{S=0}^{T}\binom{N-1}{S}(1-z)^S z^{N-S-1}$$
$$=(T+1)\binom{N-1}{T+1}\int_0^z t^{N-T-2}(1-t)^T\mathrm{d}t \tag{3.15}$$

得到如下关系：

$$P_{d2}=\frac{rx}{x+y}\binom{N-1}{T+1}\int_0^z t^{N-T-2}(1-t)^T\left[(T+1)-\frac{1-t}{1-z}\right]\mathrm{d}t+\frac{rxz^N}{N(1-z)^2} \tag{3.16}$$

对于另一种情况，如果 $S-1>T$，那么背叛者的收益为

$$P_{d3}=\sum_{S=T+2}^{N}\binom{N-1}{S-1}(1-z)^{S-1}z^{N-S}\times\left[\sum_{m=0}^{T}\binom{S-1}{m}\frac{rm}{S}\left(\frac{x}{x+y}\right)^m\left(\frac{y}{x+y}\right)^{S-1-m}+\sum_{m=T+1}^{S-1}\binom{S-1}{m}\frac{rT}{S}\left(\frac{x}{x+y}\right)^m\left(\frac{y}{x+y}\right)^{S-1-m}\right] \tag{3.17}$$

通过将上式改写为如下形式：

$$P_{d3}=\sum_{S=T+2}^{N}\binom{N-1}{S-1}(1-z)^{S-1}z^{N-S}\times\left[\sum_{m=0}^{S-1}\binom{S-1}{m}\frac{rm}{S}\left(\frac{x}{x+y}\right)^m\left(\frac{y}{x+y}\right)^{S-1-m}-\sum_{m=T+1}^{S-1}\binom{S-1}{m}\frac{r(m-T)}{S}\left(\frac{x}{x+y}\right)^m\left(\frac{y}{x+y}\right)^{S-1-m}\right] \tag{3.18}$$

可得到关系

$$P_{d3}<\sum_{S=T+2}^{N}\binom{N-1}{S-1}(1-z)^{S-1}z^{N-S}\times\sum_{m=0}^{S-1}\binom{S-1}{m}\frac{rT}{S}\left(\frac{x}{x+y}\right)^m\left(\frac{y}{x+y}\right)^{S-1-m}$$
$$=\sum_{S=T+1}^{N-1}\binom{N-1}{S}(1-z)^S z^{N-S-1}\frac{rT}{S+1} \tag{3.19}$$

结合上述三种情况，得到在含有 N 个个体的样本组群体中，背叛者的收益 P_d 取值为

$$
\begin{aligned}
P_d &= P_{d1} + P_{d2} + P_{d3} \\
&= \sigma z^{N-1} + \frac{rx}{x+y}\left[1 - \frac{1-z^N}{N(1-z)}\right] - \sum_{S=T+1}^{N-1}\binom{N-1}{S}(1-z)^S z^{N-S-1} \times \\
&\quad \sum_{m=T+1}^{S}\binom{S}{m}\frac{r(m-T)}{S+1}\left(\frac{x}{x+y}\right)^m\left(\frac{y}{x+y}\right)^{S-m}
\end{aligned}
\tag{3.20}
$$

3.3 两种策略共存

对 3.2 节中的复制动力学方程进行分析就可以得到博弈系统的策略演化情况。在演化博弈论的框架下，某种策略优于另一种策略的判断标准主要是不同的策略在进行群体博弈时所取得的收益。本节讨论仅含有 3 种不同策略(合作和背叛，合作和孤立，背叛和孤立)时群体的演化情况。

3.3.1 合作策略(C)和背叛策略(D)共存

假定群体中仅含有两种不同的策略，即合作(C)和背叛(D)，也就是三种策略博弈中 CD 共存的情况。令这三种策略个体的比例分别为 $z=0$ 以及 $x+y=1$，那么策略 C 和策略 D 的收益差值计算如下：

$$
P_c - P_d = \frac{r}{N}\sum_{m=T+1}^{N-1}\binom{N-1}{m}(m-T)x^m y^{N-1-m} + \frac{r}{N} - 1 \tag{3.21}
$$

将上式改写为

$$
P_c - P_d = \frac{r}{N} - 1 + \frac{rT(N-T-1)}{N}\binom{N-1}{T}\int_0^x t^{T-1}(1-t)^{N-T-2}(x-t)\mathrm{d}t \tag{3.22}
$$

在变量满足 $0<x<1$ 及 $0<y<1$ 时，表达式$\partial(P_c-P_d)/\partial r>0$ 一定成立，也就意味着收益差 P_c-P_d 将会随着放大系数 r 的增大而增大。此结论符合一般的对于公共品博弈的结果的预判，即越高的收益回报率 r 会诱使越来越多的人参与群体投资(合作)，这将利于群体合作。根据式(2.23)得到

$$
\frac{\partial(P_c - P_d)}{\partial x} = \frac{rT(N-T-1)}{N}\binom{N-1}{T}\int_0^x t^{T-1}(1-t)^{N-T-2}\mathrm{d}t \tag{3.23}
$$

以及

$$
\frac{\partial^2(P_c - P_d)}{\partial x^2} = \frac{rT(N-T-1)}{N}\binom{N-1}{T}x^{T-1}(1-x)^{N-T-2} \tag{3.24}
$$

定理 3.1 系统内部平衡点 $x^* \in (0,1)$ 存在，当且仅当

$$
r > \frac{N}{N-T}
$$

成立。

证明 当 $x\in(0,1)$ 以及$\partial(P_c-P_d)/\partial x>0$ 时，P_c-P_d 的取值会随着群体中合作者的比例 x 的增加而增加。当 $x\in(0,1)$，显然 $P_c-P_d=0$ 没有实根或至多含有一个不稳定

的根。此外，由$\partial^2(P_c-P_d)/\partial x^2>0$，收益差$P_c-P_d$将在$x=1$时取得其最大值。 □

根据式(3.20)和式(3.21)，得到如下关系：

$$P_c-P_d|_{x=0}=\frac{r}{N}-1<0,\quad P_c-P_d|_{x=1}=r-1-\frac{rT}{N}$$

接下来还需要进一步分析如下两种不同的情况。

情况1 博弈参数满足条件$r\leqslant\frac{N}{N-T}$。

在这一条件下，关系式$P_c-P_d|_{x=1}\leqslant 0$表明方程$P_c-P_d=0$在开区间$x\in(0,1)$内无根，那么给定任何的初始情况，系统都将演化到完全背叛的状态($y=1$)。

情况2 博弈参数满足条件$r>\frac{N}{N-T}$。

这时有$P_c-P_d|_{x=1}>0$，表明在开区间$x\in(0,1)$有且仅有一个内部平衡点$x^*\in(0,1)$。于是得到结论，当群体中初始合作者的比例不超过x^*时，系统状态会演化至完全背叛。若群体中合作者的比例高于x^*，系统将会演化至完全合作的状态。

下面给出关于以上两种情况的系统平衡点的数值仿真结果。如图3.1所示，公共品博弈满足$N=10,r=4,c=1$，收益差P_c-P_d随阈值T增大而减小。方程$P_c-P_d=0$的根的个数与收益阈值T的取值密切相关：$T=2$(绿色)，$T=4$(蓝色)和$T=6$(红色)时方程仅存在一个根；若收益阈值T取值继续增大，则方程$P_c-P_d=0$没有根，对应系统将不存内部平衡点。当阈值取$T=2,T=4$和$T=6$时，相应的博弈参数取值满足条件$r>N/(N-T)$，此时系统仅包含唯一的内部平衡点$x^*\in(0,1)$，且这一内部平衡点x^*不稳定。如果将相应的阈值增加至$T=8$时，$r=4<N/(N-T)=5$，那么方程$P_c-P_d=0$在开区间$x\in(0,1)$内部无根，也就是系统中的所有个体均会演化至完全背叛的状态。

3.1 彩图

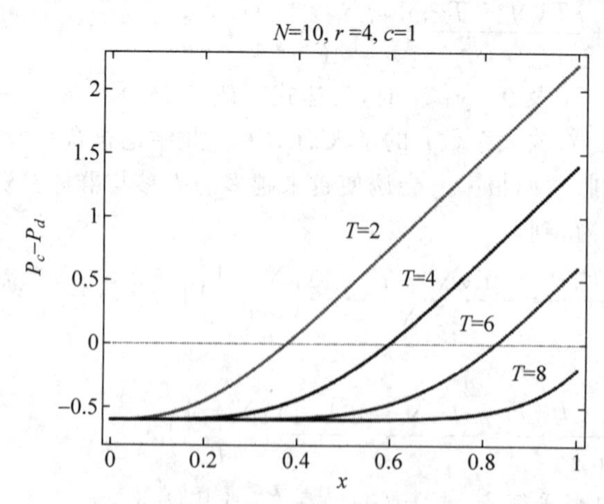

图3.1 合作(C)和背叛(D)策略参与的阈值公共品博弈

3.3.2 背叛策略(D)和孤立策略(L)共存

将三种策略的比例分别设置为$x=0,y+z=1$，讨论群体中仅含有背叛策略(D)和孤立策略(L)时的情况。在这一情况下，背叛策略的收益计算为 $P_d=\sigma z^{N-1}$，其中参数 σ 是指孤立者的自给自足收益。于是背叛个体和孤立个体的收益关系满足条件 $P_d \leqslant P_l$。只要群体中不存在任何的合作个体，也就是说仅策略 D 和 L 共存，在这种情况下，鉴于条件 $P_l-P_d \geqslant 0$ 满足，显然孤立者能够得到比背叛者更多的优势，整个群体就会演化至所有个体均采取孤立策略的状态。根据此结论进一步了解到，尽管背叛策略个体能够入侵合作策略群体，但面对孤立策略时将会展现出劣势的一面，很容易被孤立策略个体所取代。

公共品博弈的结果主要受到三种参数的影响，分别是 T、r 和 σ。对应图 3.2 中各参数取值情况：图(a)$T=2, r=3, \sigma=1$；图(b)$T=2, r=1.5, \sigma=1$；图(c)$T=3, r=3, \sigma=1$；图(d)$T=2, r=3, \sigma=2$。空心点表示不稳定的平衡点，实心点则代表稳定的平衡点。在图(a)和图(c)中，相应的参数关系满足条件 $r>1+\sigma$，图(b)满足 $r<1+\sigma$，图(d)满足关系 $r=1+\sigma$。如图 3.2 所示，孤立策略对抑制群体背叛起到了十分关键的作用，引入孤立策略将使群体的状态不会再陷入完全背叛的状态，从而给合作策略的演化提供便利条件。但如果孤立策略本身就能够获得足够多的收益(σ 足够大)，就会给合作策略带来不利的影响，会使得整个群体陷入完全孤立的状态。

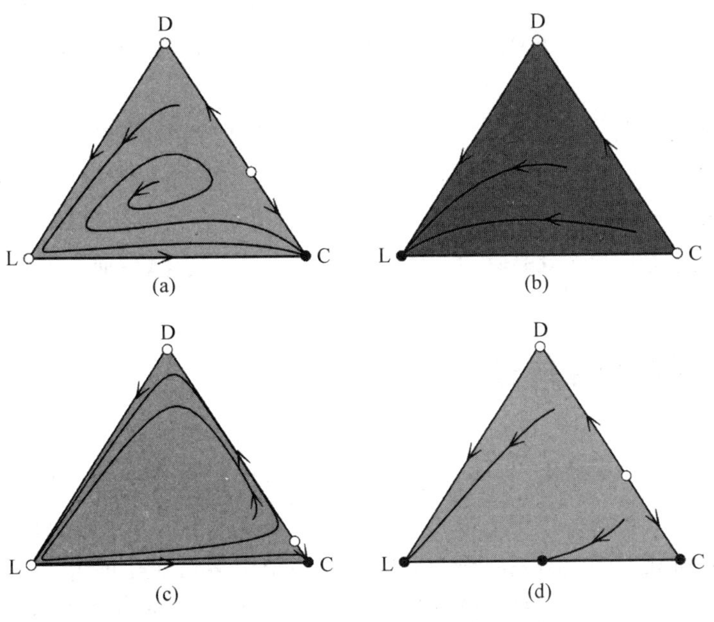

3.2 彩图

图 3.2　阈值公共品博弈下的群体策略演化

3.3.3　合作策略(C)和孤立策略(L)共存

接下来继续讨论孤立策略的引入对群体中合作策略演化的影响。假设群体中不存在背叛策略，令 $y=0, x+z=1$。得到合作与孤立策略的收益差 $P_c-P_l=r-1-\sigma$，那么这种由孤立策略和合作策略所构成的群体在特定的参数条件下就会存在一些内部平衡点，群体博弈结果将主要由参数 r 和 σ 来决定。接下来分别就以下三种情况逐一进行分析。

情况 1　放大系数 r 和孤立者收益 σ 的关系满足条件 $r>1+\sigma$。

在这一条件下，显然有 $P_c-P_l>0$，给定系统任意的初始条件(起始于 C 和 L 共存状态)，完全合作是群体博弈唯一稳定的平衡点。仿真示例如图 3.2(a)和(d)所示，引入孤立策略 L 会显著抑制群体中背叛策略的演化，从而为合作策略的演化提供条件。由此可得，孤立策略可被视为促进群体合作的催化剂，加入后能够使整个群体状态由原来的背叛占主导演化为合作占主导的情况。

情况 2 放大系数 r 和孤立者收益 σ 的关系满足条件 $r=1+\sigma$。

如果参数关系满足 $r=1+\sigma$，相当于孤立策略与合作策略获得相等的收益，即 $P_c=P_l$，于是边界 CL 上的每一点都是稳定的，均对应着系统的稳定状态。如图 3.2(d)所示，只要参数满足条件 $r=1+\sigma$，无论初始策略的分布如何，群体的状态均能演化至策略 C 和 L 共存的情况。由此可见，边界 CL 上的所有点构成系统平衡点的集合，边界平衡点 $x=1$ 和点 $z=1$ 以及满足 $x+z=1$ 的所有点均是系统可能的稳定平衡点。

情况 3 放大系数 r 和孤立者收益 σ 的关系满足条件 $r<1+\sigma$。

若 $r<1+\sigma$，那么就有 $P_l>P_c$，这一结论表明，当孤立者收益 σ 足够大时，孤立者在整个群体中的占比就能够得到保证。然而从另一个角度来讲，虽然孤立能够入侵背叛，达到抑制群体背叛的效果，但是当孤立者的固定收益 σ 取值过大时，仍会导致群体状态往非合作的方向偏移。对于这一情况下群体策略演化的仿真，详见图 3.2(b)，此时平衡点 $z=1$(完全孤立)对应系统唯一的稳定状态。

虽然在经典的公共品博弈模型下，背叛策略总是占主导，但是通过引入第三种策略——孤立，就会使群体的状态从完全背叛脱离，从而给群体合作带来更多机会。这里导出了对合作最有利的博弈参数设定($r>1+\sigma$)，此时孤立策略可被看作促进群体合作的催化剂。另外，当 $r<1+\sigma$，过高的孤立策略收益会使群体向完全孤立演化，反而会不利于合作。

3.4 三种策略共存

本节将对三种策略(合作、背叛、孤立)共演化的情况进行分析。根据复制动力学方程(3.4)可得，某一策略在群体中的演化情况将极大地取决于这种策略的收益。于是策略在参与群体博弈时所获得的收益就将作为研究博弈系统中策略演化的最重要的依据。因此，在分析公共品博弈情况下的三种策略共演化之前，首先需要对不同策略的博弈收益进行分析和讨论。对于背叛者的收益，由式(3.19)可得

$$P_{d3}<\sum_{S=T+1}^{N-1}\binom{N-1}{S}(1-z)^S z^{N-S-1}\frac{rT}{S+1} \tag{3.25}$$

于是就有如下的结论：

$$\begin{aligned}P_d&=P_{d1}+P_{d2}+P_{d3}\\&<\sigma z^{N-1}+\sum_{S=T+1}^{N-1}\binom{N-1}{S}(1-z)^S z^{N-S-1}\frac{rT}{S+1}+\\&\quad\frac{rx}{x+y}\sum_{S=0}^{T}\binom{N-1}{S}(1-z)^S z^{N-S-1}\frac{S}{S+1}\end{aligned} \tag{3.26}$$

根据式(3.20)，若 $m \geqslant T+1$，则有

$$P_d < \sigma z^{N-1} + \frac{rx}{x+y}\left[1 - \frac{1-z^N}{N(1-z)}\right] \tag{3.27}$$

若令

$$\psi_1 = \frac{rx}{x+y}\sum_{S=0}^{N-1}\binom{N-1}{S}(1-z)^S z^{N-S-1}\frac{S}{S+1} \tag{3.28}$$

和

$$\psi_2 = \sum_{S=T+1}^{N-1}\binom{N-1}{S}(1-z)^S z^{N-S-1}\frac{rT}{S+1} + \frac{rx}{x+y}\sum_{S=0}^{T}\binom{N-1}{S}(1-z)^S z^{N-S-1}\frac{S}{S+1} \tag{3.29}$$

借助等式

$$\frac{rx}{x+y}\sum_{S=0}^{N-1}\binom{N-1}{S}(1-z)^S z^{N-S-1}\frac{S}{S+1} = \frac{rx}{x+y}\left[1 - \frac{1-z^N}{N(1-z)}\right] \tag{3.30}$$

进而可得到如下的结论：

$$P_d < \min\{\psi_1 + \sigma z^{N-1}, \psi_2 + \sigma z^{N-1}\} \tag{3.31}$$

那么对上述不等式做分类讨论，就有以下两种不同的情况。

情况 1 如果不等式条件 $T < Sx/(x+y)$ 成立，那么将存在 $\psi_1 > \psi_2$ 以及 $P_d < \psi_2 + \sigma z^{N-1}$ 的情况。

情况 2 若不等式条件 $T > Sx/(x+y)$ 成立，那么将导致 $\psi_1 < \psi_2$ 以及 $P_d < \psi_1 + \sigma z^{N-1}$。

给定以上两个条件，显然无论收益阈值 T 取何值，背叛策略的收益 P_d 都会被某个上界阈值所限制，并且此上界与 T 的取值密切相关。

3.4.1 阈值 T 的影响

由上述分析可知，对背叛策略设置的收益阈值会对整个群体中的策略演化产生一定的影响。给定含有三种不同策略的阈值公共品博弈模型，阈值 T 的影响是不可忽视的。根据 T 的定义可知，阈值 T 与合作者数目之间存在着直接的联系，并会对背叛策略的收益起到一定约束作用。

定理 3.2 在复制动力学方程(3.4)作用下，阈值 T 越大，则合作策略与背叛策略相应收益的差值 $P_c - P_d$ 反而越小。

证明 根据式(3.9)和式(3.20)可得

$$P_c - P_d = \frac{r(1-z^N)}{N(1-z)} - (r-1)z^{N-1} + \phi(T) \tag{3.32}$$

其中，

$$\phi(T) = \sum_{S=T+1}^{N-1}\binom{N-1}{S}(1-z)^S z^{N-S-1} \times$$

$$\sum_{m=T+1}^{S}\binom{S}{m}\frac{r(m-T)}{S+1}\left(\frac{x}{x+y}\right)^{m}\left(\frac{y}{x+y}\right)^{S-m} \tag{3.33}$$

为简单且不失一般性，这里假定 $T=k-1$，其中 k 是正整数并且满足 $1<k<N-1$。当 $T=k-1$ 时，有

$$\phi(k-1)=\sum_{S=k}^{N-1}\binom{N-1}{S}(1-z)^{S}z^{N-S-1}\times$$
$$\sum_{m=k}^{S}\binom{S}{m}\frac{r(m-k+1)}{S+1}\left(\frac{x}{x+y}\right)^{m}\left(\frac{y}{x+y}\right)^{S-m} \tag{3.34}$$

然后通过变形得到

$$\phi(k-1)=\sum_{S=k+1}^{N-1}\binom{N-1}{S}(1-z)^{S}z^{N-S-1}\times$$
$$\sum_{m=k}^{S}\binom{S}{m}\frac{r(m-k+1)}{S+1}\left(\frac{x}{x+y}\right)^{m}\left(\frac{y}{x+y}\right)^{S-m}+$$
$$\binom{N-1}{k}(1-z)^{k}z^{N-k-1}\frac{r}{k+1}\left(\frac{x}{x+y}\right)^{m}\left(\frac{y}{x+y}\right)^{k-m} \tag{3.35}$$

当 $T=k$ 时，可得到

$$\phi(k)=\sum_{S=k+1}^{N-1}\binom{N-1}{S}(1-z)^{S}z^{N-S-1}\times$$
$$\sum_{m=k+1}^{S}\binom{S}{m}\frac{r(m-k)}{S+1}\left(\frac{x}{x+y}\right)^{m}\left(\frac{y}{x+y}\right)^{S-m} \tag{3.36}$$

通过令

$$\varphi_1=\sum_{m=k}^{S}\binom{S}{m}\frac{r(m-k+1)}{S+1}\left(\frac{x}{x+y}\right)^{m}\left(\frac{y}{x+y}\right)^{S-m} \tag{3.37}$$

并将上式展开得到

$$\varphi_1=\sum_{m=k+1}^{S}\binom{S}{m}\frac{r(m-k+1)}{S+1}\left(\frac{x}{x+y}\right)^{m}\left(\frac{y}{x+y}\right)^{S-m}+$$
$$\binom{S}{k}\frac{r}{S+1}\left(\frac{x}{x+y}\right)^{k}\left(\frac{y}{x+y}\right)^{S-k} \tag{3.38}$$

和

$$\varphi_2=\sum_{m=k+1}^{S}\binom{S}{m}\frac{r(m-k)}{S+1}\left(\frac{x}{x+y}\right)^{m}\left(\frac{y}{x+y}\right)^{S-m} \tag{3.39}$$

显然有 $\varphi_1>\varphi_2$。接下来比较 $\varphi(k-1)$ 和 $\varphi(k)$ 的取值。

$$\varphi(k-1)=\sum_{S=k+1}^{N-1}\binom{N-1}{S}(1-z)^{S}z^{N-S-1}\times\varphi_1+$$
$$\binom{N-1}{k}(1-z)^{k}z^{N-k-1}\frac{r}{k+1}\left(\frac{x}{x+y}\right)^{m}\left(\frac{y}{x+y}\right)^{k-m} \tag{3.40}$$

和

$$\phi(k)=\sum_{S=k+1}^{N-1}\binom{N-1}{S}(1-z)^{S}z^{N-S-1}\times\varphi_2 \tag{3.41}$$

于是就推得不等式关系$\phi(k-1)>\phi(k)$。换句话说，提高阈值T，例如令$T=k$，就会降低合作与背叛策略的收益差P_c-P_d，从而在某种程度上促进背叛策略在群体中的演化。

□

3.4.2　内部平衡点

3.4.1节中已经讨论了边界CD、CL和DL上的系统平衡点情况。接下来，将讨论含有三种策略的公共品博弈的内部平衡点的存在性。为了简化计算过程，定义$f=x/(x+y)$，这是合作个体在所有参与者(合作者与背叛者)之中所占的比例。接下来，对合作策略的收益进行如下化简：

$$P_c=(\sigma-r+1)z^{N-1}+\frac{r(1-f)(1-z^N)}{N(1-z)}+rf-1 \tag{3.42}$$

假设等式$P_c=P_l=\sigma$成立，也就是说

$$(\sigma-r+1)z^{N-1}+\frac{r(1-f)(1-z^N)}{N(1-z)}+rf-1=\sigma \tag{3.43}$$

将上式进一步按照$z^{N-1}=F_1/F_2$的方式进行改写，其中，

$$F_1=N(\sigma+1-rf)(1-z)+r(f-1) \tag{3.44}$$

和

$$F_2=N(1-z)(\sigma-r+1)-r(1-f)z \tag{3.45}$$

对比F_1和F_2的值，则有

$$F_1-F_2=(N-1)(1-z)(1-f)>0 \tag{3.46}$$

接下来将分三种情况对群体中策略的演化进行进一步的讨论。

(1) $F_1>F_2>0$，于是得到$z^N>1$。显然与变量z的范围$z\in[0,1]$不相符，那么$P_c\neq P_l$。在这种情况下，系统不存在任何的内部平衡点。

(2) $F_1>0>F_2$，于是就有$z^N<0$，同样与变量z的范围$z\in[0,1]$不符合，那么方程$P_c=P_l=0$无根，同样系统也不会存在任何的内部平衡点。

(3) 假设$0>F_1>F_2$，系统可能会存在内部平衡点。

综上所述，以下条件满足时群体将不存在任何的内部平衡点：

$$F_1=N(\sigma+1-rf)(1-z)+r(1-f)>0 \tag{3.47}$$

将上式改写为

$$r<\frac{N(\sigma+1)(1-z)}{Nf(1-z)+(1-f)}=\frac{N(\sigma+1)}{Nf+\dfrac{(1-f)}{(1-z)}} \tag{3.48}$$

又因为

$$\frac{1-f}{1-z}=\frac{y}{(x+y)^2}\leqslant 1 \tag{3.49}$$

于是就可以得到相应的结论$F_1>0$和$r<N(\sigma+1)/(N+1)$。在这样的参数设定条件下，

内部平衡点不存在[图 3.2(b)]。实际上,当满足 $\sigma>(r-1)f$ 时,函数 F_1 的取值满足

$$F_1=N(\sigma+1-rf)(1-z)+r(1-f)>(1-f)[N(1-z)+r]>0$$

也就是说,当 $\sigma>(r-1)f$ 时,在由三种策略构成的群体中一定不会存在内部平衡点,于是可以将 $r<\sigma/f+1$ 视为系统不存在内部平衡点的一个充分条件。特别地,如果公共品博弈的放大倍数 r 取值非常小,从而导致群体中含有较少的合作个体,那么 $f=x/(x+y)$ 的取值将会非常小,相应地不等式右侧的值 $\sigma/f+1$ 则会变大。于是有如下参数变化过程:当 r 的取值降得非常低时,不等式关系 $r<\sigma/f+1$ 就会更容易被满足,与此同时较小的 r 会导致更大的 $\sigma/f+1$,从而进一步印证了不等式关系 $r<\sigma/f+1$。因此能够肯定,当 r 取值很小时,系统相对更不可能存在内部的平衡点,相应系统的状态也就更可能会演化到一些边界上的平衡点。

毫无疑问,直接讨论 r 和 $\sigma/f+1$ 之间的关系是有些困难的,这是因为,受到系统状态演化的影响,变量 $f=x/(x+y)$ 的取值往往难以确定。实际上,关于内部平衡点,可用如下更简洁的充分条件来代替:当满足条件 $r\leqslant\sigma+1$,复制动力学方程无解,系统不存在内部平衡点。接下来将重点分析 $r>\sigma+1$ 情况下系统的平衡点数目,并就系统内部平衡点的稳定性进行分析。代入关系式 $f=x/(x+y)$,得到系统的复制动力学方程

$$\begin{cases}\dot{x}=x[(1-x)P_c-yP_d-zP_l]\\ \dot{y}=y[-xP_c+(1-y)P_d-zP_l]\\ \dot{z}=z[-xP_c-yP_d+(1-z)P_l]\end{cases}\tag{3.50}$$

上式可化简为

$$\begin{cases}\dot{x}=f(1-z)\{[1-f(1-z)]P_c-(1-f)(1-z)P_d-z\sigma\}\\ \dot{z}=z[-f(1-z)P_c-(1-f)(1-z)P_d+(1-z)\sigma]\end{cases}\tag{3.51}$$

式中,$f=x/(x+y)$。计算得到式(3.51)的雅可比矩阵为

$$\boldsymbol{J}=\begin{pmatrix}J_{11} & J_{12}\\ J_{21} & J_{22}\end{pmatrix}\tag{3.52}$$

矩阵 $\boldsymbol{J}$ 中的元素 J_{11},J_{12},J_{21} 和 J_{22} 的取值分别为

$$J_{11}=[(1-z)-2f(1-z)^2]P_c+f(1-z)[1-f(1-z)]\frac{\partial P_c}{\partial f}-$$
$$(1-2f)(1-z)^2P_d-f(1-f)(1-z)^2\frac{\partial P_d}{\partial f}-z(1-z)\sigma$$

$$J_{12}=[-f+2f^2(1-z)]P_c+f(1-z)[1-f(1-z)]\frac{\partial P_c}{\partial z}+$$
$$2f(1-f)(1-z)P_d-f(1-f)(1-z)^2\frac{\partial P_d}{\partial z}-f(1-2z)\sigma$$

$$J_{21}=z(1-z)\left[P_d-P_c-f\frac{\partial P_c}{\partial f}-(1-f)\frac{\partial P_d}{\partial f}\right]$$

$$J_{22}=-f(1-2z)P_c-fz(1-z)\frac{\partial P_c}{\partial z}-(1-f)(1-2z)P_d-$$
$$(1-f)(1-z)z\frac{\partial P_d}{\partial z}+(1-2z)\sigma$$

其中，

$$\frac{\partial P_c}{\partial f}=r-\frac{r(1-z^N)}{N(1-z)},$$

$$\frac{\partial P_c}{\partial z}=(\sigma-r+1)(N-1)z^{N-2}+\frac{r(1-f)}{N}\times\frac{1-z^{N-1}[N-(N-1)z]}{(1-z)^2}$$

借助表达式

$$\sum_{m=T+1}^{S}\binom{S}{m}\frac{r(m-T)}{S+1}f^m(1-f)^{S-m}$$
$$=\frac{rT(S-T)}{S+1}\binom{S}{T}\int_0^f t^{T-1}(1-t)^{S-T-1}(f-t)\mathrm{d}t \tag{3.53}$$

就可以得到

$$\frac{\partial P_d}{\partial f}=r\left[1-\frac{1-z^N}{N(1-z)}\right]-\sum_{S=T+1}^{N-1}\binom{N-1}{S}(1-z)^S z^{N-S-1}\times$$
$$\frac{rT(S-T)}{S+1}\binom{S}{T}\int_0^f t^{T-1}(1-t)^{S-T-1}\mathrm{d}t \tag{3.54}$$

以及

$$\frac{\partial P_d}{\partial z}=\sigma(N-1)z^{N-2}-\frac{rf}{N}\frac{1-z^{N-1}[N-(N-1)z]}{(1-z)^2}-$$
$$\sum_{S=T+1}^{N-1}\binom{N-1}{S}(1-z)^{S-1}z^{N-S-2}[(N-1)(1-z)-S]\times$$
$$\frac{rT(S-T)}{S+1}\binom{S}{T}\int_0^f t^{T-1}(1-t)^{S-T-1}(f-t)\mathrm{d}t \tag{3.55}$$

根据上述推导过程，能够得到雅可比矩阵式(3.52)中各项元素的值。为证实系统内部平衡点的存在性，接下来将给出具体的例子，找出系统在特定参数下的一个内部平衡点，并就其稳定性进行分析。

根据以上分析结果，若条件 $r>\sigma+1$ 满足(图3.3)，那么系统就可能含有内部平衡点。图3.3中空心点表示不稳定的平衡点，实心点则代表稳定的平衡点。(a)、(b)两图所对应的系统的演化均含有一个不稳定的内部平衡点，稳定平衡点 $x=1$，不稳定的边界点 $y=1$ 和 $z=1$。

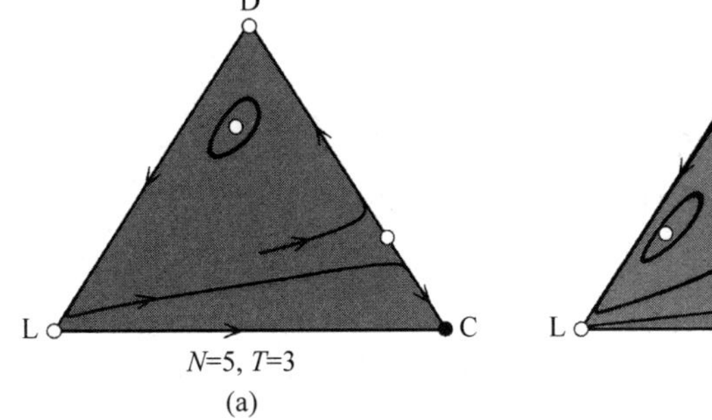

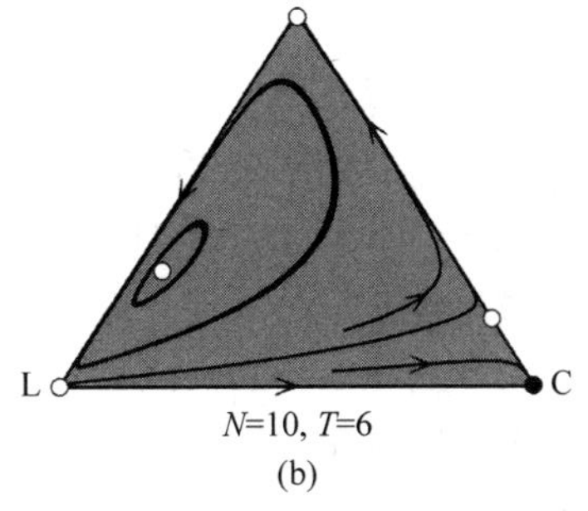

3.3 彩图

图3.3　三策略阈值公共品博弈在博弈参数满足 $r>\sigma+1$ 条件下的内部平衡点以及策略演化情况

图(a)所对应的参数取值为 $N=5, T=3, r=4, \sigma=0.5$，在这一参数条件下系统的内部平衡点为 $(x_0, y_0, z_0)=(0.135, 0.66, 0.205)$，并且有 $P_c=P_d=P_l$，此时此点 (x_0, y_0, z_0) 是系统唯一的内部平衡点，并且点 (x_0, y_0, z_0) 对应的雅可比矩阵为

$$\boldsymbol{J}=\begin{pmatrix} J_{11} & J_{12} \\ J_{21} & J_{22} \end{pmatrix}=\begin{pmatrix} 0.08542 & 0.126339 \\ -0.4871 & -4.571\times 10^{-3} \end{pmatrix}$$

假设上述雅可比矩阵 $\boldsymbol{J}$ 的特征值分别为 λ_1 和 λ_2，那么可得到 $\lambda_1+\lambda_2=J_{11}+J_{22}>0$ 以及 $\lambda_1\lambda_2=|J|>0$，于是有 $\lambda_1>0$ 和 $\lambda_2>0$。

同样，对于图(b)，给定公共品博弈的参数条件为 $N=10, T=6, r=4, \sigma=0.5$，博弈系统存在唯一的内部平衡点 $(x_0, y_0, z_0)=(0.06, 0.31, 0.63)$，代入可得到雅可比矩阵的各元素取值

$$\boldsymbol{J}=\begin{pmatrix} J_{11} & J_{12} \\ J_{21} & J_{22} \end{pmatrix}=\begin{pmatrix} 0.1156 & -9.855\times 10^{-3} \\ -0.689 & -0.0332 \end{pmatrix}$$

进一步计算特征值可得到 $\lambda_1+\lambda_2=J_{11}+J_{22}>0$，$\lambda_1\lambda_2=|J|<0$。相应的雅可比矩阵的特征值为一正一负，显然系统的内部平衡点 $(x_0, y_0, z_0)=(0.06, 0.31, 0.63)$ 不稳定。

3.5 仿真结果汇总

接下来将结合具体的仿真图例对含有阈值的三策略公共品博弈的博弈结果进行归纳总结。图例中空心点表示不稳定的平衡点，实心点代表稳定的平衡点。根据博弈参数之间的大小关系，共包含如下 6 种不同的情况。

情况 1 当 $\dfrac{N}{N-T}<r<\sigma+1$。

在策略的三角形图上，CD 边界上仅存在一个不稳定的边界平衡点。该平衡点满足的条件是 $x+y=1$，这意味着策略和背叛策略在系统中共存。在这一博弈情境下，给定参数条件 $r<\sigma+1$ 满足，孤立策略将会成为系统唯一的全局吸引点。具体的仿真图例详见图 3.4(a)，图中，个体受到较大的孤立者收益($\sigma>r-1$)的吸引，从而使得整个群体中的个体最终纷纷选择不参与博弈而直接采取孤立策略 L。图中各参数为 $T=2, r=2.2, \sigma=1.5$。

情况 2 当 $r<\dfrac{N}{N-T}$ 且 $r<\sigma+1$。

当满足参数条件 $r<N/(N-T)$ 时，在策略的三角形图上，CD 边界上一定不存在这样的边界平衡点。该平衡点满足的条件是 $x+y=1$，这意味着策略和背叛策略在系统中共存。既然同时满足条件 $r<\sigma+1$，同上述情况 1，此时系统一定不存在内部的平衡点，同时完全孤立仍然是系统唯一的全局吸引点。这种情况所对应的仿真图例参见图 3.4(b)，当个体受到较大的孤立策略收益($\sigma>r-1$)的吸引时，群体状态将向完全孤立演化，最终整个群体将被孤立策略所主导。图中各参数为 $T=3, r=2.2, \sigma=1.5$。图(a)和(b)中博弈参数均满足条件 $r<\sigma+1$，此时孤立策略是群体唯一的平衡点。

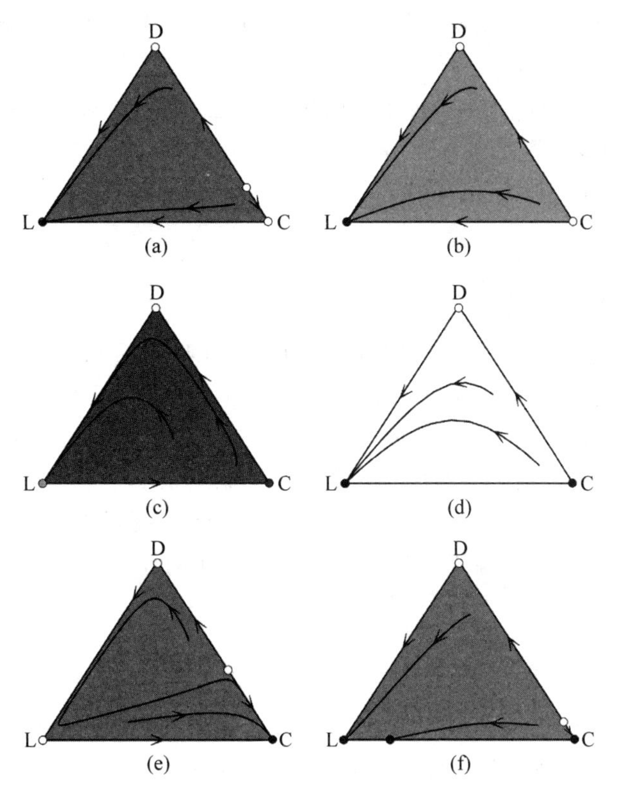

3.4 彩图

图 3.4 无限大均匀混合群体中的三策略公共品博弈（$N=5$）

情况 3 当$\sigma+1<r<\dfrac{N}{N-T}$。

当参数满足条件$r<N/(N-T)$时，在策略的三角形图的 CD 边界上不存在使得系统演化至合作策略和背叛策略共存的边界平衡点。同时，还会得到边界平衡点$x=1$不稳定，而边界点$y=1$稳定。也就是说，当群体中仅含有合作和背叛两种策略时，背叛策略占有绝对的优势。但是如果引入第三种孤立策略 L，背叛将不会成为群体唯一的稳定状态。在背叛策略与孤立策略共存时（DL 构成的边界），边界平衡点$y=1$是不稳定的，而边界平衡点$z=1$稳定。这就说明，孤立策略会取代背叛策略而成为群体中唯一的主导策略。

然而对于由 CL 构成的边界，合作策略能够获得比孤立策略更高的收益（$\sigma+1<r$）。于是当合作与孤立策略共存时，合作又可以替代孤立而成为全局唯一的稳定平衡点。由此可见，公共品博弈条件下的策略演化将会沿着闭环 C→D→L→C 的方向进行，这将十分有利于群体合作的演化。这一情况所对应的仿真图例详见图 3.4(c)，其中彩色实心圆点表示在 DL 边界上，孤立策略是稳定的，同时在 CL 边界上，合作策略稳定。图中各参数为$T=3$，$r=2$，$\sigma=0.5$。

情况 4 当$r>\dfrac{N}{N-T}$和$r>\sigma+1$。

若群体中仅含有 C 和 D 两种策略，对应于三角形图的 CD 边界，一定存在平衡点$x+y=1$使得合作策略和背叛策略共存。这是一个不稳定的平衡点，但又有边界平衡点$x=1$稳定，而边界平衡点$y=1$不稳定。也就是说，当群体中仅含有合作和背叛策略时，若群体初始的合作率低于某一定值，那么系统将会演化至完全背叛，否则会演化到完全合作的状态。

在此基础上引入第三种孤立策略 L，因为 $r>\sigma+1$，群体中合作策略显然会优于孤立策略，那么在整个系统中，合作就会占据绝对的优势。这一情况所对应的系统的仿真图例详见图 3.4(d)，由于参数设定满足条件 $r=\sigma+1$，那么 CL 边界上所有的点均稳定，然而对于 CD 边界，完全背叛是群体的唯一稳定状态（$r<N/(N-T)$）。图中各参数为 $T=3, r=2, \sigma=1$。

情况 5 当 $r=\sigma+1<\dfrac{N}{N-T}$。

如果系统可提供的策略只有 C 和 D 两种，那么在 CD 边界上不存在满足 $x+y=1$ 的边界平衡点。如前所述，在这样的平衡点上合作策略和背叛策略共存。同时系统内部也一定不存在内部平衡点。对于由 CL 所组成的边界，有 $r=\sigma+1$，因此，CL 边界上的点构成系统边界平衡点的集合。这一情况所对应的仿真图例详见图 3.4(e)，相应的博弈参数同时满足条件 $r>\sigma+1$ 和 $r>N/(N-T)$，于是完全合作是群体唯一稳定的平衡点，在这里孤立策略相当于催化剂的角色，并起到抑制群体背叛和促进合作的作用。图中各参数为 $T=2, r=3, \sigma=0.5$。

情况 6 当 $r=\sigma+1>\dfrac{N}{N-T}$。

在这一情况下，我们能够确定的是：系统一定不存在内部平衡点。与上述的情况 5 有所不同，在 CD 边界上存在满足条件 $x+y=1$ 的边界平衡点，而且它是不稳定的。另外，对于 CL 所组成的边界，均有 $r=\sigma+1$，所以此边界上的所有点都是平衡点。这一情况所对应的仿真图例详见图 3.4(f)，参数设定满足 $r=\sigma+1$，那么对于边界 CL 而言，上面所有的点均稳定。图中各参数为 $T=3, r=3, \sigma=2$。

根据以上 6 种情况，能够得到如下结论，即无论是对背叛者收益设定阈值还是引入第三种策略（孤立者），群体合作率会因此而有所提升。虽然加入阈值 T 对合作策略有利，但是如果阈值 T 的取值过大，反而可能会不利于合作策略在群体中的演化。这里与一般的公共品博弈中结论类似的是，公共品博弈参数 r 的取值越大，则对合作策略就更加有利。

此外，孤立者的固定收益 σ 也会对最终的博弈结果产生一定的影响。在某个背叛策略占主导的群体中，尽管加入孤立者会有效抑制背叛，从而在某种程度上促进合作，但 σ 的取值过大就会导致孤立策略占主导，也会对群体合作产生不利的影响。上述结论主要是对背叛者的收益设置阈值的公共品博弈模型进行研究而得到群体策略演化情况。接下来将考虑另一种博弈模型，即对所有参与者收益设置阈值（合作和背叛个体都会承受收益阈值的限制），分别分析在这样的模型设定下的合作策略的演化以及对比这两种阈值模型之间的相同和不同点。

3.6 本章小结

在探索群体合作演变的多元路径时，孤立者策略的引入显得尤为重要而有启示性。首先，它构建了一个更加多元和灵活的公共品博弈模型，从而为研究群体合作提供了新的维度和深度。在这里，我们更为详细地分析了孤立者角色的重要性和价值。

"孤立者"策略的引入是一项创新性的举措，它不仅为博弈论添加了一种新的维度，而且也是对现实社会复杂性的一种有力模拟。在实际的社会动态中，存在着一群既不赞同合作也不倾向于背叛的个体，他们保持一定的距离和中立态度。这类个体有时被视为观望者，他们的行动和选择常常是基于更为复杂和多元的判断和考量。他们可能在观察、分析，或者等待更有利的时机来做出选择。因此，孤立者角色的引入使我们的模型更贴近真实世界的复杂性和多元性，能够更精准地描绘出群体中的个体策略选择和行为模式。

其次，孤立者角色充当了一种重要的社会缓冲器。他们可以减少合作者和背叛者之间的直接冲突，降低社会紧张和对立。他们的存在可以抑制背叛行为的扩散，为合作者提供一个相对安稳的环境。他们可能通过某种方式影响或激励更多的人选择合作，从而有助于实现群体的长期稳定和和谐。通过深化对孤立者策略的研究，我们能更好地理解其在社会动态中的作用和影响，为我们提供更多有关如何促进和维护群体合作的见解和启示。

再次，孤立者的存在显著地丰富了公共品博弈的策略空间和动力学模型。此策略注入了新的活力与多样性，使得研究者能够通过一个全新的角度来解读和探讨博弈模型中的复杂问题。此种角色不仅仅是策略的增补，它犹如一把钥匙，为我们打开了一扇通往更加细腻和多元化策略互动世界的门户。

孤立者策略的引入，首先可以有效地丰富和扩展群体中的多元策略交互与竞争关系。它打破了简单的二分格局，带来了更多层次和维度的交互，使得我们能够更加细致和全面地捕捉和理解群体行为的复杂性和多元性。这不仅可以帮助我们深入剖析各种策略之间的微妙关系和互动，还可以为我们提供更多灵活和多元的策略选择和应用。

同时，孤立者策略的引入为我们打开了一个崭新的视角和途径，以深入分析和解决博弈模型中存在的复杂问题。通过这一独特的策略，我们能够更为明确地揭示和理解群体内的策略选择和行为动机，为研究者呈现出更为丰富多元的研究路径和视角。在博弈理论的世界中，孤立者策略成为一种新的工具，允许我们透过新的视角来理解和分析个体在群体中的行为和决策。这不仅能够揭示更为微妙的行为动机和策略交互，还可以帮助我们建立更为全面和深入的理论模型和分析框架。

此外，孤立者策略也能够为我们提供有关如何设计和实施有效的博弈策略和机制的深刻见解和实用建议。它可以促使我们重新考虑和调整现有的策略和机制，以更好地适应和促进群体内的合作与和谐。这种策略能够协助我们在促进群体的长期稳定和和谐方面，开拓更为创新和有效的途径。

进一步地，孤立者策略的引入也提出了新的研究问题和挑战，促使我们需进一步深化我们对此策略的理解和探索。首先，我们面临着需要更为精细地理解和描述孤立者在群体中的具体行为和动机的挑战。这涉及如何准确地描绘和分析孤立者的心理驱动力和行为模式，以及他们与合作者和背叛者之间的复杂互动和影响。其次，我们也需要深入研究和理解孤立者是如何影响群体合作的动力学和稳定性的，这包括他们是如何通过独特行为和策略来影响群体中的合作氛围和稳定性的，以及他们的存在是如何可能导致群体动力学的变化和调整的。为了更好地理解这些影响，我们需要构建更为复杂和精细的模型来模拟和分析群体内的多元策略交互和动力学演变。最后，我们也需要探索如何构建和设计更有利于合作的博弈策略和机制。这意味着我们需要在理论和实践层面探索和开发更为有力和高效的策略和机制，以促进和维护群体中的合作和和谐。这可能涉及开发新的理论框架和工具，以更好地捕捉和理解群体中的合作动力和挑战。

综上所述，孤立者策略的引入为我们提供了一个新的、丰富的和有力的工具来研究和促进群体合作的演变。它不仅丰富了我们对公共品博弈模型的理论和实践认识，也为探索和解决实际中的合作问题提供了新的视角和方法。我们期待通过深化对孤立者策略的研究和探索，能够为理解和促进群体中的合作和和谐关系做出更多的贡献。

惩罚者对群体博弈动力学的影响

第4章

CHAPTER 4

4.1 引言

目前,温室效应、水污染以及有限资源的过度使用等众多社会问题已经引起了全世界的关注。公共品博弈模型为描述这类问题提供了有效的理论框架,构造符合实际的公共品模型对研究上述社会困境具有非常重要的现实意义。本章仍然以公共品博弈为模型研究合作行为的产生机制。

惩罚作为一种有效的促进合作现象产生的机制也受到了大量学者的关注。通常,惩罚策略需要惩罚者付出一定的代价去实现对背叛者的惩罚,减少其收益。另外,有些研究还考虑了对没有惩罚背叛者的合作者的惩罚。研究表明惩罚行为有利于合作的保持。然而一个新的问题也就产生了:个体为什么会选择牺牲自己利益却给他人带来好处的惩罚行为?Boyd 等发现群组选择可以促进大的组内产生惩罚个体[53,55]。但是 Dreber 等指出惩罚对集体利益并不是有利的,而是有害的,因为由惩罚所导致合作者增加带来的收益还不足以抵消为了惩罚所付出的代价[89]。进一步的研究结果表明奖赏比惩罚更加有效:奖赏可以激发参与者更高的合作积极性,能够提高个体的贡献水平和整个种群中的平均收益;而惩罚尽管会增加合作者的比例,但是对合作者的贡献水平没有影响,并且降低了整个种群中个体的平均收益。

然而以往的关于惩罚的探讨和研究多是针对单个个体的行为,即惩罚的对象是单个个体[2,56,75,81,88,92]。即,如果个体采取了背叛策略,那么在采用了惩罚机制的研究中,它将得到一定形式的惩罚。然而,我们知道,在真实的社会系统中,特别是关于多人博弈的情形下,多人博弈必然涉及共同的利益[96,148,152]。

通常,以公共品博弈为例,如果最终的博弈目标没有完成,即不能实现所期望的最后的公共品利益的收集,那么这个博弈的群体多会受到相应的损失。比如集体修建用来防水的堤坝,群体中的每个成员需要供给一定的付出,才能保证堤坝的修筑成功和防洪的可能。如果因为种种原因,博弈的最后结果是群体成员的付出和供给没能实现堤坝的修建成功,那么一旦当洪水来临时,这些群体成员的收益都将受到侵害和损失。虽然这种个体收益的损失不是由于某种惩罚的措施而由组织或个人施加给群体成员的,但收益的损失的结果却是一致的。在这里,我们仍然宏观地称之为惩罚,而且这种惩罚是施加给群体中每个成员的。这种情形在真实的社会中是广泛存在的现象,有必要对此建模并研究这种团体惩罚机制在合作演化中的作用。

受此启发,我们提出了团体惩罚的机制,这样一来个体之间的利益将息息相关,甚至可以通俗地称之为荣辱与共。关于惩罚的实施,我们设定了一个全局淘汰阈值。选择公共品博弈作为基本模型来研究,这是一个研究多人博弈的经典模型。

在一个经典公共品博弈中,每个参加博弈的个体都有两种策略可以选择:合作和背叛。在本书所提出的模型中,每个个体(称为中心个体)组织一个由其和其邻居参加的公共品博弈,每轮博弈结束后每个个体都将获得博弈带来的收益。

考虑到公共品博弈的特性,而且在我们的模型中每个公共品博弈都是以某个节点为中心而组织的。为简便起见,我们选定这个中心组织者为目标对象,当它的收益低于全局淘汰阈值时,那么它连带它的全部群组成员将被淘汰出网络。这在一定程度上反映了中心组织者在其组织的公共品博弈中所承担的责任,它需要对它这个组的生死存亡负有一定程度的责任。这很好地反映了现实社会系统中的某些特点。

同时,为了研究方便,我们假设相同数目的新个体将被补充进来。在研究中,我们运用蒙特卡洛仿真方法对系统中合作演化情况进行数值计算,得到了系统平衡态时合作水平的变化情况,并相应地得到了促进合作水平的惩罚阈值的取值范围。最后,对比研究了在团体惩罚机制下合作行为在四种网络结构上演化的情况,给出了一些深入的分析和讨论。

值得指出的是,我们的惩罚机制和其他惩罚机制存在本质的不同。通常的惩罚机制,考虑的是对策略的惩罚,即一般惩罚某种策略,比如合作者对于背叛者的惩罚。这种惩罚机制带有道德意味,即惩罚“不好”的策略。我们这里的惩罚机制不采用这种道德审判的标准,而是考虑和关注个体的收益是否达到某种阈值。即一旦超过淘汰阈值,就不会受到惩罚,而不管其策略是什么。

提出这种模型的原因是:①个体在公共品博弈中,或者在多人参与的公共活动中,通常会掩饰自己的策略,所以针对策略的惩罚并不一定奏效;②如果我们研究的是博弈中策略演化的情况,而个体的策略只是为了获取较高的收益,那么某种程度上,我们应该关注个体使用某种策略的结果,即收益。我们只关注个体的收益是否超过某一阈值,如果没有就对其进行惩罚。

4.2 博弈模型描述

在前面已经提及,我们采用了公共品博弈模型作为研究对象。个体的策略选择有两种:合作或者背叛。合作的个体会贡献数值 c,而选择背叛策略的个体将没有任何贡献价值。但无论个体采取合作或背叛策略,最后收集并放大后的公共品收益将平均地分配给群体中每个参与博弈的成员。可以看到,合作者由于要付出一定的成本,而背叛者不需要付出该成本,所以,在同一个博弈中,合作者的收益总是会低于背叛者。

因此,对于理性而自私的个体来说,背叛策略能给他带来相对较高的收益。在模型中,我们把 N 个个体随机分配在所采用的网络的节点上,网络的节点规模为 N,即种群中的个体占据网络中的每个节点。

为了深入地研究不同的网络结构对合作水平的影响，我们选取了四种典型的网络：①Regular ring；② ER random graph；③ Newman-Watts（NW）small-world network；④BA scale-free network。在系统演化的每一步中，每个个体都组织一个以其自身为中心，以其最邻近节点为成员的公共品博弈。这样，假设某个体的度为 k，那么此个体将参与 $k+1$ 个公共品博弈。为了简单起见，假设个体在其参与的所有博弈中都采取同一种策略。在同时进行博弈以后，每个个体根据策略选择的情况和收益矩阵参数获取相应的收益，个体的总收益是在一步演化中其所有参与的博弈收益的总和。这样，在同一个博弈中，合作者和背叛者

$$P_c=\frac{rk_c c}{k+1}-c \tag{4.1}$$

$$P_d=\frac{rk_c c}{k+1} \tag{4.2}$$

有的个体面临着相同的淘汰阈值 T。为了研究方便，

理论分析。前面已经提及，任意个体 x 与其 k 个邻居个

个个体贡献的数值被乘以一个放大系数 r。因此每个

献值平均分配到这些博弈里。因此为了方便起见，我们

收益与邻居个体的策略选择紧密相关。当其采取背叛策

略时，其将获得最大收益 $P_{max}=r/k+1=k\eta$。反之，如果

都背叛时，他获取的收益最低：$P_{min}=r/k+1-c=\eta-1$。

$1,k\eta$]，那么淘汰阈值的合理的取值范围是{$\eta-1,\eta-1+$

是[0,1]。

体将获得相应的收益。对于收益低于淘汰阈值的个体，按照

邻居个体将被删除出种群。这里需要考虑到一种特殊情况，

网络时，没有任何连接关系的孤立节点也就随之消失。如果

么博弈演化过程结束。

相同数目的新个体补充进系统中，这样能保证种群的数目不

将会选择性地连接 m 个旧节点。因为个体都追求最大化自己

新和衡量的条件。这样一来，每个旧节点接收到新个体的连接

成正比。很显然，根据我们的假设，旧个体的收益越高，他越

。以个体 s 为例，在第 i 轮博弈后，个体 s 被新节点选中的概

$$\phi(s,i)=\frac{P(s,i)}{\sum_{k=1}^{N_i}P(k,i)} \tag{4.3}$$

式中，N_i（$0<N\leqslant N$）表示在第 i 轮，当新节点将被添加进网络时，网络中已存在的旧节点的数目。$P(k,i)$是个体 k 在第 i 轮时个体 k 已获得的收益。以此类推，所有的新节点的连接关系都是按这种方式建立的，同时自我连接和重复连接是不允许的，即个体不能是自己的

邻居，并且每两个个体之间最多只能有一个连接。这样，收益更高的个体将越容易获得新节点的连接关系。

需要指出的是，对于参数 m，它取任何一个不太大的正整数都是合理的，即不能使网络中新节点需要连接的节点个数超过其能够连接的数目。通常，新节点不会连接大量的旧的节点，这里，为研究方便，我们取值为 $m=2$（除非有特别说明）。

遵循一般的博弈思路，个体将在每轮博弈结束后同时更新其策略。每个个体在获取收益之后向其任意一个邻居个体进行策略学习并更新自己的策略选择。具体地，个体 x 随机地从其最近邻居中选择一个个体 y，并且以一定的概率学习其策略，概率的计算公式为

$$\psi_{xy}(s_x \leftarrow s_y)=\frac{P_y-P_x}{R} \tag{4.4}$$

其中，P_x 和 P_y 分别是个体 x 和 y 的收益，s_x 和 s_y 分别是他们的策略。$R=(k>-1)\eta+1$ 表示 P_x 和 P_y 之间最大可能的差值，且 $k\geqslant\max\{k_x,k_y\}$。

在这里还有一种特殊情形需要考虑。对于新添加进网络中的新个体来说，我们假设在第一轮博弈时他们依照从众原则选择自己的策略。也就是说，假设新个体的所有 m 个邻居中有 N_c 个合作者，那么此新个体将以概率 $\phi_c=N_c/m$ 选择合作策略。这个假设的初衷是：通常，我们可以把新节点理解为加入某个群体的新的个体，他们一般会向以前就在这个群体中的个体学习。原因是，在我们的模型中，他们是被淘汰过的个体，所以会向能够存活的，即比他们更为成功的个体学习。所以，我们假设新节点使用这样一种方式来决定自己的首轮策略。

4.3 团体惩罚对合作演化的影响

基于上述基本模型的介绍，我们在下面分别以规则网络（ring）、ER 随机图网络、NW 小世界网络，以及无标度网络为框架研究团体惩罚机制对种群中合作行为演化的影响。这四种网络结构的平均度为 $\langle k\rangle=6$，博弈种群的大小为 $N=3000$。初始时合作和背叛策略被随机分配给参与博弈的种群成员，随后采用同步的策略更新规则。在系统中，随着时间的演化系统会比较快速地收敛到全部是合作者或者全部是背叛者的吸收态。

在我们的研究中，对每一组参数都进行 100 次的独立实现，并且把种群演化到全部是合作者的次数比例作为衡量系统合作水平 f_c 的指标。不过，对于某些参数，系统到达吸收态的收敛时间可能会相当长。在这种情况下，如果系统经过 11 000 步演化之后还没有到达吸收态，这个时候定义系统的合作水平为已经演化的时间中最后 1000 步的取样平均。

首先研究了在不同的 η 取值时，淘汰阈值是如何影响系统的合作水平。图 4.1 在规则网络、ER 随机网络、NW 小世界网络及 BA 无标度网络中进行仿真实验，各种网络分别对应图(a)、图(b)、图(c)与图(d)，参数 m 设置为 2。从图中可以清楚地看到，当放大系数 η 取值较大时($\eta>0.8$)，在淘汰阈值为 0 时，一定量的合作水平仍然可以出现并保持稳定。随着淘汰阈值的增加，系统会比较快速地收敛到全部是合作者的吸收态。然而，当淘汰阈值 T 继续增加到一定数值后，合作者将最终从种群中消失，背叛者统占整个博弈群体。

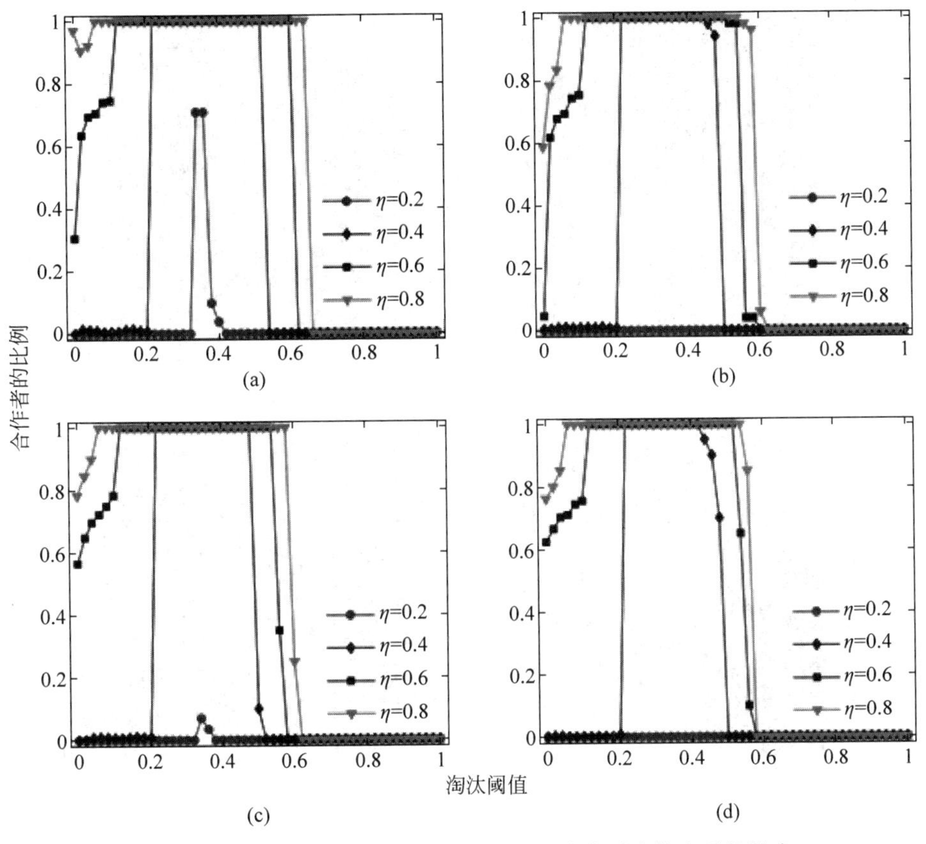

图 4.1 参数 η 和 T 的取值对系统到达平衡态时合作水平的影响

以前的研究表明在放大系数 $\eta=1$ 时合作策略在公共品博弈中开始占优。而在我们的研究发现，这一数值分别下降到 $\eta=0.2$[图 4.1(a)]和 $\eta=0.4$[图 4.1(b)～(d)]。从图 4.1 可以得出如下结论：①在我们所采取的模型中，合作行为可以在自私的群体中涌现；②合理的淘汰阈值范围可以最大限度地促进系统的合作水平。

这说明：首先，我们的淘汰机制可以促进网络中合作策略的演化，这是由于在公共品博弈中，合作，即个体贡献财富是群体收益的来源，没有个体贡献财富，整个群体就没有收益。所以本质上，基于收益的惩罚机制会促进合作。另外，由于在任何一个具体的博弈中，背叛者总是能够获得高于合作者的收益，所以，淘汰阈值过高对于合作者是不利的。所以适中的淘汰阈值会使合作更容易保持。进一步，可以发现上述结论在所采取的四种种群结构上均成立。

为了作进一步的详细比较，图 4.2 中详细对比了不同的种群网络结构下，系统稳态时的合作水平随着博弈参数 η 和淘汰阈值 T 的变化情况等位分布，4 幅图依然对应四种网络，$m=2$。由图中可以清楚地看到，存在一个最优的淘汰阈值 T 范围。在此区间内，合作者统占整个种群。否则，当淘汰阈值 T 较大时，合作者很难在这个环境下生存下去。

从图 4.2 中可以看出，在整个网络结构中存在两种单一状态，即全是合作者(图中的红色区域)和全是背叛者(蓝色区域)。通过前面对收益的计算可以知道，在全是合作者的情况下，此时，网络中的个体收益都超过淘汰阈值 T，这时个体都是存活状态。

4.2 彩图

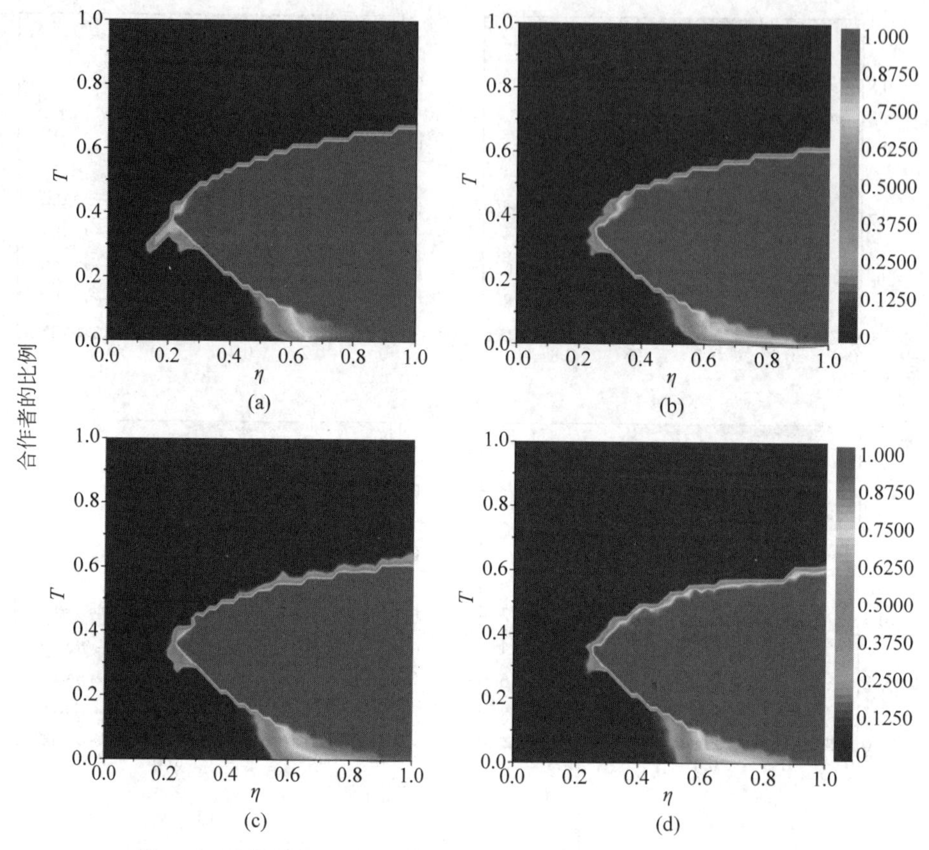

图 4.2 系统到达平衡态时合作水平随着参数 η 和 T 的变化情况

而在另一种情况，即个体都是背叛者，产生这种现象的原因有两种可能。一种可能是所有的合作者都被删除，因为他们的收益低于淘汰阈值 T。另一种可能是因为所有合作策略被背叛策略所取代。当然还有可能是这两种情形共同作用的结果，根据我们的淘汰规则，这种情况下由于个体的收益都较低，较容易被淘汰。介于这两个单一区域之间是过渡状态，过渡状态有可能是合作者和背叛者共存，也有可能是在相应的参数下，系统最终的稳定状态要么全是合作者要么全是背叛者。

接下来，我们从微观的角度研究了团体惩罚机制如何影响合作行为的演化过程。由于每一轮都会进行淘汰和添加新节点的操作，我们统计了整个网络在演化过程中淘汰和添加的节点的个数。以第 i 轮博弈为例，假设有 N_i 个个体被淘汰出网络，其中包括 N_{rc} 个合作者。与此同时，在添加进的 N_i 个新节点中，其中包括 $N_{ac}(i)$个合作者，$N_i - N_{ac}(i)$个背叛者。

这样，通过数值比较这两类合作者的数量变化，可以衡量团体惩罚是如何影响合作水平的。$N_{ac}(i) > N_{dc}(i)$，表示第 i 轮中合作者的数量增加；反之，$N_{ac}(i) < N_{dc}(i)$，表示第 i 轮中合作者的数量减少。如果进一步考虑，令

$$\Delta N_{c,n} = \sum_{i=1}^{n} (N_{ac}(i) - N_{rc}(i)) \tag{4.5}$$

那么 $\Delta N_{c,n}$ 的数值就可以表征出在 n 轮之后，团体惩罚机制对于合作行为的影响。如果

$\Delta N_{c,n}>0$，则表示这 n 轮的群体惩罚机制促进了合作，反之则是抑制了合作行为的产生和演化。通过这种数量上的直观比较，就可以观察我们提出的这种团体惩罚机制对于合作的具体影响。

图 4.3 给出了博弈模型参数 η 和淘汰阈值 T 如何影响上述合作者数量的变化，图 4.3 和图 4.2 中的网络与参数均相同。对照两幅图可以看到，图 4.3 中 $\Delta N_{c,n}>0$ 的区域和图 4.2 中合作水平比较高的区域是一致的，正是由于“淘汰-添加”这个过程的存在，才使得网络中在 η 比较小的时候就出现了合作行为。

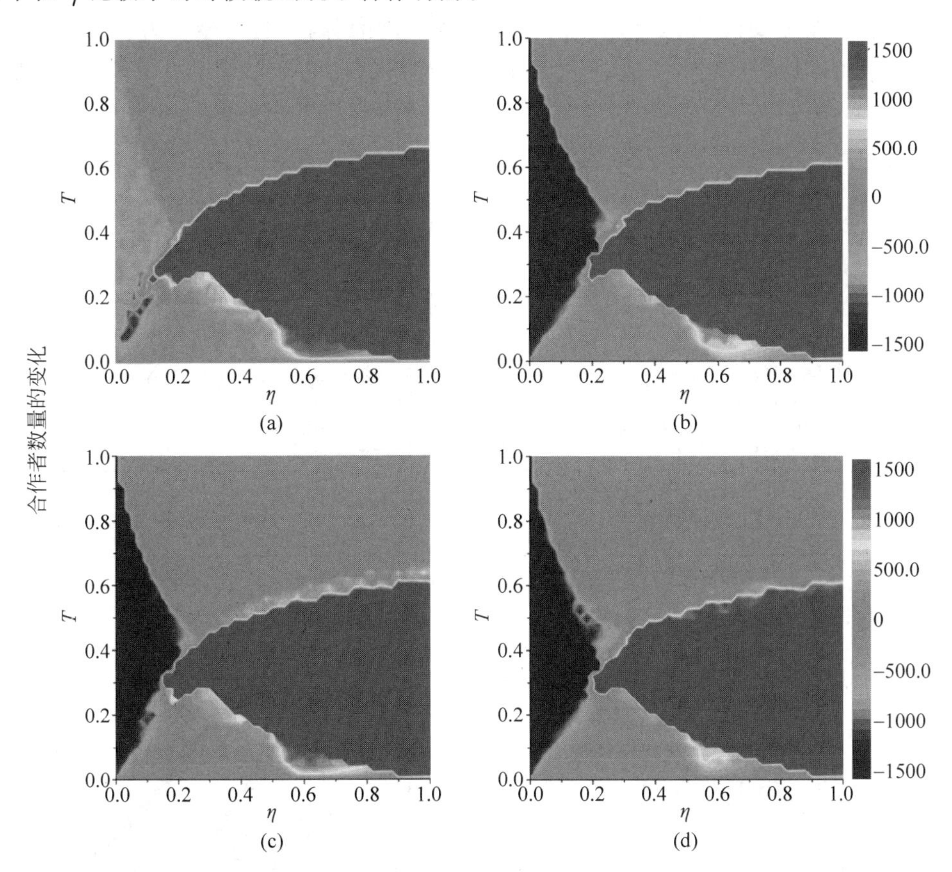

4.3彩图

图 4.3 博弈模型参数 η 和淘汰阈值 T 如何影响合作者数量的变化

例如观察图 4.2，当 $\eta=0.4$ 时，没有群体惩罚机制时，网络中经过演化以后合作者不能生存，而有群体惩罚机制，在 $T=0.3$ 左右时，网络中的合作水平接近于 1；对照观察图 4.3，$\eta=0.4$，$T=0.3$ 左右时，$\Delta N_{c,n}$ 的数值都为正数且比较大，这正说明了在合适的参数配置情况下，团体惩罚的机制促进了合作的产生。即当淘汰阈值适中时，团体惩罚可以极大地促进合作。

可以这样理解出现该结果的原因：由于在具体的一个博弈中，背叛者的收益总是高于合作者的收益，所以背叛策略相对于同一个博弈中的合作策略占有一定的优势。然而，由于策略可以传播，背叛策略会被合作者模仿，这使得该博弈中的个体倾向于背叛。由于网络中每个个体都是一个博弈的组织者，这就形成了很多小的团体相互竞争。合作水平更高的团体会具有较高的收益。适中的淘汰阈值可以淘汰掉那些具有较低收益的也就是合作水平较低的团体。而新加入的个体的策略是学习旧的个体，所以合作水平也会较高。这样，合适的淘汰阈值淘汰了背叛者过多的个体，添加的新节点又具有较高的合作水平，所以合作策略就被促进了。

显然，共演化策略会改变网络结构，而网络结构是复杂网络博弈中一个很重要的因素。因此，很有必要研究系统稳态时形成的网络结构的一些特性。度的分布是网络结构的一个重要特性，因此我们给出了这几种网络结构的度的分布，如图 4.4 所示。图中红色的线表示系统中没有团体惩罚机制时（$T=0$）网络结构的度的分布，其他的线则表示系统中存在团体惩罚机制，而且淘汰阈值 T 取值不同时网络结构的度的分布，参数设置为 $m=2, \eta=0.6$。很显然，由于团体惩罚机制的介入，经过演化以后网络结构的度发生了显著的变化，提高了度的异质性。

4.4 彩图

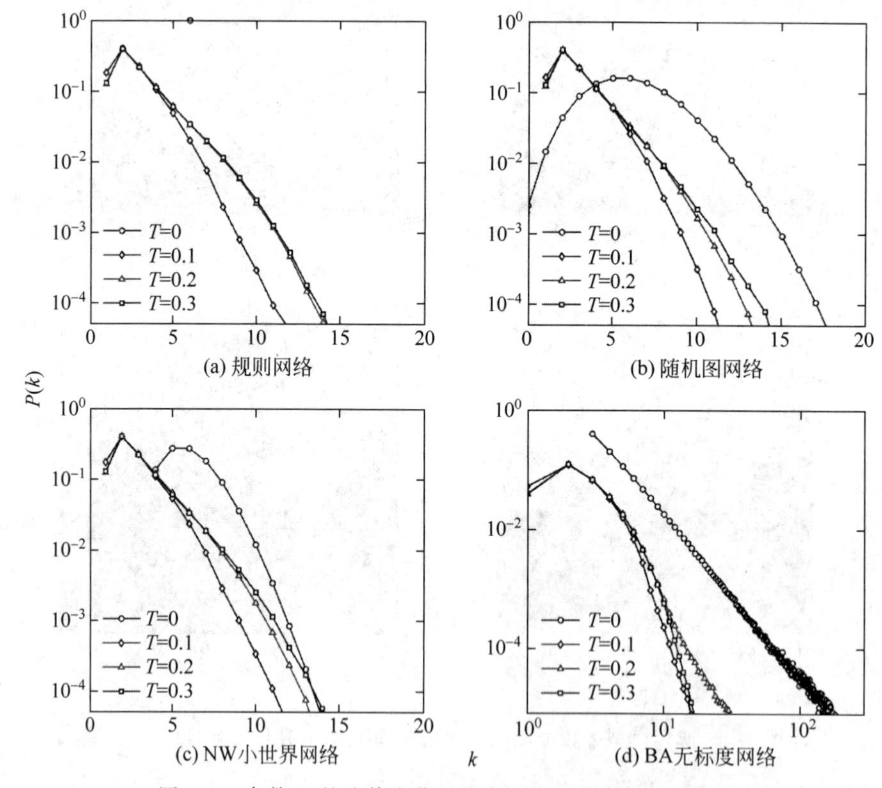

图 4.4 参数 T 的取值变化对稳态网络的聚类系数的影响

对于图 4.4(a)～(c)，网络结构的度分布近似呈现指数下降，显示网络具有 single-scale 性质。这意味着，网络中少量的节点拥有较高的度，而大部分节点拥有较低的度。另外，淘汰阈值 T 对网络的度的影响也是显然的。从图 4.4(d)中可以看出，初始时网络结构为 BA 无标度网络，而演化后稳定的网络结构的度在 log-log 坐标中则呈现出尾巴快速收敛的现象。另外值得注意的是，在图 4.4(d)中，$T=0.1$ 和 $T=0.3$ 时产生的曲线形状比较接近，而 $T=0.2$ 时有较长的尾巴。对照 $T=0.2$ 的长尾现象，我们又做了大量的实验，获得了更多的数据。通过对演化过程的时序分析发现，当 $T=0.2$ 时，与 $T>0.2$ 时（比如 $T=0.3$，$T=0.4$）对比，在演化的初始阶段，因团体惩罚而淘汰的节点较少，原因是此时淘汰阈值比较低，进而收益高于阈值的节点更多。而后随着演化的进行，与较大的 T 值相比，$T=0.2$ 的情况下淘汰掉的个体更多。这是因为在 $T=0.3$ 和 $T=0.4$ 的情况下，合作更快地占据了优势。此时合作比例达到稳态（合作比例约等于1）的时间比 $T=0.2$ 时更短，所以网络中不再有团体惩罚发生。

而 $T=0.2$ 时，演化过程进行得更慢一些，系统达到稳定状态的时间更长。所以，当 $T=0.2$ 时，在演化的进行中，有更多的节点被添加进来，由于我们的添加机制是优先连接的，所以在演化后期的节点添加过程容易形成更大的团簇。和 $T<0.2$ 比较时，以 $T=0.1$ 为例子，经过统计发现，在 $T=0.1$ 的情况下，在整个演化阶段，被淘汰掉的个体数目始终少于 $T=0.2$ 的情况，所以没有形成类似 $T=0.2$ 的长尾。总之，经过演化以后网络结构的异质性比原来提高了，从而促进了合作行为的产生和演化。

虽然在研究的初始阶段我们设定参数 $m=2$，但作为会影响网络结构的一个很重要的参数，有必要研究参数 m 的取值变化对合作行为的影响。图4.5给出了参数 m 的取值变化对系统稳态时合作水平的影响。可见，当 m 取值较小时，例如 $m=2$，系统的合作水平在淘汰阈值 T 取适度的数值时达到最高。而后，随着参数 m 的增加，比如 $m=4,6,8$ 时，合作行为仍然能在淘汰阈值 T 取适度的数值时得到促进，但合作水平将逐渐降低。

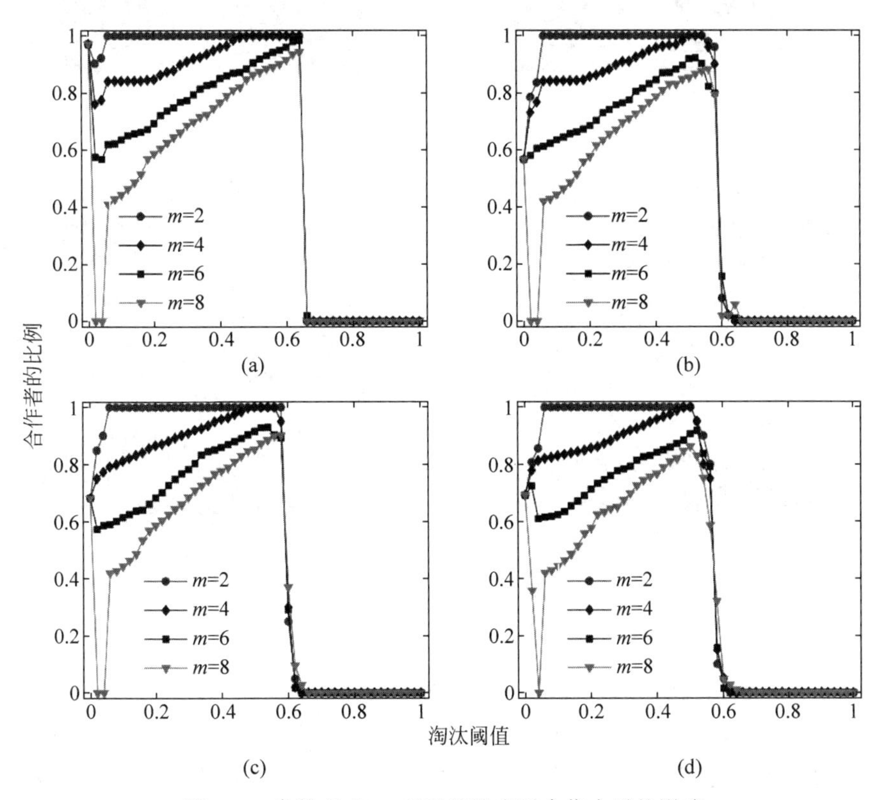

4.5彩图

图4.5　参数 T 和 m 对系统稳态时合作水平的影响

对于这个结果我们给出如下分析。当参数 m 取值较小时，因为新节点倾向于连接收益较高的节点，此时会出现"富者越富"的现象。也就是说，收益较高的个体将获得越来越多的连接关系，这样，网络的度的异质性得到提高，从而促进了系统稳态时的合作水平。这一点也可以从图 4.4 的结果得到验证。而后，当参数 m 逐渐增大时，因为网络中的节点得到连接关系的概率都增大，那么网络的度的异质性得到削弱。因此，我们得出如下结论：较高的 m 会降低系统稳态时的合作水平。

我们之前得到的结果是在初始时合作和背叛两种策略随机分配的情况下产生的。而初始时这两种策略的混合是如何影响合作行为的产生和演化的，是另一个值得研究的问题。这也有助于验证我们所得到的结果对于初始状态的鲁棒性。我们假设初始时合作者在种群中的比例为 ρ_c（$0<\rho_c<1$），研究 ρ_c 变化时系统达到平衡水平时合作水平的变化，图 4.6 给出了仿真结果，其中四幅图依然对应四种不同的网络，参数设置为 $m=2$，$T=0.34$。

4.6 彩图

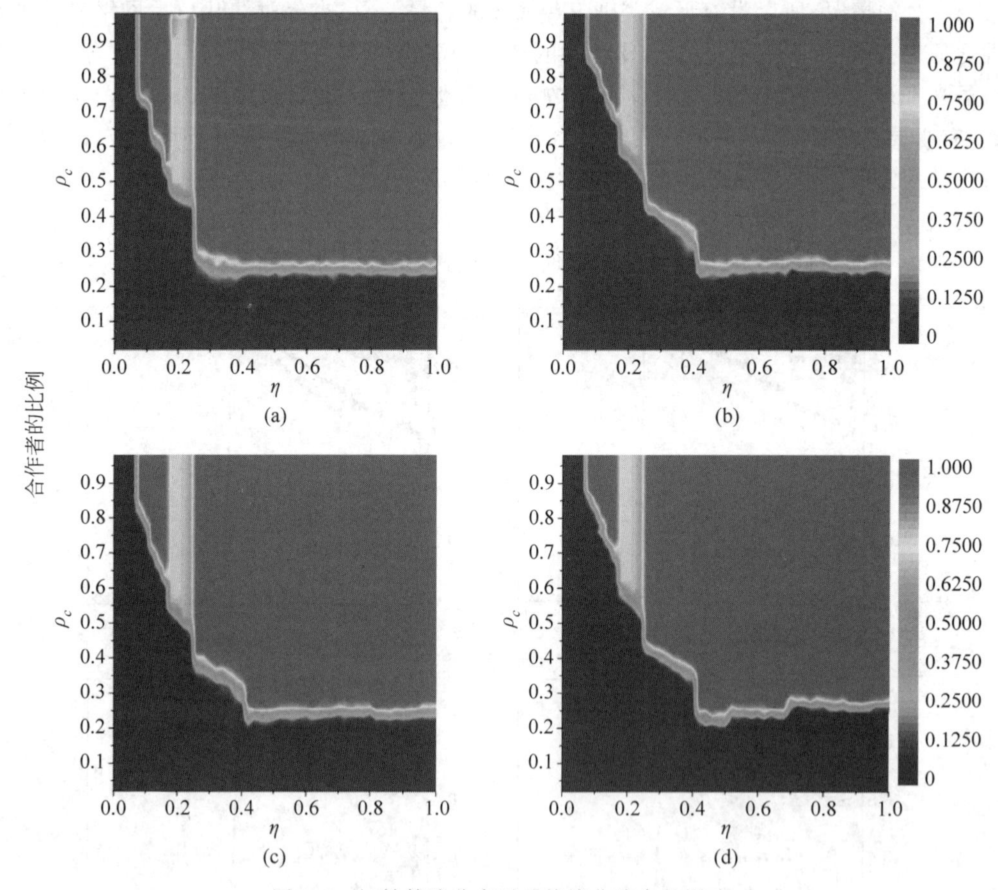

图 4.6　初始策略分布对系统演化稳态的影响

从图 4.6 可以看出，初始时合作者的比例对最终的合作水平有着明显的影响。首先可以看到，当初始合作者比例 ρ_c 过低时，例如 $\rho_c<0.2$，即使 η 很大，在四种初始网络上都没有合作行为的产生。随着初始合作者比例 ρ_c 的增加，出现合作行为时的 η 值越来越小。当初始合作者比例 ρ_c 大于 0.9，在 $\eta=0.2$ 时，合作行为就出现了。

另外，分析结果可以发现两个现象：①在初始合作者比例较高时，即 $\rho_c>0.8$ 时，结果中出现了共振现象，即合作比例在 η 较小时，最终的合作水平较高；在 η 约等于 0.2 时，合作水平较低，随着 η 的增加，合作水平重新上升，提高到接近于 1。②当 η 较大时，比如 $\eta>0.4$ 时，网络中的合作行为出现了鲁棒的性质，即 η 的增加并不能明显减小出现合作行为时需要的初始合作者比例。

4.4 本章小结

本章提出了基于收益的团体惩罚规则,并分别重点研究了 Regular ring、ER random graph、Newman-Watts(NW) small-world network 和 BA scale-free network 中团体惩罚规则对合作演化的影响。

已有研究成果指出,scale-free 网络可以促进合作,这是一个很重要的发现。而现实的人类社会和生物界中,生物个体之间形成的连接网络并不总是 scale-free 网络。所以,在演化博弈理论的框架下,研究网络的性质对合作的影响是很有必要的。这方面的工作有很多,比如已有成果表明,如果按照个体的收益进行优先连接,最终形成的网络会具有很多实际网络的特征,比如无标度的度分布属性、合作行为等。

不过,本工作的重点更在于所提出的团体惩罚机制对于合作行为的影响。在我们的结果中,经过演化以后的网络并不能肯定就是无标度网络。更多的数据统计证实经过演化以后的网络度分布的异质性增加,但是并不能确定就具有了幂律分布的性质。本书采用四种网络的目的之一是比较四种网络在团体惩罚机制下对合作行为的影响。可以看出,在更大的参数范围内,无标度网络能够产生合作行为。但是也观察到一些在我们仿真所选取的网络中都具有的性质。比如,从图 4.2 中可以看出,合适的 η 值和 T 值能够促进合作,当 T 值很大或者很小时,即使 η 值很大,系统中也没有合作者存在。这种结论也显示了我们提出的模型的鲁棒性。

另外需要强调的是,在很多的文献中,指出了惩罚机制对于群体行为中合作的出现有着实际的促进作用。在以往的工作中,惩罚的主要对象是个体,采取背叛策略的个体往往会受到惩罚。我们的工作从另一个角度揭示了惩罚的意义。即从收益的角度看,当一个个体的收益过低时,实际上是他的邻居中有更多的应该被惩罚的个体。

我们的工作并不直接关注个体本身的策略,而是更关注于个体的收益,因此假设收益低于阈值的个体连同自己的邻居一起被淘汰。从一个角度上看,在自然界中,收益过低的个体会被淘汰,而不会考虑其收益。从另一个角度来看,由于在公共品博弈中,参与同一博弈的背叛者的收益总是高于合作者,这使得背叛策略相对于合作策略总是更为成功。背叛者收益上的优势很容易使得自己的策略传播给邻居,而这种传播会使整体收益降低,对于整个群体不利。可以用如下的分析来解释我们的模型对于合作的促进:团体惩罚,可以看成是这样一种对于背叛者的惩罚,即他们由于自己采用了背叛策略,获取了较多的收益,使得他们的策略更为成功,更容易传播,这种传播使得邻居们也变成背叛者。这种改变会降低自己和邻居的策略,最终由于收益过低而被淘汰。所以,在同一个博弈中,合作者更容易被淘汰,因为他们总是比背叛者的收益要低。但是在整个群体中,合作策略的生存能力更强,因为合作策略聚集的小团体的平均收益更高。这种互利的高收益使得合作者能够生存。这可以从某种意义上解释合作行为在自私的群体中能够出现、保持并传播。

第 5 章 CHAPTER 5 策略多样性在公共品合作演化中的作用

5.1 引言

囚徒困境博弈是非合作博弈理论中最为经典的双人博弈，它充分说明了个体理性与集体理性的矛盾。但是在真实的社会生活中，多人的博弈也是普通的现象。比如群体集资修建大坝等社会公益性质活动。探讨进行多人博弈的种群演化动力学也是近年来演化博弈领域研究的热点。其中，公共品博弈(public goods game，PGG)是一个经典的多人参与的博弈，经常用来刻画多人博弈中的合作困境[32,56,58,62]。

公共物品(public goods)是指那些可供全体居民或部分居民消费或受益，但不需要或不能够让这些居民按市场方式分担其费用或成本的产品。公共物品的私人供给实际上是供给各方的博弈过程，供给的结果是博弈的均衡解。和私人物品不同，公共物品具有非竞争性和非排他性，所以在其私人供给过程中往往产生外部性和搭便车行为，不易实现社会需求的最优水平。正是由于公共物品的利他性等特性使得公共物品的提供往往处于不足的状态[66,85,118]。

公共品博弈也经常被视为多人囚徒困境博弈(multi-person prisoner's dilemma)。在一个经典公共品博弈中，通常假设有 N 个个体组成博弈的主体，每个个体可以采取合作策略(贡献 c)，也可以采取背叛策略(贡献 0)。在所有的个体都完成策略选择后，所有合作者的贡献值将被累加，并乘以一个放大系数 r。最后，这些贡献将被平均地分配给所有 N 个个体，无论他们贡献与否。显而易见，当每个个体都贡献 c 时，这个集体所收集的贡献值数额得到最大化。但是，因为每个个体都是追求利益最大化的[147-148,150]，因此，每个理性的个体都不可避免地面临着背叛的诱惑，即采取背叛策略却享有最后的公共利益分配。因为背叛者的收益总是高于合作者的收益，理性的个体都会选择背叛策略，这就导致出现“公共品悲剧”(tragedy of the commons)。在这种情形下，合作的困境也就产生了。如前所述，这种群体的公共品博弈在真实的社会生活中存在诸多，因此我们在这里采取此种模型作为研究对象。

关于探究合作行为是如何在公共品博弈中产生和演化的是一个热门的话题。这方面的研究已取得了较多成果，包括惩罚机制[88,96,148]，自愿参与机制，声誉[56,88,95]，以及不同的网络拓扑结构[5,8,29,42]。Hauert 等发现自由参与机制可以有效地抑制背叛策略的传播，从而提高系统稳态时的合作水平[58,113]。他们的研究发现引进“loner”策略可以产生合作、背叛和“loners”三种策略的循环占优，从而提高了规则网络上的合作水平。另外，Santos 和 Pacheco 提出的博弈数目和群体大小的多样性有效地促进了公共品博弈上合作行为的产生和演化[143]。

值得注意的是，在前面提及的诸多博弈类型及其研究中，通常只假设个体采取合作(贡献全部数额 c)或者背叛(零贡献数额)两种策略。但是在现实社会中，由于个体的差异等现实原因，除了贡献 c 和贡献 0 两种选择外，个体还可能有贡献其他数额的可能。这种现象在经济和社会生活中比较常见。比如在集体集资修建大坝等公共设施时，群体中的成员由于经济实力、个体意愿等原因，可以贡献任何数额，而不只是局限于 c 和 0。也许虽然不及最大值 c，但是任意数额的贡献于集体是有益的，而且这种现象也是真实存在的。

受此启发，我们以此建模，假设每个个体都可以贡献一个$[0,c]$区间中的任意数值。为简便起见，我们取值 c 为 1 并且称贡献值为合作度，因此个体的策略可以呈现多样化选择。真实社会系统中的个体本就呈现出异质性，生物多样性也意味着个体之间在很多方面会存在较多的差别，因此基于现实的角度建立更加符合真实种群系统的模型，才更有助于深入地探讨合作现象产生的深层次的根源。

另外，我们定义了两种特殊个体：利他主义者 altruist(A)和极端自私者 egotist(E)。具体地，利他主义者的合作度高于其所有邻居；反之，极端自私者的合作度低于所有邻居个体。本章将在复杂网络上的演化公共品博弈中研究个体的异质合作度对合作演化的影响，并重点比较各种配置方案下合作演化的情况。

5.2 博弈模型描述

考虑到前面提及的个体差异，关于个体的初始财富，我们假设两种不同的情况。一种是每个个体被随机赋予一个财富数值，这个数值取值自区间$[0,1]$。另一种是所有个体的财富都是相同的。为了消除复杂网络结构对结果的影响，我们采用简单的网格结构。假设每个个体的度为 k，而且每个个体都参与 $k+1$ 轮公共品博弈。

假设个体 i 的初始财富为 c_i，他的合作度为 δ_i，那么对于个体 x 来说，在参加完其邻居节点 y 组织的 PGG 后，他获得的收益是

$$P_{xy}=\frac{r\sum_{i=0}^{k}c_i\delta_i}{k+1}-\frac{c_x\delta_x}{k+1} \tag{5.1}$$

式中，r 是公共品博弈的放大系数，k 是个体 x 的邻居数目。那么个体 x 的总收益就是从 $k+1$ 个 PGG 中得到的收益总和

$$P_x=\sum_{y\in\Omega_x}P_{xy} \tag{5.2}$$

在每轮博弈结束后,假设所有个体采取同步更新策略。即当个体 x 进行策略更新时,那么他将随机选择一个邻居节点 y。如果 y 个体的收益低于个体 x,那么 x 将在下轮博弈继续采用其当前的策略,反之,如果 y 个体的收益高于个体 x,那么 x 按如下概率 W_{xy} 学习 y 的策略,即在下轮采取其策略:

$$W_{xy}(\delta_x \leftarrow \delta_y) = \frac{P_y - P_x}{M} \tag{5.3}$$

式中,M 表示两个个体收益的最大可能差值。可以看到,M 对于策略的改变作用很大。为了较明确地给出上述公式中两个个体收益的最大可能差值 M 的取值范围,下面用对估计方法进行理论分析。

首先研究对估计方法并提供对估计的表达形式。为了清楚起见,在图 5.1 中显示了空间方格代表性的配置结构,并计算出不同策略配置情况下个体的收益情况。比如,设定一个个体占据 B 节点,同时个体 A 占据在 A 节点。A 个体参与由其邻居个体 x,y,z,B 以及他自己组织的 5 个公共品博弈。这种情况下,A 个体的收益可以写成如下形式:

$$P_a = \frac{r \sum\limits_{c_i \in \Omega_a} c_i \delta_i}{k+1} - (k+1) c_a \delta_a \tag{5.4}$$

5.1 彩图

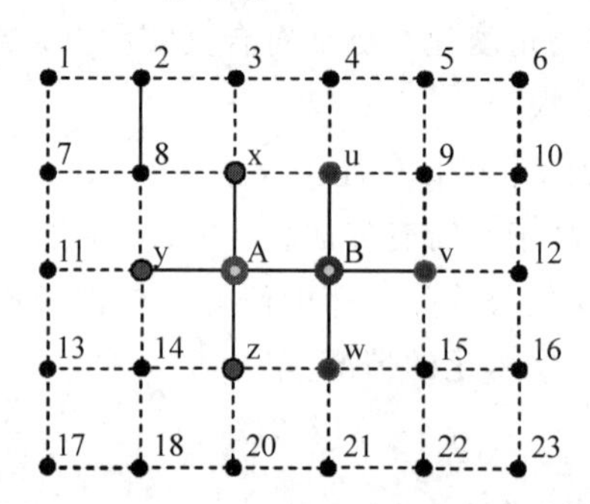

图 5.1 空间方格代表性的配置结构

类似地,个体 B 的收益如下

$$P_b = \frac{r \sum\limits_{c_i \in \Omega_b} c_j \delta_j}{k+1} - (k+1) c_b \delta_b \tag{5.5}$$

这样,

$$| P_a - P_b | \leqslant \left| \frac{8r}{k+1} + \left(k+1 - \frac{3r}{k+1}(c_b - c_a)\right) \right| \tag{5.6}$$

因为 $0 \leqslant \delta \leqslant 1$ 以及 $0 \leqslant c \leqslant 1$,所以可以得到

$$| P_a - P_b | \leqslant \frac{5r}{k+1} + k + 1 \tag{5.7}$$

为了使我们的计算结果能够在其他规则网络中推广,进行了归一化处理,$\eta = r/(k+1)$ 和 $k=4$,这样可以得到

$$| P_a - P_b | \leqslant 5\eta + 5 \tag{5.8}$$

因此,$M = 5\eta + 5$。

5.3 动力学结果分析

基于上述基本模型的介绍，下面分别以二维空间方格网络为种群结构来研究个体策略多样性对于对合作行为演化的影响。

在数值仿真中采用的网络大小为 $N=10^4$，网络的平均度为 $k=4$。初始时候，每个个体的合作度被随机赋予一个介于 0～1 的随机数值。在这个工作中，我们采用的是同步更新的规则。合作水平是系统经过 10^6 步时间演化之后再取 2000 步的取样平均。初始财富的分布如何影响策略的演化也是我们关心的问题。因此，我们对比研究两种情况：所有个体初始财富相同，初始财富异质化。即，一种情况是所有个体的初始财富完全相同；另一种情况是所有个体的初始财富是被随机赋予的随机数值，为了研究方便起见，假设这些随机数值在 0～1 均匀分布。

首先研究了在两种不同的初始财富情形下，系统稳态时的合作水平随着博弈参数 η 的变化，如图 5.2 所示，图中蓝线代表初始财富异质的情形，红线代表初始财富相同的情形。由于博弈参数 η 是财富放大系数，因此 η 越大，越有利于合作行为的涌现。从结果可以看到，系统的合作水平随着博弈参数 η 增大而呈现单调增长，只是增长的速度与个体的初始财富有关。当个体的初始财富相同时，系统稳态时个体的平均合作度比初始财富异质的个体的平均合作度高。

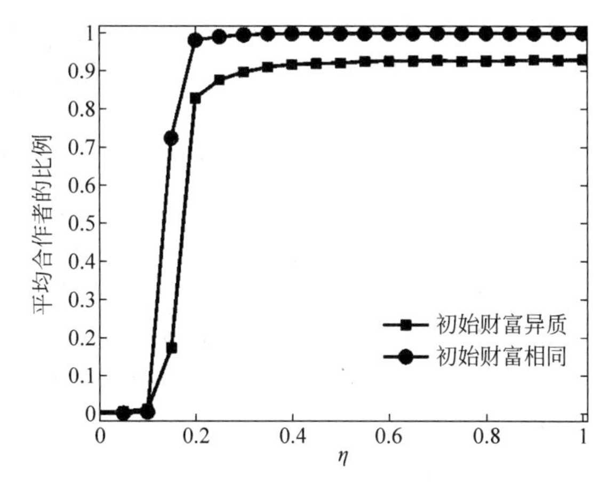

5.2 彩图

图 5.2 对应不同的初始财富情况，系统中合作者比例随着参数 η 的变化情况

我们知道在混合均匀的种群中，$\eta>1$ 时合作行为涌现。在我们的研究中，当个体的初始财富相同时，合作行为占优发生在 $\eta>0.2$。当个体的初始财富异质时，合作行为占优发生在 $\eta>0.3$。虽然个体的初始财富对于系统的合作水平有影响，但无论哪种情况下，策略的多样性都是促进合作行为的涌现。

为了直观地理解策略多样性在公共品博弈中对合作演化的影响，在图 5.3 中画出了系统平衡态时对应于不同 η 值的个体的合作度的分布斑图，其中图(a)～(d)种群的初始财富异质，图(e)～(h)种群的初始财富相同，斑图取 100×100 的方格。对比图 5.3(a)～(d)、

图 5.3(e)～(h)，可以看到，当 $\eta>0.15$ 以后，由较高的合作度的个体组成的团簇开始出现，而且随着 η 的增大，这些团簇也越来越大。除了一些由较少的低合作度的个体聚集外，系统的平均合作度达到了几乎为 1 的一种状态。也就是说，当个体的初始财富相同时，系统中个体的合作水平得到了极大的促进和提高。但是从图 5.3(a)～(d)中可以看到，种群的平均合作度也是达到了一个较高的数值，只是相比初始财富相同的情况较低。

5.3 彩图

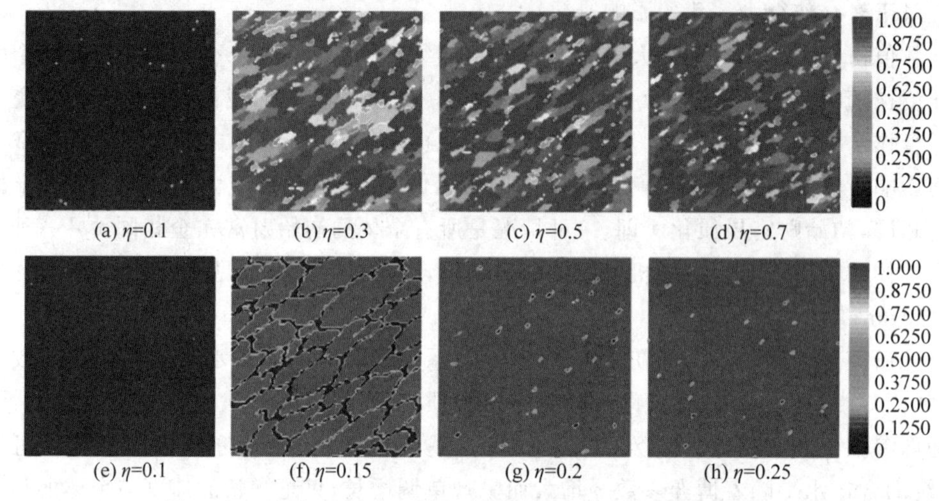

图 5.3 不同初始财富和财富放大系数对系统演化过程的影响

另外，从图中还可以发现，当初始财富异质时，系统稳态时种群中的个体的合作度呈现出多样化的情形，对应于图中的情形就是图 5.3(a)～(d)中颜色的多样化。而当个体的初始财富相同时，系统稳态时种群中个体的合作度呈现出较为单一的情形，对应于图 5.3(e)～(h)中颜色的单一化。

对于上述结果，可以给出如下解释。因为在个体的策略更新时，我们假设个体选择学习其具有较高收益的邻居个体的策略。这样一来，个体都倾向于学习收益较高的个体，当系统达到稳态时，个体的合作度将呈现出单一化的趋势，也就是出现了图 5.3(d)和图 5.3(h)中的结果。为了验证图 5.3 的结果，我们统计了个体的合作度的分布，见图 5.4，图中 X 轴代表个体的合作度，Y 轴代表选择某种合作度的个体在种群中的比例，图(a)～(d)初始财富异质，图(e)～(h)初始财富相同。从图 5.4(a)可以看到个体的合作度的分布呈现的多样化，与图 5.3(a)～(d)是一致的。同样，在 $\eta<0.25$ 时，种群中大多数个体的合作度都接近 1，这个结果在图 5.4(b)中同样得到了验证。

在这里我们研究的对象是个体与其邻居个体之间的合作或者背叛行为，而不是依据群体的合作度数值来区分。比如，两个个体的 X 和 Y 合作度分别是 0.2 及 0.6，但如果 X 个体的邻居个体的合作度都比其低，Y 个体的邻居个体的合作度都比他高，那么我们称 X 个体为 altruist，Y 个体为 egotist，虽然 Y 个体的合作度比 X 个体高。但博弈行为是发生在博弈的个体之间的，所以与博弈对象的策略比较才是有意义的，而不是单纯地对比两个不相干的个体的合作度。接下来我们研究这两种个体在种群中的演化情况。演化结果如图 5.5 所示，红线代表 altruist 个体，蓝线代表 egotist 个体，图(a)为初始财富异质的情况，图(b)为初始财富相同的情况。

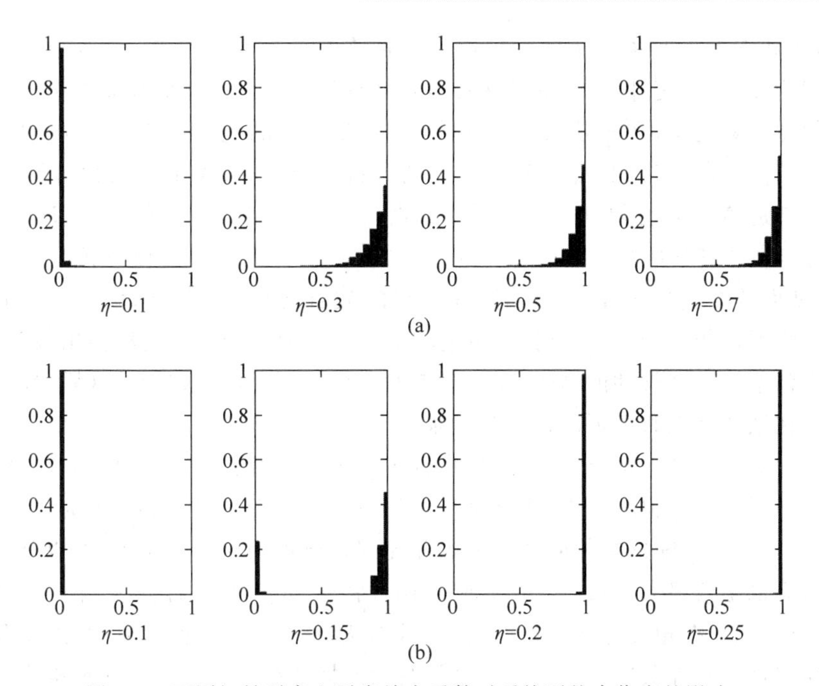

5.4 彩图

图 5.4 不同初始财富和财富放大系数对系统平均合作度的影响

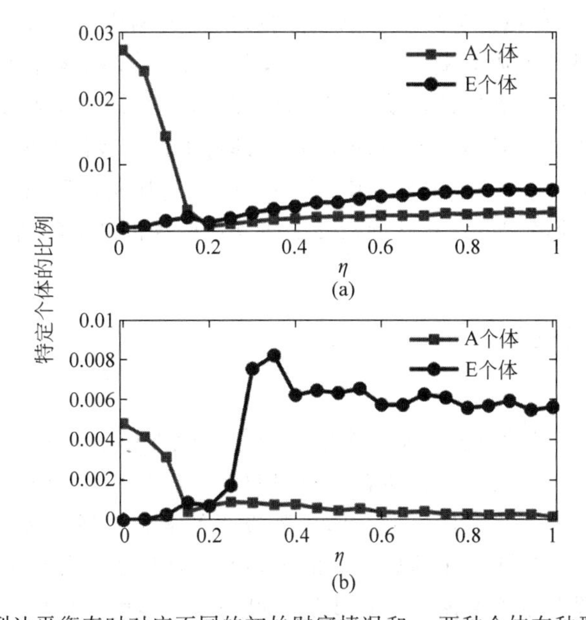

5.5 彩图

图 5.5 系统到达平衡态时对应不同的初始财富情况和 η，两种个体在种群中的演化情况

从图 5.5 中可以看到，在 η 较大的区间范围内，这两种节点所占的比例都很小。E 的合作度总是比邻居周围节点的合作度低，这样一来，他获取的暂时收益比较高。因为策略更新是基于收益的，所以他的邻居个体会模仿他的策略，最终他们都将获得较低的收益。也就是说，E 的行为不可能得到长期维持。

类似于社会系统中的情形，假如两个个体进行博弈，但其中一个个体的频繁的背叛行为也会让这种博弈关系破裂，因为没有哪个个体可以接受长期的不合作行为。因此，通过研究可以发现,A 和 E 只是种群中个体所采取的一种临时的角色或策略,而不是长期的策略行为。也正因为如此,在统计中 A 和 E 两种节点在种群中占据的比例都非常小。

另外值得注意的是,在 η 较大的区间范围内,A 节点的比例低于 E 节点的比例。具体地,当 $\eta<0.2$ 时,A 节点的数目高于 E 节点的数目。但随后,A 节点的数目低于 E 节点的数目。我们知道 A 节点会得到比其邻居低的收益,因为他的合作度低于其邻居个体;相反,E 节点会得到高于其邻居个体的收益。这样一来,A 节点会学习其获取较高收益的邻居个体的策略,从而放弃其当前策略。因此,A 节点的数目会减少;相反,E 节点的策略容易被其邻居个体学习模仿,E 节点的数目会短期增加。但是前面的分析已经指出,较低的合作度对合作双方都不能带来长期的高收益,E 节点的数目势必会再次减少。这样,种群中这两种类型的节点在系统稳态时占据的比例都会很小。

还有就是节点呈现一个上升的趋势,也许可以这样解释:随着 η 的增大,合作水平的升高,个体的平均收益在增加,所以,当某个个体的贡献度略低于自己邻居的时候,其收益比邻居虽然高,但是两者之间的差值同各自的收益比起来所占的比例变小了,所以其邻居学习他的策略的概率也不会很大,所以当 η 增加时,两种特殊节点所占的比例都不会下降到 0。

最后,可以换一个角度理解我们的模型,可以从最后通牒博弈模型的角度来分析。最后通牒博弈模型是另一种被广泛用来研究合作行为的博弈模型[152]。最后通牒博弈是一种由两名参与者进行的非零和博弈。在这种博弈中,一名参与者向另一名参与者提出某种资源的分配方案。前者通常可以称为提议者,后者则可以称为响应者。如果响应者同意这一方案,则按照这种方案进行资源分配;如果不同意,则两人都将不能获得任何收益。

按照理性人假设,响应者应该接受任何给自己的为正的分配方案,即使分配给自己的是最小的单位,因为如果响应者拒绝的话,他将什么都得不到。我们的模型可以看作是最后通牒博弈模型的一种推广。在我们的模型中,个体贡献一定比例的财富给整个群组而不是给某个其他个体。我们的模型可以从某种意义上建立这两种模型之间的联系。

5.4 本章小结

本章研究了策略多样性在公共品博弈中对合作演化的影响。在以往的类似研究中,个体通常是纯策略者,即合作者或者背叛者。我们的模型与以往的研究不同,在这里我们赋予每个个体一个合作度,而不再是简单的合作或背叛两种策略选择。这个假设从数学上可以看作是一种混合策略,可以表示个体以一定的概率使用合作或者背叛策略。

但是,我们的假设和混合策略不同。我们假设的是个体由于自身的异质性,使得个体之间有能力和策略上的差异。具体表现为个体可以贡献的财富的数量和合作度的不同。这种异质性是在真实的世界中广泛存在的。我们的初衷就是研究个体的差异性对于种群中合作行为的影响。

通过对比,我们发现策略的多样性选择是有利于合作演化的。与纯策略假设相比,在我们的结果中合作行为更容易出现,并且合作行为更容易在群体中占据优势。另外,我们研究了两种特殊类型的节点的数目:自私者,即他的合作度低于其周围所有邻居节点的合作度的个体;利他者,即他的合作度高于其周围所有邻居节点的合作度的个体。数值仿真分析表明,这两种类型的个体在种群中占的比例都很小。这说明不可能有很高比例的个体的合作度会一直低于或高于其周围个体的合作度,这只是一种暂时的策略选择。某种意义上,这也说明了种群中的个体是有对于公平的追求,个体不可能接受长期比周围其他个体付出要多的情况。

另外,个体的初始财富分布对个体决策行为的影响也是我们关注的问题。我们考虑了两种情况:所有的个体的初始财富是相同的数值,以及所有个体的初始财富是被随机分配的,也就是异质财富分布。研究结果表明这两种情况对比下,个体的初始财富相同更能促进合作行为的产生和演化。也就是说,当个体的初始财富呈现差异性时,种群成员个体愿意提供公共品的意愿会降低,这也许仍然体现了个体对于公平的追求。

第 6 章

CHAPTER 6

偶遇在囚徒困境博弈动力学中的影响

6.1 引言

前面已经提及复杂网络为刻画和研究群体结构提供了非常有力的理论框架[68,93]。融合了复杂网络的演化博弈问题的研究已经积累了较为丰硕的成果[101,109-110]。经常采用的一个基本假设是：博弈个体位于复杂网络的节点上，网络之间的连接表示个体之间具有博弈关系。那么，边的静态或动态特征就能刻画博弈关系的变化。例如，边是静态不变的，意味着个体的博弈关系不发生改变。边若是动态变化的，则意味着个体的博弈关系是动态变化的，不是一成不变的。边的变化意味着个体的邻居个体的数目会发生动态变化，其上的演化动力学将变得复杂而有趣，值得深入探索。目前在这个方向上也有很多研究学者贡献出了自己的智慧，取得了一系列研究成果。

考虑到短暂的、临时的连接关系也存在于博弈群体中，也就是前面章节已经提及的“偶遇”现象[112,116,125]，因此，我们将其融入演化博弈模型中进行研究，这也可以看作对传统网络博弈研究的拓展和延伸[125-126,133,151]。值得指出的是，在我们的模型中仍然存在固定连接关系。拥有固定连接关系的个体之间可以长久地博弈。相应地，拥有短暂连接关系的个体之间进行有限次的博弈。

基于上述事实，我们采取如下方式扩展了通常的模型假设。对于固定于网络结构上的个体来说，它与其最近邻居个体节点形成了稳固的连接关系，与之进行博弈活动。同时，我们假设每个个体仍有机会连接非邻居个体并与之进行博弈。为简单起见，假设每个个体在每轮博弈只试图随机连接 m 个非邻居个体。连接关系建立以后，个体之间进行博弈。连接关系随着博弈的结束而消失。在下一轮博弈时，个体将重新试图随机选择 m 个非邻居个体进行博弈。我们用这种建模方式来模拟真实的人类社会中那些随机产生的短暂的连接关系。

因为社会中人的活动是活跃的，不是限制在其固定连接关系范围之内的，因此把这些因素考虑到模型中是很有意义的。这里，我们假设的是个体试图建立 m 个临时连接，而不一定能够成功建立起这些连接。这种假设的原因是我们既然假设这只是一种临时性的相互关系，它们的持久性和稳定性就不能保证，这种连接的建立必须是双方都同意的，所以个体只能是试图去建立这种连接，而不一定能够真的建立起来。

此外，因为个体都是被假设为自私而理性，以追求自身利益最大为其目的。因此，我们可以猜想来自合作者和背叛者的建立临时连接关系的申请被接受的情形是不同的。一般来说，来自合作者的连接关系更受欢迎，因为这意味着它能给对方带来更多的收益。但对于背叛者，因为背叛行为不一定能够给对方带来收益上的提高，所以背叛者通常是不受欢迎的。但是，个体之间在进行博弈之前，是不可能完全知道对方的策略的。当判断是否与某个个体建立临时性的连接关系时，个体只能通过自己能够获得的信息来决定，这就难免会有偏差。

这里，为简便起见，假设合作者的连接关系会被完全接受，而背叛者的连接关系将以概率 $\beta(0<\beta<1)$ 被对方接受。这里暗含的意思是合作者的表现和其传达给其他个体的信息相对于背叛者应该更容易被判定为合作者，进而更容易被接受为一个临时连接。通过参数 β 的设定我们可以研究在这种现实情形下合作是如何演化的。值得注意的是，并不是现实世界中合作者一定会以概率 1 被接受，这里 β 严格意义上是一个比例，表示合作者更容易被接受。而这样的情况是现实世界中广泛存在的，因为我们对于陌生人总会有一个判断，这也许基于并不完全的信息。但是，即使信息不完全，也并不妨碍合作者更容易被接受这样的假设有一定的合理性。

总之，β 实际上只是一个相对值，强调合作者更容易被接受。Santos 等研究了无标度网络上的合作演化情况，发现网络的异质度分布的特征使得无标度网络为合作的涌现提供了一个有利的框架。这一结果引起了学者们对异质网络上合作演化研究的极大兴趣，积极地探寻异质网络上合作涌现的内在微观机理。但在我们的模型中，采取空间方格作为个体分布的空间结构。之所以采取空间方格结构是基于以下两种考虑：①空间方格结构较其他复杂网络结构简单，便于专注地研究合作困境是如何在此机制下演化的，有利于削弱复杂网络结构对结果的影响；②在空间方格结构上，便于利用对估计方法进行定性的理论分析，通过与仿真结果做比较，从而更好地理解此模型下合作的演化机理。

6.2 博弈模型描述

我们研究空间方格结构上的囚徒困境演化博弈。$N=10\,000$ 个个体分别占据此网络上的点，并通过网络的边相连接。所采用的网络是方格结构，并且具有周期边界条件。每个节点有 4 个邻居个体与之相连（von Neumann 邻居条件）。囚徒困境的收益参数可以简化成下面的单参数形式（$T=b,R=1,P=S=0$）：

$$
\begin{array}{ccc}
 & C & D \\
C & 1 & 0 \\
D & b & 0
\end{array}
$$

其中，参数 b 表示背叛策略对个体的诱惑力，通常它的取值范围是 $1<b<2$。个体有两种策略可以选择：合作或者背叛。合作个体会贡献一定的付出，而且这种付出能给对方带来收益。背叛个体不作出任何付出，但却能获得合作策略带来的收益。通常，在不知道对方策略的情况下，理性的个体会采取背叛策略。而理性的双方会都采取背叛策略，这样，双方的收

益都会很低，低于双方都采取合作策略时的情形。

关于个体的连接关系，我们假设每个个体除了其固定的邻居连接关系外，在每轮博弈中还试图去随机连接 m 个其他非邻居个体。此处简称这两种连接关系分别为固定连接关系和暂时连接关系。在每轮博弈结束后，暂时连接关系将被终止。在下一轮博弈时，每个个体将重新试图连接 m 个其他非邻居个体。

此处 m 为一个参数，通过研究参数 m 的变化，可以具体地研究这种随机连接关系对合作演化的影响。值得注意的是，理性的个体对于来自合作者和背叛者的连接关系的接受也是有区别的。一般而言，合作个体的连接关系更受欢迎。所以此处我们假设个体都是无条件接受来自合作者的连接关系。相反，对于来自背叛者的连接关系，我们假设个体以概率 β 接受，$0<\beta<1$。

在每轮博弈结束后，每个个体都将获得相应的收益。理性而自私的假设促使个体追求利益最大化。每轮博弈结束后，所有个体都将更新自己的当前策略。具体地，当个体 x 进行策略更新时，那么假设他将随机选择一个固定的邻居（区别于那些短暂的连接关系而言），如果对方的收益高于自己，x 就以一定的概率学习其策略；反之，对方的收益不高于自己的策略，x 将保持自己原有的策略。策略更新的概率为

$$f_{xy}(s_x \rightarrow s_y)=\frac{P_y-P_x}{b(k_>+2m)} \tag{6.1}$$

其中，P_x 和 P_y 分别是个体的收益，k_x 和 k_y 分别是他们的邻居个数。$k_>$ 表示取两个个体连接数目中较大的那个值，而 $k_>+2m$ 则表示两者收益之差可能的最大值。

6.3 偶遇对合作演化的影响

6.3.1 理论分析

我们对该模型采取了理论分析和蒙特卡洛仿真两种方法，以期通过比较来获得对于结果的深入理解。

首先，理论分析了对于一个确定的参数 m，对背叛者的接受概率 β 是如何影响最终的策略演化结果。前面已经假设，除了固定的邻居节点外，每个个体都试图与 m 个非邻居节点建立短暂的连接关系。另外，我们假设个体都是无条件接受来自合作者的连接关系。相反，个体以概率 β 接受来自背叛者的连接关系，$0<\beta<1$。那么相应地，背叛者节点的最终的连接个数将与概率 β 相关。在这种情况下，合作者和背叛者的平均收益分别如下：

$$\begin{cases}\bar{P}_c=\bar{\pi}_c+2mf_c \\ \bar{P}_d=\bar{\pi}_d+m\beta f_c b+mf_c b\end{cases} \tag{6.2}$$

式中，$\bar{\pi}_c$ 和 $\bar{\pi}_d$ 是没有短暂连接关系存在时合作者和背叛者的平均收益。当 $2mf_c>m\beta f_c b+mf_c b$ 时合作行为是被促进的，这是因为合作者从临时连接中能够获得比背叛者更多的收益。

这里，我们得出的结论并不是说在满足 $2mf_c > m\beta f_c b + mf_c b$ 时，合作者会得到更多的收益，而是说，合作者在这种随机的临时连接中会得到比背叛者更高的收益。这也不表示在群体中合作策略就会占优，只是表示我们的随机连接机制使得在随机的临时连接中，合作者相对于背叛者有优势。收益来自两部分连接，即固定连接和随机的临时连接，上面的分析只考虑随机临时连接中的收益。

短暂连接关系数目 m 是我们的模型中另一个重要的参数，因此有必要分析此参数是怎样影响合作行为的演化的。此处，假设网络的平均度为 k。合作者和背叛者的平均收益已由上式给出，显然，当参数满足条件 $2mf_c > m\beta f_c b + mf_c b$ 时，合作策略会占据优势。

$$\beta < \frac{2-b}{b} \tag{6.3}$$

接下来研究参数 m 对于合作行为的影响。假设个体的平均度是 k，那么显然合作策略的收益高于背叛策略时，合作行为将会占据优势。

$$2mf_c - m\beta f_c b - mf_c b > kf_c b - kf_c \tag{6.4}$$

即

$$m(2-\beta b-b) > k(b-1) \tag{6.5}$$

而且

$$\beta < \frac{2-b}{b} \tag{6.6}$$

因此，得到

$$m > \frac{k(b-1)}{2-\beta b-b} \tag{6.7}$$

综上所述，通过理论分析可以确定合适的参数值 β 和 m 是可以促进合作行为的。分析证明存在阈值 $\beta^* = (2-b)/b$ 和 $m^* = k(b-1)/(2-\beta b-b)$，当参数 $\beta < (2-b)/b$ 时合作行为是促进的，反之将会阻碍合作行为的演化。另外，当参数 β 满足 $\beta < (2-b)/b$ 时，$m > m^*$ 更能促进合作的演化。

通过以上的分析可以得出的结论是，首先，当参数合适时，我们的模型对于合作策略有促进作用；其次，在某些情况下，合作者会占优。这里，背叛者被接受的概率低于一定阈值时，它的值越小对合作策略越有帮助；另外，在满足上述条件下，即背叛者被接受的概率低于一定阈值时，个体试图去建立的临时连接的数量越大，即 m 值越大，对合作的促进越大。在满足背叛者被接受的概率低于某一阈值的条件下，当 m 超过一定值时，系统中合作策略会占优，即在平均意义上，合作者的收益高于背叛者。

为了验证上面仿真结果中合作水平与参数 β 和 m 的变化关系，下面用对估计方法进行理论分析。首先研究对估计方法并提供对估计的表达形式。为了清楚起见，在图 6.1 中显示了空间方格代表性的配置结构，并定义 $i_c(i_d)$ 为与个体自己发生交互作用的合作者(背叛者)数量，用来帮助确定边比例的变化率。

基于上面的陈述可以计算出不同策略配置情况下个体的收益情况。比如，设定一个合作者占据在 B 节点，同时一个背叛者占据在 A 节点。这种情况下，这个合作者的收益可以写成如下形式：

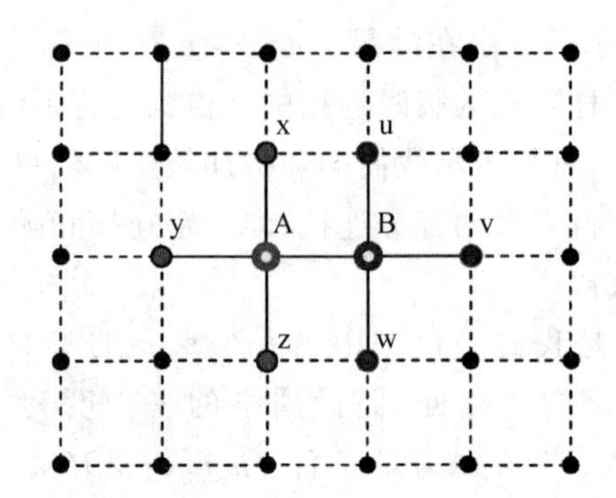

图 6.1 空间方格的代表部分：可以用来显示说明节点和对估计的相关配置构型

$$P_c(u,v,w,i_c,i_d)=i_c+2mf_c \tag{6.8}$$

类似地，

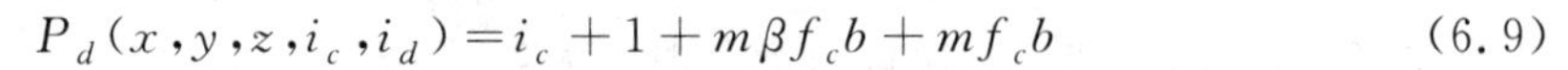

$$P_d(x,y,z,i_c,i_d)=i_c+1+m\beta f_c b+mf_c b \tag{6.9}$$

6.1 彩图

根据文献[45,161,16,92],CC 边和 CD 边的比例的变化率方程可以分别表示成

$$\begin{aligned}\dot{P}_{c,c}=&\sum_{x,y,z}[n_c(x,y,z)+1]p_{d,x}p_{d,y}p_{d,z}\times\sum_{u,v,w}p_{c,u}p_{c,v}p_{c,w}f[P_c(u,v,w)-\\&P_d(x,y,z)]-\sum_{x,y,z}n_c(x,y,z)p_{c,x}p_{c,y}p_{c,z}\times\\&\sum_{u,v,w}p_{d,u}p_{d,v}p_{d,w}f[P_c(u,v,w)-P_d(x,y,z)]\end{aligned} \tag{6.10}$$

$$\begin{aligned}\dot{P}_{c,d}=&\sum_{x,y,z}[1-n_c(x,y,z)]p_{d,x}p_{d,y}p_{d,z}\times\sum_{u,v,w}p_{c,u}p_{c,v}p_{c,w}f[P_c(u,v,w)-\\&P_d(x,y,z)]-\sum_{x,y,z}[2-n_c(x,y,z)]p_{c,x}p_{c,y}p_{c,z}\times\\&\sum_{u,v,w}p_{d,u}p_{d,v}p_{d,w}f[P_c(u,v,w)-P_d(x,y,z)]\end{aligned} \tag{6.11}$$

对上面两个微分方程进行数值积分进而可以解出 $p_{c,c}$ 和 $p_{c,d}$。再结合对称条件 $p_{c,d}=p_{d,c}$ 和约束条件 $p_{c,d}+p_{d,c}+p_{c,c}+p_{d,d}=1$,可以得到 $f_c=p_{c,c}+p_{c,d}$。根据上面的描述进行分析和计算,可以得到合作水平 f_c 对应于不同 β 和 m 值的理论结果。

在数值分析中,取 $\beta=0.2\beta^*$。和数值仿真保持一致的是对估计方法也准确有效地反映了"偶遇"机制对合作演化的积极效应,但是可以发现对估计得到的关于合作水平的理论值要比数值仿真对应的值低。这是因为这里的对估计方法中没有考虑到空间结构,特别是空间团簇对合作演化的影响。结合上一小节的仿真结果和本节的分析结果,进一步验证了随机临时连接能够促进合作。

6.3.2 蒙特卡洛结果分析

为了验证上述理论分析结果,我们用蒙特卡洛仿真方法做了对比研究。图 6.2 显示了系统的合作水平 f_c 随着参数 m 的变化情况,研究的取值范围为 $1\leqslant m\leqslant 50$ 的 m 对于系统合作水平的影响。这里,$b=1.2$,$b=1.4$,$b=1.6$ 以及 $b=1.8$。

注意到，当把 b 值固定时，存在适度的 m 值能导致合作水平取得最优，如图 6.2 所示，合作水平从 0(全是背叛者)升高到 1(全是合作者)。而且这种上升的趋势是急剧发生的，因此相应地存在一个发生这种转变的参数 m 的临界值。由图中可以看出，参数 m 的临界值不是固定不变的，而是与博弈参数 b 紧密相关。当合作环境比较好(b 较小)时，参数 m 的阈值较小，也就是说 m 取值较小时，合作水平就能达到最优。反之，当合作环境比较恶劣(b 较大)时，发生合作水平骤升的参数 m 的临界值将增大。也就是说需要较大的 m，合作水平才能发生急剧地提高。而且，如果 m 的值大于其相应的临界值时，m 对于合作水平的促进还能得到维持。这些结果说明我们提出的“偶遇”机制是有利于合作涌现的，并且在一定的条件下，较大的 m 有利于促进合作。

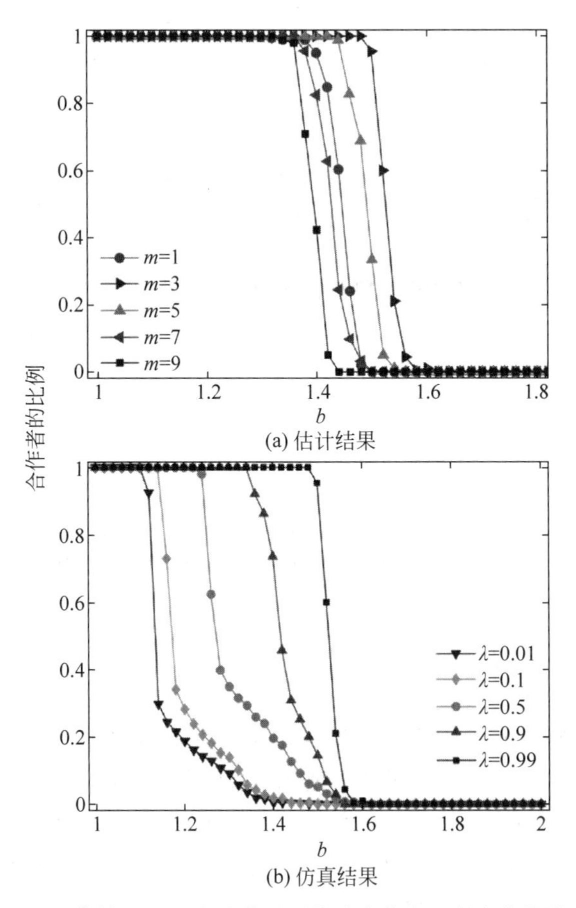

6.2(a)彩图

6.2(b)彩图

图 6.2 参数 b 和 m 的取值对系统中合作者比例变化的影响

$\beta=0.2\beta^*$

对比图 6.2(a)所示的理论分析结果与图 6.2(b)的仿真结果，可以发现它们的基本结论是一致的。而两种结果中的差值是由于我们在理论分析中没有考虑到空间结构的影响。我们在计算合作者和背叛者在临时连接中所获取的收益时，也没有考虑到空间结构对结果的影响。这可能是仿真结果好于理论结果的原因。

因为参数 m 是我们的模型中很重要的一个因素，接下来，我们又仔细研究了 m 的变化对系统的演化博弈动力学的影响。正如图 6.2 中给出的结果，m 的单调上升会最终带来合作水平的提高。进一步，从图 6.3 可以看出，当参数 b 较小时，例如 $b<1.3$，合作者统占了整个群体，而且这种情形不受参数 m 的取值变化的影响。当参数 b 较大时，可以发现合作者不再能一直统占整个群体，而是在 b 取某一阈值后，合作水平急剧下降直至背叛者完全统占整个群体。此时，如果参数 m 取值较大，那么导致合作水平骤降的 b 的阈值将变大，也就是说，m 越大越有利于合作行为的产生和演化。我们的仿真结果是在设定 $\beta=0.2\beta^*$ 的前提条件下取得的。

6.3 彩图

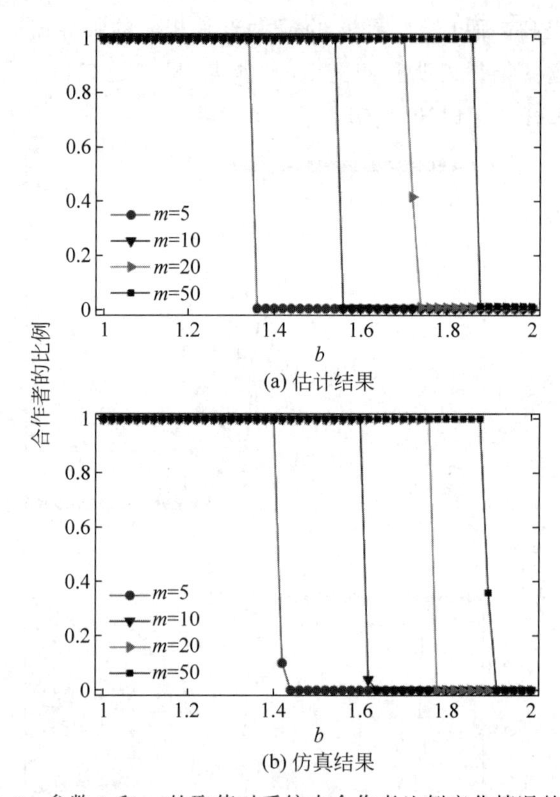

(a) 估计结果

(b) 仿真结果

图 6.3　参数 b 和 m 的取值对系统中合作者比例变化情况的影响

因为 β 是我们模型中另一个重要的参数，因此我们接下来研究了参数 b 和 β/β^* 是如何影响系统稳态时的合作水平的。如图 6.4 所示，可以看到参数 β 对系统稳态时合作水平的影响是显著的。首先，对于给定的参数值 b，当 β 取值低于相应的阈值时，合作水平得到极大促进。然而，当 β 的取值超过此阈值时，合作水平得到抑制，背叛者最终占据整个群体。产生上述现象的原因如下：当 β 取值较小时，此时背叛者建立新连接关系受到一定程度的抑制，而合作者易于建立新的连接关系，这在一定程度上促进了合作行为的产生和演化。然而，当 β 取值增大时，背叛者建立新连接关系变得较为容易。这样在背叛者和合作者的博弈中，总会存在一个相应的 β 的阈值，此后背叛者最终占据整个群体。综上分析，我们得出一个较易理解的结论：当背叛者的新的连接关系受到一定程度的抑制时，合作水平将得到极大提高。作为一种带来较高收益诱惑的策略，当它拓展新连接关系的能力受到一定的抑制时，有利于合作策略更好地传播和演化。

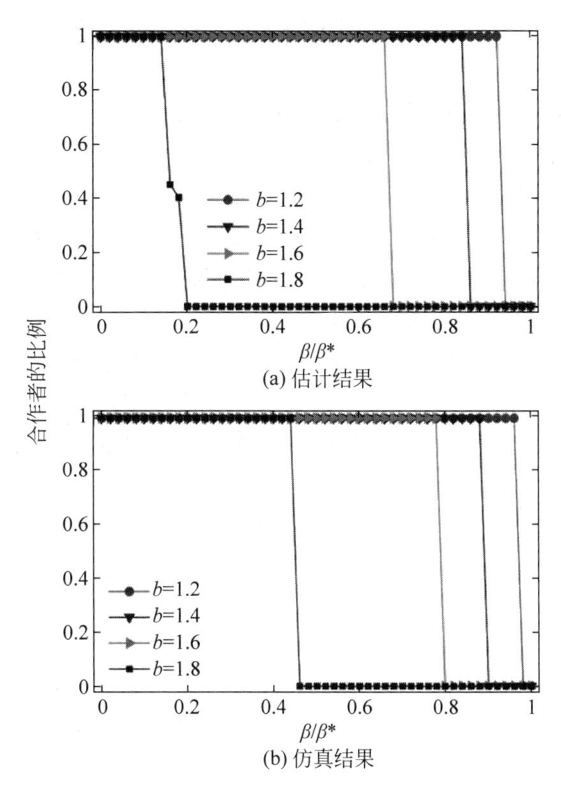

图 6.4　不同的 β/β^* 对系统中合作水平变化的影响

6.4　本章小结

考虑到偶遇关系在群体中普遍存在，因此我们尝试将短暂连接关系引入静态网络结构中。这种情形类似于社会中的个体结交新的朋友关系。因此，基于上述事实，我们通过提出随机连接机制，扩展了通常的模型假设。这里，每个个体与其固定邻居个体进行博弈。同时，他们还可以随机地连接非邻居个体，并与之进行博弈。值得注意的是，这些短暂连接关系将消失。在下轮博弈时，新的短暂连接关系将重新建立。为了区分合作者和背叛者在建立新的连接关系时可能遭遇的不同的情形，我们假设合作者通常能连接到 $m(m>0)$ 个个体，而背叛者通常以概率 $\beta(0<\beta<1)$ 才能连接到 m 个个体。我们采用拓展的对估计方法对合作演化数值结果进行了理论分析，得到了使合作者在种群中占优的随机关系数目的取值范围。同时，理论分析表明，当背叛者的随机连接关系被一定程度抑制时，种群的合作水平会相应地得到提高。最后，我们运用蒙特卡洛仿真方法对系统中合作演化情况进行了数值计算以验证上述理论分析结果和所提出机制的有效性。

我们的结果表明，临时的、短暂的连接也可以对合作的演化起到促进作用，这种机制在合适的参数配置下，有利于合作策略的传播和保持。这种机制不同于其他文献中的共演化机制，在共演化机制中，网络结构本身也在发生变化，而且个体会改变自己的连接关系。我们的模型针对的是个体与陌生人进行的一次性的博弈过程。我们的结果表明，只要个体对陌生人策略有一定程度的正确的认识，即正确识别合作者和背叛者，合作行为就能得到广泛的传播。

我们的模型假设临时性的博弈关系是短暂的、临时性的，即这种博弈是一次性的，博弈一次后就断开。而实际中，个体和其他个体建立的临时性的连接关系中，有的可以发展成为永久性的连接。同理，个体还可能有断开某些连接的行为，这就是其他共演化模型中的断边重连机制。不过，同时具有临时连接发展成为永久性连接和个体能够断开已有连接的这种模型会很复杂，我们只是考虑了其中的只有临时连接且不能发展成为永久性连接的情况。我们的结果显示了临时性连接机制可以促进合作。

我们可以给出部分原因：即使在博弈之前，我们并不能完全知道对方的策略，也可以做出一定的判断。现实的社会群体中，个体之间总是有信息交换的，这是判断对方策略的一个依据。一个合理的假设是，在个体有一定的判断能力的前提下，合作者和背叛者在一定程度上会被识别出来。这样，合作者就会被更多地接受，从而参与更多的博弈，就有可能获取更高的收益。而更高的收益，则意味着策略的成功。策略的成功就意味着该策略可能被广泛地传播。这样，合作就会占优。这是我们模型中合作能够占优的可能的原因。

朋友圈大小对空间博弈动力学的影响

第 7 章

CHAPTER 7

7.1 引言

在复杂网络中的演化博弈研究框架下，共演化是当前的一个研究热点。所谓共演化指的是在博弈中，不仅个体的策略可以变化，网络的结构也随着博弈的进行而演化。而网络拓扑结构的变化，反过来也影响个体策略的演化。所以，共演化的研究中，往往能够获得更为有趣的结果。

在共演化的研究中，我们不仅关注博弈个体策略的变化，更重要的是研究空间网络拓扑结构特征的演化，即网络的结构性质随博弈的进行而改变的情况[82,109,116]。第 6 章中研究了临时性的连接关系对合作的影响。在模型中个体可以与其他个体临时建立一些连接并且与之进行博弈，结果表明这种临时建立连接的机制可以促进合作。我们也分析了这种短暂的连接促进合作的原因是个体之间有一定的识别能力，即在一定程度上能够分辨对方是否是合作者。这样的识别能力使得合作者更容易被其他个体接受，建立更多的临时连接，从而有获取更高收益的机会。这些工作中都存在一个假设：刻画群体结构的网络是固定的。第 2 章和第 4 章的工作都存在这种假设。

然而，在现实世界中，个体的连接关系数目并不是固定不变的。即便初始时所有个体的连接关系数目是一样的，随着时间的推移，不同的个体也会呈现出建立连接关系的能力的差异性[125,133,151]。有些个体更容易建立新的连接关系，而另外一些个体在建立连接关系方面的能力就较差。这与人类社会中个体的差异性是类似的。当然，个体之间的连接关系也可能会消失，这也是很常见的情形。在此，我们暂不考虑连接关系消失，因为它会增加模型的复杂度。而过于复杂的模型框架，不利于研究和判断某一种因素对合作行为的影响力。

在此，我们只考虑在复杂网络上连接关系增长对于博弈行为的影响。研究的目的是个体的连接关系拓展能力的异质性对合作行为演化的影响。为简便起见，我们假设所采用的网络结构中的节点数目保持不变，即博弈种群的个体数目保持不变。我们赋予个体拓展新的连接关系的能力，而且这种能力与个体在博弈中的表现有关。

在本章的工作中，假设初始时所有个体的连接关系数目是相同的，而后根据个体的表现不同，个体的连接关系表现出异质性。每轮博弈结束后，每个个体都会以一定概率连接一定数目的新个体(称之为连接关系的增长)。这里假设个体的概率采取函数形式,通过调节其中的参数来决定个体是如何选择连接对象,这个参数在[0,1]取值。

我们研究了两种极限情形下的情况,一种是每个个体都会随机地选择一个未曾连接的节点建立连接关系;另一种情况是每个个体会以正比例于收益的概率来选择建立连接关系的对象,此时个体的异质性体现在这个概率上。因为理性而自私的个体总是追求利益最大化,所以在建立新的连接关系时,个体倾向于连接具有较高收益的个体。

这里我们的模型兼具了以下两种性质:①这是一个共演化的模型;②这是一个网络增长的模型。共演化表示在这个模型中,个体的策略和网络的结构都会随着博弈的进行而演化,具体是指个体通过和邻居的博弈来调整自己的策略,学习模仿更为成功的个体。边增长是指,网络有一个初始的结构,然后在这个初始的网络中加边。这里,我们保持网络中节点的个数不变而按照一定的规则随机地加入一些边,研究这种加边的机制对种群中合作行为的影响。值得注意的是,在一些其他的工作中,比如无标度网络的BA模型,网络的变化是增加节点,当然,边也会随着节点的增加而增加。而我们的工作中,只考虑边的增加,保持节点的个数不变。

本章研究了系统平衡态时种群合作水平的变化情况,并且研究了边的变化对于网络结构的影响。

7.2 博弈模型描述

考虑规则网络上囚徒困境博弈,网络上每个节点代表一个博弈的个体。在博弈过程中,每个个体只有两种策略选择:合作或者背叛,并且只与其周围的邻居进行博弈,进而根据策略选择的情况和收益矩阵的参数获取收益。囚徒困境的收益参数可以简化成下面的单参数形式:$T=b, R=1, P=S=0$,其中参数 b 表示背叛者对合作者的优势,一般取值范围为 $1<b<2$。囚徒困境博弈的收益矩阵可以写成下面的形式:

$$
\begin{array}{ccc}
 & C & D \\
C & 1 & 0 \\
D & b & 0
\end{array}
$$

随后,种群中的个体会按照一定的策略更新规则调整自己的策略选择,每个个体 x 随机地从邻居中选择一个个体 y。按照类似复制动力学的更新规则,个体 x 向个体 y 学习策略的概率为

$$
f(s_x \rightarrow s_y)=\frac{1}{1+\exp[(p_x-p_y)/K]} \tag{7.1}
$$

其中,参数 K 表示策略更新中的噪声强度,它的倒数 $1/K$ 表示选择的强度,这个噪声强度包含收益的偏差、决策的失误等。$K=0$ 表示个体在策略更新中的完全理性,即个体总是会确定性地选择好的策略;$K>0$ 表示策略更新中引入了一些动态的随机效应,即个体会以小的概率来选择差的策略;$K\rightarrow\infty$ 表示个体在策略更新中的完全随机性。在我们的工作中,设定 K 为 0.1,并且发现改变参数 K 的值不影响得到的主要结论。

在每一轮博弈之后,给网络中的个体增加 m 条边,这些新加入的边不能与原有的边重

复，且任意两个个体之间不能重复连接。加边的过程如下，随机选择两个个体，如果这两个个体之间没有边连接，则给他们之间加入一条边。重复此过程，直到加入了 m 条边。值得注意的是，在选择个体时，采用的是概率的形式，每个个体被选中的概率采取如下公式计算：

$$Q_i(n)=\frac{1-\lambda+\lambda f_i(n)}{\sum_{j=1}^{N}(1-\lambda+\lambda f_i(n))} \tag{7.2}$$

7.3　动力学结果分析

为了削弱初始网络结构对于研究结果的影响，我们假设种群结构最初为规则网络。采用的结构是空间二维方格，它具有周期边界条件，并且每个节点的邻居数目是 4。如果没有特别的说明，博弈种群的大小 N，即 Lattice 网络的规模，$N=100\times100$。初始时刻，合作与背叛两种策略随机均匀地分布在空间二维方格网络上。

我们采取的是同步更新规则，即所有个体在每一次演化步长中同时更新调整自己的策略。由于在复杂网络上的合作演化中，合作者和背叛者在有些情况下可以达到共存，即系统并不一定会演化到吸收态。因此通常定义系统中合作者在种群中所占的比例，即合作者比例 f_c 来刻画合作演化的情况。f_c 的值域为[0,1]，1 表示种群中全部为合作者，0 表示种群中合作者不存在。f_c 是系统经过适当的过渡演化时间以后，对一定的样本时间中合作者数目求平均得到的。

本章中，系统的过渡演化时间为 18 000 步长，取样时间为 2000 步长。下面的蒙特卡洛仿真结果是对应于 100 次不同的初始实现取得的。

首先我们研究了新增加连接关系数目 m 对于此囚徒困境博弈中合作行为演化的影响。图 7.1 给出了模型中的新增连接关系数目 m 和囚徒困境博弈参数 b 对系统处于最终稳定状态时合作水平的影响，参数设置为 $\lambda=0.99$，$N=10^4$。很显然，可以看出系统稳态时的合作水平与连接关系数目 m 有很大关联的。因为 b 是囚徒困境中背叛行为给个体带来的诱惑，所以系统的合作水平是随着 b 的增大而减小的。由图中可见，系统稳态时的合作水平由

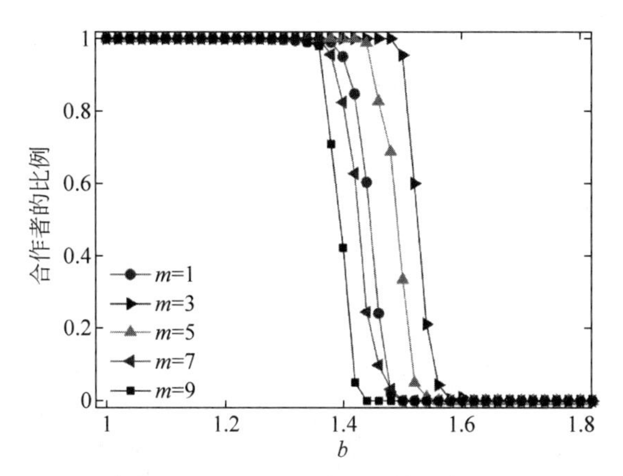

图 7.1　参数 m 和 b 的变化情况对策略演化结果的影响

7.1 彩图

1(全是合作者)单调迅速下降到0(全是背叛者),结果显示导致合作水平下降的 b 的临界值与新增连接关系数目 m 紧密相关。比如 $m=9$ 时,系统稳态时的合作水平在 $b=1.4$ 时开始急剧下降至0,而 $m=3$ 时,此阈值的数值接近 $b=1.6$,$m=1$ 时此阈值发生在接近 $b=1.5$。在此需要指出的是,合作水平急剧下降时的阈值 b 的数值越大,说明合作行为被更好地促进,因为在背叛行为的诱惑越大时,合作水平仍得以保持的难度越大。

据上面给出的数值结果,可以发现新增连接关系数目 m 的变化对合作行为的促进作用是非单调的。$m=0$ 表示网络的结构并不变化,这是最基本的模型。随着新增连接关系数目 m 的增大,相对于原始状态即没有新增连接的系统,在相同的 b 时,合作水平得到提高。然而,当 m 单调增加到某一数值,结果表明,大概在 $m=3$,系统稳态时的合作水平得到最大限度的提高。此时合作策略在 $b=1.6$ 时才可能消失。随后,随着 m 逐渐增大,对合作行为的促进作用会减小。正如前面已指出的,系统的合作行为在 $b=1.4$ 时消失。可见,存在最优的 m 能最大限度地提高系统稳态时的合作水平。以前的工作表明,网络中出现合作行为时,很多情况下是由于合作者聚集而形成了团簇。这些团簇的存在,使得合作者能够获得较高的收益。

在我们的模型中,当 m 数值比较小时,比如 $m=1$,每次增加的连接关系数目很少,不利于形成促进合作行为演化的团簇的产生。反之,当 m 增加到一定数值时,比如 $m=3$,比较容易促进团簇的产生。此时对 λ 的取值为 $\lambda=0.99$,即收益越高的个体越容易获得连接关系。这样,收益较高的个体较容易获得较多连接关系,从而形成一些度较大的中心节点。这些少量的度较大的节点的存在提高了网络度分布的异质性。

度的异质性是提升合作水平的一个重要因素,而较高的合作水平能带来较高收益,如此正反馈,合作水平将得到极大提升。但是,如果 m 的数值很大时,度的异质性会被削弱。因为 m 数值越大,较容易最终形成类似于均匀混合种群的结构,反而削弱了度的异质性。而在混合种群结构中,合作行为在 $b>1$ 时已不能生存。所以,在我们的结果中,较大数值的 m 已不能更好地提高合作水平。

λ 是我们提出的网络生长模型的一个很重要的参数,因为它的取值决定了网络生长的方式和最终的网络结构性质。因此,很有必要详尽地探讨 λ 的变化对系统稳态时特征的影响,例如系统稳态时的合作水平。图7.2给出了囚徒困境博弈参数 b 和参数 λ 变化时的系统稳态时的合作水平,其中 $m=3$。

7.2 彩图

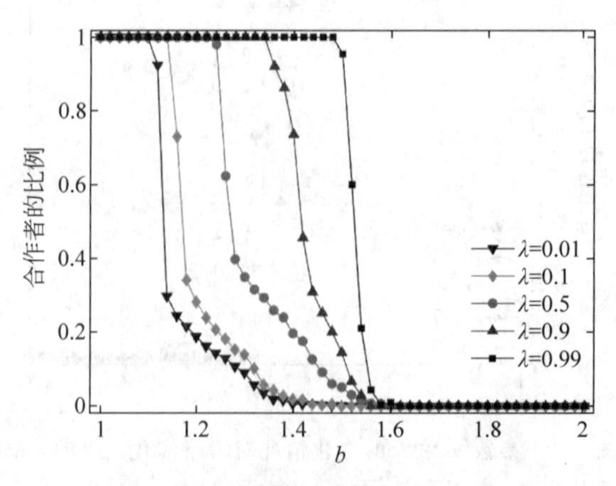

图7.2 参数 b 和 λ 的变化情况对稳态时网络结构聚类系数的影响

首先,从图 7.2 中可以明显地看出,随着参数 λ 的增长,系统的合作水平单调地提高。在囚徒困境博弈中,我们可以推测初始时背叛者是占优的,因为背叛者的收益高于合作者,这样在 λ 取值较大即收益较高的个体更容易获得连接关系时,背叛者应该有机会获得较多的连接关系。然而,这种情形并没有出现在我们的结果中。

探究其原因,可以给出如下解释。基于以前的研究结果[78],倾向于与收益正相关的新的连接关系的产生对合作者和背叛者的影响是不同的。对于背叛者,虽然初始时他们可能得到高于合作者的收益,也因此得到了较多的连接关系甚至形成 hub,但背叛行为本身会给这个群体带来不稳定的演化。较多背叛者相互连接而形成的团簇最终会给群体成员带来较低的收益,使得这种聚集的群体结构并不能持续扩张,最终失去较高收益带来的优势。他们不能获取新的连接关系,从而更容易被合作者入侵。而对于合作者,当新连接关系的建立与收益正相关时,他们之间更容易有机会建立连接关系,从而可能形成一定程度的团簇,而群体聚集的结果是带来更高的收益。在这种情形下,较高的收益又容易获得新的连接关系,因此这是一个正反馈,而且有助于形成稳定的合作者的团簇,从而极大地提高系统稳态时的合作水平。

因为我们旨在提出一种生成复杂网络结构的模型,因此很有必要分析所生成的最终网络结构的一些性质。聚类系数是一个用来刻画网络结构的重要指标,它表示了网络中相互连接的紧密程度,简单地说,它表示个体的邻居之间是否也有相互连接。图 7.3 描述的是稳态网络的聚类系数随着参数 λ 的变化情况,这里 m 取值为 3。首先,可以看到聚类系数确实增加了,因为初始网络结构 Lattice 的聚类系数是 0。另外可以看出,网络的聚类系数随着 λ 的增加而单调上升,这说明网络结构中出现了一些个体的聚集情况。聚类系数随 λ 增加而上升的幅度与囚徒困境博弈的参数 b 紧密相关。比如,当参数 b 取值比较大时,例如 $b=1.6$,可以看到聚类系数随着 λ 的增加而急剧上升;反之,当 b 取值较小时,聚类系数随着 λ 增加而上升的趋势比较缓慢。

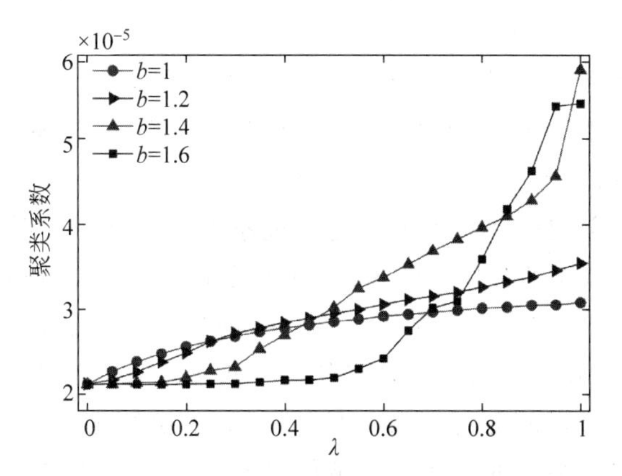

7.3 彩图

图 7.3　参数 b 和 λ 的变化情况对稳态时网络结构的聚类系数的影响

因为参数 λ 指示着收益在连接关系选择概率中的比重,那么以上的现象也可以由如下分析来给出解释。当 λ 取值比较小时,连接关系选择概率与个体的收益关联不大,这时每个个体获取连接关系的机会相差无几。这种情形下,新增加的连接可以看作随机连接,因此与初始网络结构相比较,聚类系数增长得较少。反之,当 λ 取值较大时,收益较高的个体将容易获得较多的连接关系,形成度比较大的节点。这时,网络结构的聚类系数取值较大。合作者的聚集更容易给聚集群体带来更高收益,如此正反馈,整个系统稳态时的合作水平在 λ 取值较大时得到极大的提高。这些与图 7.2 给出的结果是一致的。

为了更深入地分析新增连接和群体中个体的策略变化的相互影响,我们接下来统计了合作者获得的新连接关系的比例随着参数 m 的变化情况。由图 7.4 可以看出,当博弈参数 b 取值较小时,连接关系数目 m 越大,合作者获得的新的连接关系越多,图 7.4 中,$\lambda=0.99$。例如,当 $b=1.1$ 时,几乎所有新的连接关系都由合作者获得。然而,当博弈参数 b 取值较大时,合作者获得的新连接关系的比例不再单调地随着参数 m 的增加而增加,而是存在一个最优的数值 m 使得合作者获得最多的连接关系。这些结果与图 7.1 得到的结果是一致的,也就是说存在最优的参数值 m 使得系统的合作水平最高。

7.4 彩图

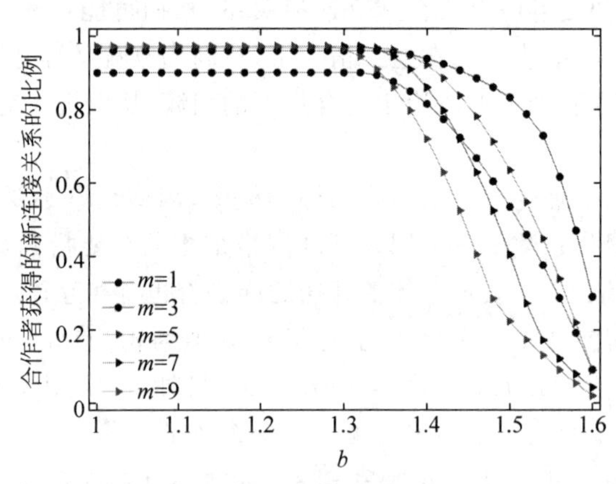

图 7.4 当参数 m 取不同值时,合作者获得的新连接关系的比例随参数 b 的变化情况

图 7.5 给出了合作者和背叛者分别获得的收益是如何随着参数 m 的变化而变化的,设置参数 $m=3,\lambda=0.99$,网络规模为 $N=50\times50$。可以看出,当参数 b 较小时,m 越大,合作者获得的收益与背叛者获得的收益差值越大,即合作者获取的收益总是高于背叛者的收益。然而,当博弈环境恶劣时(参数 b 较大),合作者与背叛者的收益差距将被缩小。

由图 7.5 可以分析得到,当 b 取值较大时,例如 $b=1.6$,虽然系统的合作水平已较低,但合作者的平均收益仍高于背叛者。这一现象可以归结为此时系统的聚类系数仍较大(见图 7.3),这说明出现了合作者的聚集,他们之间相互合作的行为给他们带来了较高的收益。但此时恶劣的合作环境不利于合作行为的扩散和传播,因此系统只能维持一个较低的合作水平。下面我们分析一下网络的度分布随着时间变化的情况。计算经过 t 步以后,网络中任一给定节点的度为 k 的概率,即它除了初始化状态下的 4 个初始节点外,又获得了 $k-4$ 个新连接关系的概率。对于任意节点 i,假设其在 $t_{i,1},t_{i,2},\cdots,t_{i,k-4}$ 步获得了新的连接关系,在这 t 步当中,每一步它获取新连接的概率为 $q_i,i=1,2,\cdots,t$,则此概率为

$$P(k)=(1-q_1)(1-q_2)\cdots(1-q_{i,i-1})q_{i,1}(1-q_{i,i+1})\cdots(1-q_{i,t}) \tag{7.3}$$

如果假设这个加边的过程是完全随机的,即和个体的收益并不相关。这样,可以得到对于任意一个节点 i 度为 k 的概率如下:

7.5 彩图

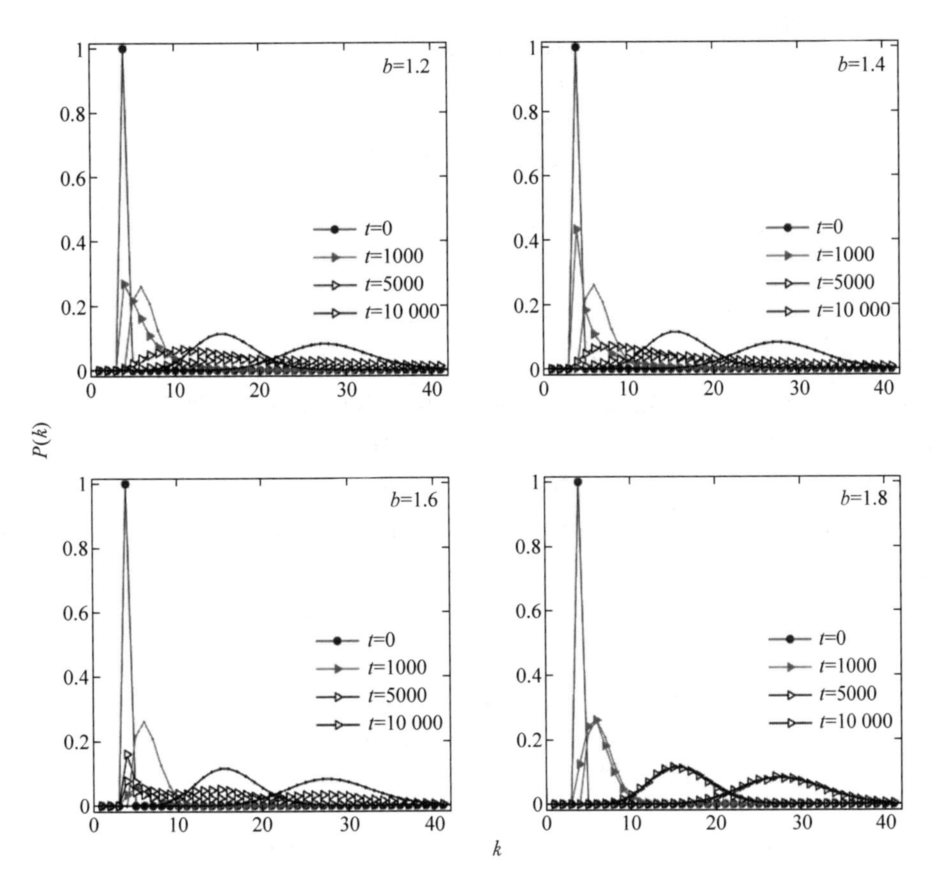

图 7.5　网络的度分布随时间的变化情况

$$P(k)=\begin{cases}\binom{N-5}{k-4}p^{k-4}(1-p)^{N-5-k+4}, & k\geqslant 4\\ 0, & k<4\end{cases} \tag{7.4}$$

式中，p 表示个体在一次加边中被选中加边的概率。此时，可以把该网络看作一个二维空间方格网络和一个 ER 随机图网络的叠加。

根据前面加边的假设，有 $p\approx\frac{2mt}{N(N-5)}$，其中，$m$ 为每次加边的数目。

$$\binom{N-5}{k-4}=\frac{(N-5)(N-6)\cdots(N-5-k+4+1)(N-5-k+4)!}{(k-4)!\ (N-5-k+4)!}$$

$$\approx\frac{(N-5)^{k-4}}{(k-4)!}$$

其中，$\langle k\rangle$为网络中的平均度。

$$\begin{aligned}\ln[(1-p)^{N-k+3}]&=(N-k+3)\ln(1-p)\\&=(N-k+3)\ln\left[1-\frac{<k>-4}{N-1}\right]\\&\approx 4-<k>\end{aligned} \tag{7.5}$$

故 $(1-p)^{N-k+3}\approx e^{4-<k>}$，所以有，当 $k>4$ 时，有

$$P(k)=\binom{N-5}{k-4}p^{k-4}(1-p)^{N-k+3}$$
$$\approx\frac{(N-5)^{k-4}}{(k-4)!}p^{k-4}e^{4-\langle k\rangle}$$
$$\approx\frac{(\langle k\rangle-4)^{k-4}}{(k-4)!}e^{4-\langle k\rangle}$$

此时$\langle k\rangle=4+\frac{2mt}{N}$。

如果把理论结果和仿真结果对比，可以看到，只有当$b=1.8$时，理论值和仿真结果才吻合得很好。图7.6中，实线条为理论值，各种图形代表仿真结果，空心符号代表合作者，实心符号代表背叛者，$m=3$，$\lambda=0.99$。这个分析结果表明，只有当b很大时，我们模型中的加边行为才可以看作完全的随机加边。而我们模型中根据收益多少来选择加边的机制，不是简单地随机加边，它既影响了网络结构的演化，提高了网络的聚类系数，又促进了合作。

7.6彩图

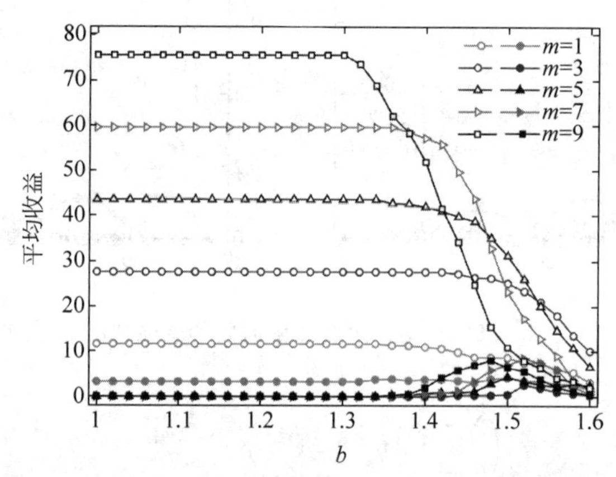

图7.6 当参数m取不同值时，合作者和背叛者获得的平均收益随参数b的变化情况

最后，我们研究了初始状态时系统中策略的分布情况对系统稳态时结果的影响情况，如图7.7所示，图中参数设置与图7.6相同。假设初始时合作者占群体的比例为ρ_c($0\leqslant\rho_c\leqslant1$)。此时得到的结果是在参数$\lambda=0.99$情况下得到的。首先可以看到，$\rho_c$取值较小时，例如$\rho_c=0.2$，系统中合作行为也能得到维持，只是在参数$b$取值较小时。当$\rho_c$取值越来越大时，合作行为将得到促进。只是当$\rho_c$增加到一定程度，合作水平将得到逐步抑制。例如，$\rho_c=0.8$时，系统稳态时的合作水平低于$\rho_c=0.6$时的合作水平。

可以按照如下的思路来理解这个结果。初始时如果合作者太少，由于背叛者在获取收益的能力上高于合作者，所以背叛策略容易传播，进而使得合作者不能在群体中生存。所以一定比例的合作者会使得合作策略不至于迅速被淘汰。当初始合作比例高于某个临界值时，在初始状态下，背叛者的周围多数为合作者，使得他们的收益远高于合作者，进而能够迅速获取较多的新连接。由于新连接较多地被背叛者获得，抑制了合作者形成团簇，进而阻止背叛策略向自己传播的能力。这种抑制作用促进了背叛策略的传播，进而使得合作者不能生存。所以，群体中存在最优的合作者的初始比例。

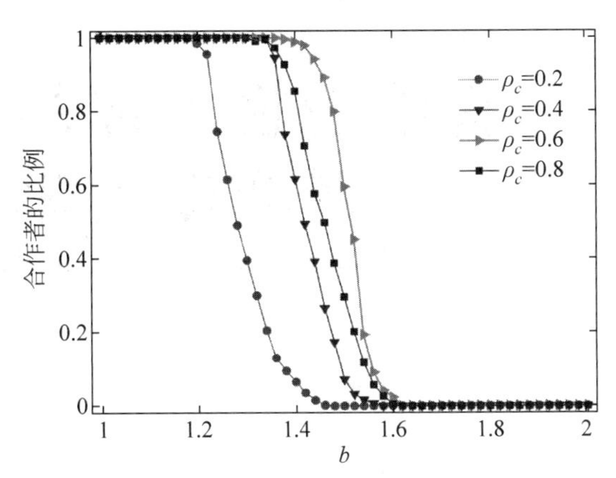

7.7 彩图

图 7.7　初始状态分布对系统稳态的影响

7.4　本章小结

本章研究了一种复杂网络结构与群体中的个体策略共同演化的模型，以探讨合作行为与网络结构共演化的相互作用。虽然关于新的连接关系能否促进合作行为的产生和演化已经在之前的研究中得到了探究，本章更明确地研究了新的连接关系产生的不同方式对合作行为的影响。

经过研究发现，当网络结构的生长与个体的收益相关联时，即收益高的个体更容易获得连接关系，而且新的连接关系的数目取值最优时，那么系统稳态时的合作水平将得到极大提高。这个最优的连接关系数目也与博弈参数 b 有关，当参数 b 取值较小时，新增连接关系数目越多，系统最终的合作水平越高；反之，当参数 b 取值较大时，存在一个最优的连接关系数目促进合作水平达到最高。

另外，我们也研究了系统初始状态对系统稳态时合作水平的影响。研究结果表明，并不是初始时合作者比例越高，系统最终的合作水平就越高。这是由于初始时大量的合作者会使得背叛者获取很高的收益，从而抑制合作者获取新连接的能力，抑制合作策略的传播。总之，我们的研究表明新的连接关系的建立有利于合作行为的产生和演化，但同时需要考虑一些其他因素。例如，收益高的个体更容易获得新的连接关系，但是新的连接关系的数目需要有一定的限制。对于我们的社会生活而言，这类似于朋友关系的建立，在这个过程里我们既要有条件地选择值得交往的对象，同时也要把朋友的数目控制在合理的范围之内。

在对合作水平的探究之外，我们的研究也表明了网络的具体性质和网络中个体策略演化之间的相互关系。结果表明，网络的聚类系数随着演化的进行而变化。当收益在获取新连接的能力中占有较大比重时，网络的聚类系数也越大。而且，对网络度分布的理论分析和仿真结果的对比也说明，网络中新增加边的过程并不是简单的随机加边，它既改变了网络结构也促进了合作。我们的结果在某种意义上揭示了网络结构变化和群体策略演化的关系。但是，这个模型只是假设网络中的边是增加的。实际情况中，网络中边应该是既可以增加，也可以减少的，即个体应该可以有断边的行为存在。在以后的工作中，可以考虑研究这种情况下合作行为如何演化。

第8章 CHAPTER 8 有限理性个体的群体博弈动力学

8.1 引言

经典博弈论中对参与者的“完全理性”假设进行了说明，人们在进行博弈参与的过程中，普遍认为自己会获得最大的利益和收益。然而，实际情况却并非如此。由于有些参与者是自私的利己主义者，在博弈过程中常常很少付出成本甚至完全不付出，经常采取搭便车、不劳而获等行为，“牟取”合作者的付出。与此同时，甚至一些其他的参与者由于受制于外界环境、个人能力或情绪的干扰，经常不能保持完全理性状态。在这些复杂的情况下如何研究群体行为的演化？演化博弈理论为我们提供了一个很好的理论支撑与研究框架[5,6,146-148]。演化博弈理论发展的前提，是基于一个假设：博弈参与者存在“有限理性”。在重复博弈过程中，参与者会产生持续性学习，模仿其他参与者的策略，并对自身的策略行为进行实时更新。这一前提假设也更符合实际情况。

一般来说，当群体规模无限大，群体无结构均匀混合，且不考虑基因突变的情况下，用微分方程 $\dot{x}_S=x_S(\pi_S-\langle\pi\rangle)$ 来表示群体中不同策略的密度演化过程[149-151]。其中，策略 S 在群体中的比例用 x_S 表示，其比例的变化率用 $\dot{x}_S$ 表示，其期望收益用 π_S 表示，整个群体的平均收益用 $\langle\pi\rangle$ 表示。根据复制动力学方程可知，策略 S 比例的变化率 $\dot{x}_S$ 与该策略的平均适应度和群体的平均适应度的差呈正相关。换言之，若策略 S 的平均适应度大于群体的平均适应度，则策略 S 的比例 x_S 在群体中呈上升趋势；反之，若策略 S 的平均适应度小于群体的平均适应度，则策略 S 的比例 x_S 呈下降趋势。如果策略 S 的平均适应度是固定的，我们称之为常数选择。通常，π_S 取决于群体的构成，例如取决于群体中其他所有策略的比例。因此，平均收益 $\langle\pi\rangle$ 常为二次性的，群体的演化动力学通常是非线性的。由于复制动力学方程中的变量代表了每个策略在群体中的比例分数，因此在自然坐标系下是一个概率单纯形，也就是说，研究两策略博弈，能够得出一条线；而三策略博弈研究的成果是一个等边三角形；四策略博弈对应一个等边四面体，更多策略博弈规律与此类似。

考虑一个最简单的博弈模型，即两人两策略博弈模型。这种博弈的收益矩阵可以写成如下形式：

$$\begin{array}{cc} & \begin{array}{cc} \mathrm{A} & \mathrm{B} \end{array} \\ \begin{array}{c} \mathrm{A} \\ \mathrm{B} \end{array} & \begin{pmatrix} a & b \\ c & d \end{pmatrix} \end{array} \tag{8.1}$$

参与者的交互博弈过程描述如下：如果一个策略 A 参与者同另一个策略 A 参与者进行交互，那么两者同时获得收益 a；如果一个策略 A 参与者与策略 B 参与者进行交互，策略 A 参与者获得收益 b，策略 B 参与者获得收益 c；如果一个策略 B 参与者同另一个策略 B 参与者进行交互，那么两者同时获得收益 d。博弈的收益取决于群体中不同策略的比例。在上述博弈模型中，由于只存在两个策略类型，因此，群体的状态可以写作 $x=x_1=1-x_2$，其中，$x=x_1$ 表示策略 A 的比例，x_2 表示策略 B 的比例。因此，策略 A 的收益即为 $\pi_{\mathrm{A}}=ax+b(1-x)$，策略 B 的收益即为 $\pi_{\mathrm{B}}=cx+d(1-x)$。由此，推导出群体的复制动力学方程为

$$\dot{x}=x(1-x)[(a-b-c+d)x+b-d]$$

方程有三个解，分别是 $x=0$，$x=1$ 和当 $a>c$ 且 $d>b$ 或 $a<c$ 且 $d<b$ 时的 $x^*=\dfrac{d-b}{a-b-c+d}$。

动态演化过程可按如下四种情况进行讨论：绝对占优、双稳态、策略共存和中性选择[23]。

图 8.1 所示的两策略博弈对应的动态演化情况有四种。箭头代表选择的方向；实心圆和空心圆分别代表稳定和不稳定的固定点。基于中性选择，整条线由所有中性稳定的固定点构成。

8.1 彩图

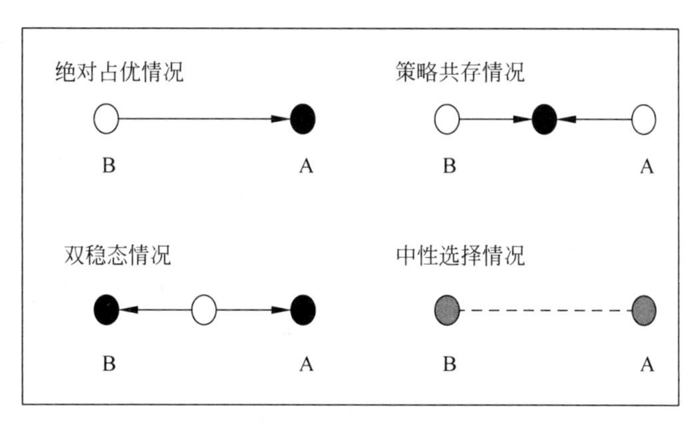

图 8.1　动态演化过程的四种情况

(1) 绝对占优情况：某一策略最终在群体中占据绝对优势，且可以忽视其他对手的行为。群体达到稳定状态有两种情况：要么策略 A 在群体中占统治地位($a>c$ 且 $d>b$)，要么策略 B 在群体中占统治地位($a<c$ 且 $d<b$)。群体中有且只有一个外部的稳定平衡点。在第一种情况下，固定点 $x=1$ 是稳定的，而固定点 $x=0$ 是不稳定的；在第二种情况中则是相反的情况。

(2) 双稳态情况：受群体中初始策略分布的影响，群体中存在两个外部的稳定平衡点，系统达到双稳态。在这种情况下，$a>c$ 且 $d>b$。固定点 $x=0$ 和 $x=1$ 是稳定的，而固定点 x^* 则是不稳定的。相应的博弈称为“协同博弈”，即在采取和对手近似策略的前提下，参与者可以在稳态平衡中获取最大收益。然而，如果对手是不可靠的，那么参与者应该尝试避免

造成过大的损失。这也导致了"风险性占优"这个概念的出现：一个具有更大吸引力的策略被称作风险性占优的策略。在这种情况下，当 $a+b>c+d$(或 $x^*<1/2$)时，策略 A 是风险性占优的；反之，当 $a+b<c+d$(或 $x^*>1/2$)时，策略 B 是风险性占优的。

(3) 策略共存情况：对于 $a<c$ 且 $d<b$ 时，群体中最终存在一个内部的稳定平衡点 x^*，因此群体中达到两种策略共存。$x=0$ 和 $x=1$ 都是不稳定的固定点。

(4) 中性选择情况：对于 $a=c$ 且 $d=b$ 时，复制动力学为所有 x 值可以预测中性稳定的固定点。尽管这种特殊情况对复制动力学的影响十分有限，但研究中性选择已成为有限种群随机演化动力学中的重要参考案例。

在遗传环境中，当个体以与其适应性成正比的速度繁殖时，就获得了复制动力学方程。复制动力学方程是由个体为模仿、表现出更好的动作而产生的，其概率与预期的收益增加值成比例。此外，复制动力学方程与描述理论生态中的捕食者-猎物动力学的 Lotka-Voltera 方程密切相关[15]。

通常，复制动力学方程可以描述非常丰富的动力学演化情况。同时，在大多数情况下，可以通过相关分析来确定固定点的位置和稳定性。在这种情况下，动力学过程是闭环的。在更高的维度上，复制动力学方程还可能表现出确定性的混沌[100]。但是，复制动力学只是确定性选择动力学的一种特定变体。如果个体不依赖收益的增加而转向更好的策略，人们就会获得一种有时被称为"模仿更好"(imitate better)的动力。因此，这将改变上述复制动力学微分方程的形式。复制动力学方程和"模仿更好"的思想是非创新性地选择动力学的两个示例，即一个消失的策略不会再次出现。但是，在实际的社会模型中，即使人口中不存在这种策略，个人也可以选择"最佳回应"，这也是一个具有创新性的博弈动力学的示例，即无法再定义同样简单的复制动力学微分方程。

上述推导描述了无限群体中的演化动力学，相关专家学者也基于此理论研究了有限群体中的博弈演化行为，并验证了该模型的合理性。例如，Traulsen(特劳尔森)借助此理论提出了有限群体中的复制动力学方程、怀特-费舍尔过程和几种异步更新方法等。此外，学者 Traulsen 还提出成对比较过程[155-156](pairwise comparison dynamics)。其主要思想是，当参与者更新自身策略时，他将在群体中随机抽取一个个体，并比较两者之间的收益。若此随机个体的收益高于自身收益时，该参与者则以一定概率学习此个体的策略，完成策略更新的过程。

本章基于演化博弈论和 Traulsen 提出的成对比较过程[121]，研究有限群体中的演化动力学。具体来说，若某个参与者与随机个体的收益相等，则参与者随机选择二者之间的一个策略；若二者之间存在收益差，且参与者的收益低于随机个体的收益，则参与者以一定概率更新自身的策略。参与者更新策略的概率 p 可以写成如下线性方程的形式[121]：$p=1/2+\omega_1[(\pi_f-\pi_r)/\Delta\pi]$；此外，也可以写成如下非线性方程的形式：

$$p=\frac{1}{1+\exp(\omega_2(\pi_f-\pi_r))} \tag{8.2}$$

该方程也称为费米函数(Fermi Function)。在该方程中，某个参与者的收益用 π_f 表示，随机个体的收益用 π_r 表示，群体中收益差的最大值用 $\Delta\pi$ 表示；ω_1 和 ω_2 表示选择强度，其取值范围分别是$[0,1]$和$(0,\infty)$。其中，若 $\omega_1(\omega_2)\to 0$，代表弱选择强度，参与者模仿其他个体的概率极低；$\omega_1\to 1$ 或 $\omega_2\to\infty$ 代表强选择强度，参与者进行模仿的行为几乎是确定性的。

本章首先采用死生过程(death-birth process)分析群体演化到吸收态的过程。其中,我们能够给出策略的固定概率计算公式,以及不同策略的个体在群体中的分布。接着,考虑策略更新过程中的弱选择情况。分析当群体中的策略更新规则为死生过程和费米函数更新规则时,群体中策略的固定概率及演化过程。然后,我们计算了策略的平均固定时间,并将结果代入三种博弈模型(囚徒困境博弈、雪堆博弈及猎鹿博弈)中,得到了策略的固定概率和纳什均衡点,同时分析了每种博弈模型的优势策略。

8.2 演化博弈模型的固定概率

8.2.1 演化博弈模型描述及固定概率

在博弈动力学中,存在两种吸收态:要么所有个体的最终状态是A,要么最终状态是B。其中,一个非常重要的、具有决定性因素的概念就是策略固定的可能性:如果一个突变体产生一个新的策略,怎样使这个个体的策略最终占据整个种群。为简化模型,我们利用死生过程来分析此问题,即一个个体一次只产生一个后代。考虑一个规模为 N 的种群,其中采取策略A的个体数量为 j,采取策略B的个体数量为 $N-j$。A个体数量从 j 增加到 $j+1$ 的概率为 T_j^+。类似地,A个体数量从 j 减少到 $j-1$ 的概率为 T_j^-。我们的目标是计算原始采用策略A的 j 个个体成功在群体中占据优势,并使A成为优势策略的可能性 ϕ_j。根据种群中的两种吸收态可得出

$$\begin{cases}\phi_0=0\\ \phi_N=1\end{cases}\tag{8.3}$$

对于其中间状态,固定概率为

$$\phi_j=T_j^-\phi_{j-1}+(1-T_j^--T_j^+)\phi_j+T_j^+\phi_{j+1}\tag{8.4}$$

合并得到

$$0=-T_j^-\underbrace{(\phi_j-\phi_{j-1})}_{y_j}+T_j^+\underbrace{(\phi_{j+1}-\phi_j)}_{y_{j+1}}\tag{8.5}$$

上式可以写成固定概率之差的递归形式:

$$y_{j+1}=\gamma_j y_j\tag{8.6}$$

其中,$\gamma_j=T_j^-/T_j^+$。根据此递归方程,可进一步得出

$$\begin{cases}y_1=\phi_1-\phi_0=\phi_1\\ y_2=\phi_2-\phi_1=\gamma_1\phi_1\\ \quad\vdots\\ y_k=\phi_k-\phi_{k-1}=\phi_1\prod\limits_{j=1}^{k-1}\gamma_j\\ \quad\vdots\\ y_N=\phi_N-\phi_{N-1}=\phi_1\prod\limits_{j=1}^{N-1}\gamma_j\end{cases}\tag{8.7}$$

通常,设定 $\prod_{j=1}^{0}\gamma_j=1$。为计算所有 y_j 的总和,公式可化简为

$$\sum_{k=1}^{N}y_k=\phi_1-\underbrace{\phi_0}_{0}+\phi_2-\phi_1+\phi_3-\phi_2+\cdots+\underbrace{\phi_N}_{1}-\phi_{N-1}=1 \tag{8.8}$$

结合式(8.7)和式(8.8),可以得到ϕ_1 的值:

$$1=\sum_{k=1}^{N}y_k=\sum_{k=1}^{N}\phi_1\prod_{j=1}^{k-1}\gamma_j=\phi_1\left(1+\sum_{k=1}^{N-1}\prod_{j=1}^{k}\gamma_j\right) \tag{8.9}$$

因此,一个单一策略 A 个体的固定概率则为

$$\phi_1=\frac{1}{1+\sum_{k=1}^{N-1}\prod_{j=1}^{k}\gamma_j} \tag{8.10}$$

对于 $T_j^-=T_j^+$,有 $\gamma_j=1$。因此,当所有的产生者都是 A 个体时,可以得到$\phi_1=1/N$。至此,我们已经计算出一个单一突变体在种群中的固定概率ϕ_1。通常,固定概率ϕ_i 的计算如下:

$$\begin{aligned}\phi_i&=\sum_{k=1}^{i}y_k=\phi_1\sum_{k=1}^{i}\prod_{j=1}^{k-1}\gamma_j\\&=\phi_1\left(1+\sum_{k=1}^{i-1}\prod_{j=1}^{k}\gamma_j\right)=\frac{1+\sum_{k=1}^{i-1}\prod_{j=1}^{k}\gamma_j}{1+\sum_{k=1}^{N-1}\prod_{j=1}^{k}\gamma_j}\end{aligned} \tag{8.11}$$

对于自然选择,由于 $\gamma_j=1$,有 $T_j^+=T_j^-$。在这种情况下,固定概率减少为$\phi_i=i/N$。

一般来说,可以在利用复制方程预测策略共存的系统中计算固定概率,例如无固定均衡点的情况。同时也可以证明,在这些情况下固定的平均时间会随着种群规模的增加和选择强度的增加而呈指数增长。通常,关于一个单一 A 个体占据 $N-1$ 个 B 个体的可能性和一个单一 B 个体占据 $N-1$ 个 A 个体的可能性之间的比较,决定了哪种状态将会使系统花费更多的时间达到固定状态[123]。一般来说,概率 ρ_{B} 表示当种群中只有一个 B 个体时,$N-1$ 个 A 个体不能成功占据整个种群,因此可以得出

$$\begin{aligned}\rho_{\mathrm{B}}&=1-\phi_{N-1}=1-\frac{1+\sum_{k=1}^{N-2}\prod_{j=1}^{k}\gamma_j}{1+\sum_{k=1}^{N-1}\prod_{j=1}^{k}\gamma_j}\\&=\frac{1+\sum_{k=1}^{N-1}\prod_{j=1}^{k}\gamma_j}{1+\sum_{k=1}^{N-1}\prod_{j=1}^{k}\gamma_j}-\frac{1+\sum_{k=1}^{N-2}\prod_{j=1}^{k}\gamma_j}{1+\sum_{k=1}^{N-1}\prod_{j=1}^{k}\gamma_j}\\&=-\frac{\prod_{j=1}^{N-1}\gamma_j}{1+\sum_{k=1}^{N-1}\prod_{j=1}^{k}\gamma_j}=\rho_{\mathrm{A}}\prod_{j=1}^{N-1}\gamma_j\end{aligned} \tag{8.12}$$

即两种策略的固定概率之间的比例为 $\rho_B/\rho_A=\prod_{j=1}^{N-1}\gamma_j$。如果产生的后代少于 1，说明 $\rho_B<\rho_A$；如果多于 1，说明 $\rho_B>\rho_A$。对于小的突变率 $\rho_B<\rho_A$，因为通过策略 A 到达固定状态所需的入侵尝试较少，意味着系统将在 A 状态上花费更多时间。换言之，在 B 群体中，A 突变体达到固定的可能性要远高于 B 突变体达到固定的可能性。

8.2.2 死生过程与弱选择下的固定概率

考虑到生物进化学上的相关限制，我们采用更接近于中性选择的演化方式，即在弱选择的条件下，利用死生过程得出固定概率的更简单的表达式[155]。首先，计算出策略 A 和 B 的平均收益。群体中采用策略 A 的个体和采用策略 B 的个体的平均收益为

$$\begin{cases}\pi_A=\dfrac{j-1}{N-1}a+\dfrac{N-j}{N-1}b\\[2ex]\pi_B=\dfrac{j}{N-1}c+\dfrac{N-j-1}{N-1}d\end{cases}\tag{8.13}$$

这里，我们不考虑参与者同自身进行博弈，即一个群体中存在 j 个策略 A 的参与者，每个 A 个体与其他 $j-1$ 个个体进行交互博弈。设定种群适应度为 1，则假设种群适应度和收益的线性组合形成了个体适应度：

$$\begin{cases}f_A=1-\omega-\omega\pi_A\\ f_B=1-\omega-\omega\pi_B\end{cases}\tag{8.14}$$

j 增加到 $j+1$ 和减少到 $j-1$ 的转移概率分别为

$$\begin{cases}T_j^+=\dfrac{jf_A}{jf_A+(N-j)f_B}\dfrac{N-j}{N}\\[2ex]T_j^-=\dfrac{(N-j)f_B}{jf_A+(N-j)f_B}\dfrac{j}{N}\end{cases}\tag{8.15}$$

转移概率之比为

$$\gamma_j=\frac{T_j^-}{T_j^+}=\frac{f_B}{f_A}=\frac{1-\omega+\omega\pi_B}{1-\omega+\omega\pi_A}\tag{8.16}$$

考虑弱选择强度的情形，即 $\omega<<1$，则固定概率 ϕ_i 近似为 ϕ_1。对于任意数值的弱选择强度，γ_j 可以简化为

$$\gamma_j=\frac{1-\omega+\omega\pi_B}{1-\omega+\omega\pi_A}\approx 1-\omega(\pi_A-\pi_B)\tag{8.17}$$

式(8.17)的乘积可以简化为

$$\prod_{j=1}^{k}\gamma_j\approx\prod_{j=1}^{k}(1-\omega(\pi_A-\pi_B))\approx 1-\omega\prod_{j=1}^{k}(\pi_A-\pi_B)\tag{8.18}$$

根据式(8.13)，将 $\pi_A-\pi_B$ 记为如下形式：

$$\pi_A-\pi_B=\underbrace{\frac{a-b-c+d}{N-1}}_{u}j+\underbrace{\frac{a+bN-dN+d}{N-1}}_{v}\tag{8.19}$$

据此，可以计算出收益差 $\pi_A-\pi_B$ 的加和，即

$$\sum_{j=1}^{k}(\pi_A-\pi_B)=\sum_{j=1}^{k}(uj+v)=u\frac{(k+1)k}{2}+vk=\frac{u}{2}k^2+\left(\frac{u}{2}+v\right)k \tag{8.20}$$

因而，推导出弱选择强度下 $\prod_{j=1}^{k}\gamma_j$ 的一般形式。分析两策略的固定概率之比可以得到

$$\begin{aligned}\frac{\rho_B}{\rho_A}&=\prod_{j=1}^{N-1}\gamma_j\approx 1-\omega\sum_{j=1}^{N-1}(\pi_A-\pi_B)\\&=1-\omega\left[\frac{u}{2}(N-1)+\frac{u}{2}+v\right]\Big)(N-1)\\&=1-\frac{\omega}{2}\underbrace{[(a-b-c+d)(N-1)-a-b-c+3d+(2b-2d)N]}_{\Omega}\end{aligned} \tag{8.21}$$

对于 $\Omega>0$ 时，可以得到 $\rho_A>\rho_B$。当群体规模较大，如 $N>>1$，存在

$$0<\Omega\approx N(a+b-c-d) \tag{8.22}$$

上式也等价于

$$x^*=\frac{d-b}{a-b-c+d}<\frac{1}{2} \tag{8.23}$$

因此，$\rho_A>\rho_B$ 等价于 $x^*<1/2$。根据上述情况的讨论，表明风险型策略占主导地位，并与固定概率建立如下关系：在弱选择强度的前提下，拥有更大固定概率的策略在群体中具有更强的吸引力，其他个体将以更大的概率学习模仿此种策略，以进行演化更新。

将式(8.20)代入式(8.10)，可以得到群体中单一 A 个体的固定概率的近似形式：

$$\phi_1=\frac{1}{1+\sum_{k=1}^{N-1}\prod_{j=1}^{k}\gamma_j}\approx\frac{1}{1+\sum_{k=1}^{N-1}\left[1-\omega\left(\frac{u}{2}k^2+\left(\frac{u}{2}+v\right)k\right)\right]} \tag{8.24}$$

令式中 $\sum_{k=1}^{N-1}k=N(N-1)/2$ 和 $\sum_{k=1}^{N-1}k^2=N(N-1)(2N-1)/6$，上式中的固定概率则可记为

$$\begin{aligned}\phi_1&\approx\frac{1}{N-\omega u\frac{N(N-1)(2N-1)}{12}-\omega\left(\frac{u}{2}+v\right)\frac{N(N-1)}{2}}\\&=\frac{1}{N}+\frac{\omega}{4N}\underbrace{\left[(a-b-c+d)\frac{2N-1}{3}-a-b-c+3d+(2b-2d)N\right]}_{\Gamma}\end{aligned} \tag{8.25}$$

对于其他各类的演化过程，在弱选择强度的条件下具有相同的固定概率[125-126]。对于任意初始数量为 i 的策略，可以近似得到

$$\phi_i\approx\frac{i}{N}+N\omega\frac{N-i}{N}\frac{i}{N}\left(\frac{a-b-c+d}{6(N-1)}(N+i)+\frac{-a+bN-dN+d}{2(N-1)}\right) \tag{8.26}$$

将固定概率 ϕ_1 的结果与中性选择 $\omega=0$ 的结果进行比较，可以导出三分之一法则。中性选择意味着不存在选择的力量，只有随机性决定固定的发生概率。在这种情况下可以得到 $\phi_1=1/N$。由于我们只关注固定概率是否大于或小于 $1/N$，因此只关注 Γ 的具体数值。如果 $\Gamma>0$，那么固定概率的数值大于 $1/N$。对于大规模的群体 N，Γ 可以简化到

$$\frac{a-b-c+d}{3}+b-d>0 \tag{8.27}$$

这种情况等价于

$$x^{*}=\frac{d-b}{a-b-c+d}<\frac{1}{3} \tag{8.28}$$

其中，三分之一法则是指：在协同博弈中，如果不稳定的固定点在距离要替换的策略的三分之一的附近，基于弱选择强度，那么一个策略对应的固定概率高于 $1/N$。三分之一法则的直观解释可以追溯到这样一个事实，即在策略入侵过程中，一个入侵者将平均与三分之一自己的类型的其他个体进行交互，而与三分之二另一类型的其他个体进行交互[127]。如果在这种协同博弈中系统地提高策略 A 的优势(例如通过增加策略 A 与策略 A 交互时产生的收益)，从而将混合均衡点 x^* 转移到更低的值，则会发生以下情况[124]：①当策略 A 在群体中不占优，而策略 B 在群体中占优时($\rho_A<1/N,\rho_B>1/N$)，$x^*>2/3$；②当策略 B 在群体中处于风险性占优，且策略 A 和策略 B 在群体中均不占优时($\rho_A<\rho_B,\rho_A<1/N,\rho_B<1/N$)，$2/3>x^*>1/2$；③当策略 A 在群体中处于风险性占优，且策略 A 和策略 B 在群体中均不占优时($\rho_A>\rho_B,\rho_A<1/N,\rho_B<1/N$)，$1/2>x^*>1/3$；④当策略 B 在群体中不占优，而策略 A 在群体中占优时($\rho_A>1/N,\rho_B<1/N$)，$x^*<1/3$。

值得注意的是，三分之一法则也适用于共存博弈的情况。在这种情况下，群体达到稳定时，稳定的内部固定点必须小于该策略的三分之一。换句话说，共存博弈中，如果稳定的固定点大于该策略的三分之二，基于弱选择强度，本策略固定概率数值高于 $1/N$。但是，固定概率在这里只受到有限的关注，因为对于大规模群体而言，平均固定时间变得非常大。文献[128]讨论了弱选择强度下的平均固定时间。

8.2.3 费米函数与弱选择下的固定概率

在弱选择下，死生过程只能导出简单的分析结果，但是对于更高的选择强度，不可能进行类似的简化。相比之下，由收益差的费米函数推导出的成对比较过程可以计算出任意选择强度下固定概率的简单分析结果。j 增加到 $j+1$ 和减少到 $j-1$ 的转移概率分别为

$$T_j^{\pm}=\frac{j}{N}\frac{N-j}{N}\frac{1}{1+e^{\mp\omega(\pi_A-\pi_B)}} \tag{8.29}$$

转移概率之比为

$$\gamma_j=\frac{T_j^-}{T_j^+}=e^{-\omega(\pi_A-\pi_B)} \tag{8.30}$$

对于任意选择强度 ω，两种策略的固定概率之比可以写作

$$\frac{\rho_B}{\rho_A}=\prod_{j=1}^{N-1}\gamma_j=\exp\left[-\omega\sum_{j=1}^{N-1}(\pi_A-\pi_B)\right]=\exp\left[-\frac{\omega}{2}\Omega\right] \tag{8.31}$$

其中，$\Omega=(a-b-c+d)(N-1)-a-b-c+3d+(2b-2d)N$。当 $\Omega=0$ 时，有 $\rho_A>\rho_B$。当 N 较大时，仍可以得出 $\rho_A>\rho_B$，且等价于 $x^*<1/2$。对于任意选择强度，固定概率与风险性占优之间的关系仍是合理的。因此，此结论并不只适用于弱选择强度的情况。

上述固定概率的表达式可以简化，因为 γ_j 上的乘积减少为可以精确求解的总和。一

种特殊情况是由收益差 $a-c=b-d$ 的频率独立性决定的，这种情况称为“从转换中获得的平等收益”，因为从策略 B 转换为 A 会导致相同的收益变化，而与对手的策略转移无关[129]。在这种特殊情况下，即使是式(8.25)中的外部和也可以精确地求解任意数值的选择强度。于是可以得到

$$\phi_i=\frac{1-\mathrm{e}^{-\omega v i}}{1-\mathrm{e}^{-\omega v N}} \tag{8.32}$$

该结果与具有固定相对适应度 $r=\mathrm{e}^{\omega v}$ 的 k 个个体的固定概率相同[156]。由于费米过程仅取决于收益差异，因此这种现象得到了合理的解释。但这也表明，常数选择的属性不仅适用于弱选择下的死生过程，也适用于其他过程。

对于一般收益，我们可以在式(8.25)中近似得出 k 的外部总和，并通过积分 $\sum_{k=1}^{i}\cdots\approx\int_1^i\cdots\mathrm{d}k$ 得到[130]

$$\phi_k=\frac{\mathrm{erf}[Q_k]-\mathrm{erf}[Q_0]}{\mathrm{erf}[Q_N]-\mathrm{erf}[Q_0]} \tag{8.33}$$

其中，$\mathrm{erf}(x)=\frac{2}{\sqrt{\pi}}\int_0^x \mathrm{d}y\,\mathrm{e}^{-y^2}$ 表示损失函数[116]，$Q_k=\sqrt{\frac{\omega(N-1)}{2u}}(ku+v)$，$u=\frac{a-b-c+d}{N-1}j(u\to 0,u\neq 0)$，$v=\frac{-a+bN-dN+d}{N-1}$。对于弱选择强度 $\omega\to 0$，重新整理式(8.32)和式(8.33)，得到 $\phi_k=k/N$。固定概率的数值模拟与该近似值相吻合，且即使对于积分不完全近似的小规模群体也依旧成立。

费米过程涵盖了所有选择强度，并形成强大的选择结果，这超出了标准莫兰过程的范围。费米函数封闭表达式允许推导出弱和强两种选择强度下的固定概率。莫兰过程中具有内部纳什均衡的博弈，平均固定时间与 N 呈指数增长，因此固定几乎不会发生。而在费米过程中，平均固定时间也随选择强度 ω 呈指数增长。

8.3 演化博弈模型的固定时间

在有限群体的演化动力学中另一个重要的概念是固定时间(fixation time)，它表示群体达到固定的平均时间[155]。对于两策略博弈模型，存在三种不同的固定时间。

8.3.1 无条件固定时间

无条件固定时间(unconditional fixation time)是指群体中初始个体数量为 j 的任意一种吸收态 A 或 B 达到固定所需的平均时间 t_j，表示为

$$t_j=1+T_j^- t_{j-1}+(1-T_j^- -T_j^+)t_j+T_j^+ t_{j+1} \tag{8.34}$$

上式表示：在一个时间步数中，j 要么减少为 $j-1$，要么增加为 $j+1$，要么保持 j 不变。因此，群体的初始状态对固定时间有着很重要的影响。当初始状态为 0 或 N 时，说明此时群

体已经达到固定，即 $t_0=t_N=0$，因此上式还可以写作

$$\underbrace{t_{j+1}-t_j}_{z_{j+1}}=\gamma_j\underbrace{t_j-t_{j-1}}_{z_j}-\frac{1}{T_j^+} \tag{8.35}$$

根据上文给出的 $\gamma_j=\frac{T_j^-}{T_j^+}$，固定时间差的循环域可以表示为

$$\begin{cases} z_1=t_1-t_0=t_1 \\ z_2=t_2-t_1=\gamma_1 t_1-\dfrac{1}{T_1^+} \\ z_3=t_3-t_2=\gamma_2\gamma_1 t_1-\dfrac{\gamma_2}{T_1^+}-\dfrac{1}{T_2^+} \\ \quad\vdots \\ z_k=t_k-t_{k-1}=t_1\prod\limits_{m=1}^{k-1}\gamma_m-\sum\limits_{l=1}^{k-1}\dfrac{1}{T_l^+}\prod\limits_{m=l+1}^{k-1}\gamma_m \end{cases} \tag{8.36}$$

对 z_k 求和得到

$$\sum_{k=j+1}^{N}z_k=t_{j+1}-t_j+t_{j+2}-t_{j+1}+\cdots+\underbrace{t_N}_{=0}-t_{N-1}=-t_j \tag{8.37}$$

特别地，当 $j=1$ 时，

$$t_1=-\sum_{k=2}^{N}z_k=-t_1\sum_{k=1}^{N-1}\prod_{m=1}^{k}\gamma_m+\sum_{k=1}^{N-1}\sum_{l=1}^{k}\frac{1}{T_l^+}\prod_{m=l+1}^{k}\gamma_m \tag{8.38}$$

即

$$t_1=\frac{1}{\underbrace{1+\sum\limits_{k=1}^{N-1}\prod\limits_{j=1}^{k}\gamma_j}_{\phi_1}}\sum_{k=1}^{N-1}\sum_{l=1}^{k}\frac{1}{T_l^+}\prod_{j=l+1}^{k}\gamma_j \tag{8.39}$$

其中，固定概率 ϕ_1 由式(8.10)给出。因此，个体最终达到固定所需要的平均无条件固定时间可以写成

$$t_j=-\sum_{k=j+1}^{N}z_k=-t_1\sum_{k=j}^{N-1}\prod_{m=1}^{k}\gamma_m+\sum_{k=j}^{N-1}\sum_{l=1}^{k}\frac{1}{T_j^+}\prod_{m=l+1}^{k}\gamma_m \tag{8.40}$$

在弱选择中，当 j 距离两种吸收态边界越远时，固定时间 t_j 也同步增加。此外，可以看出这种固定时间的方差通常比较高，且取决于群体数量、博弈类型和选择强度等[156]。尤其是在共存博弈中，复制动力学预测状态 A 或 B 会稳定存在，其固定时间不仅会随着群体规模和选择强度发生变化，而且会代表分布非常广泛的平均值。

8.3.2 策略 A 有条件固定时间

有条件固定时间(conditional fixation time)描述了假定群体最终达到状态 A，则固定时间 t_j^A 是指当群体中存在 j 个初始 A 个体，群体达到 A 状态固定所需的平均时间。根据 Antal 和 Scheuring 的方法[122]，可以得到

$$\phi_j t_j^{\mathrm{A}} = \phi_{j-1} T_j^-(t_{j-1}^{\mathrm{A}}+1) + \phi_j(1-T_j^- - T_j^+)(t_j^{\mathrm{A}}+1) + \phi_{j+1} T_j^+(t_{j+1}^{\mathrm{A}}+1) \tag{8.41}$$

其中，ϕ_j 由式(8.11)导出，表示群体中 j 个 A 个体的固定概率。令 $\theta_j^{\mathrm{A}}=\phi_j t_j^{\mathrm{A}}$，则上式可以写作

$$\underbrace{\theta_{j+1}^{\mathrm{A}} - \theta_j^{\mathrm{A}}}_{\omega_{j+1}} = \underbrace{\theta_j^{\mathrm{A}} - \theta_{j-1}^{\mathrm{A}}}_{\omega_j} \frac{T_j^-}{T_j^+} - \frac{\phi_j}{T_j^+} \tag{8.42}$$

式(8.35)和式(8.42)结构相同。因此，可以采用一个类似的循环结构得到

$$\omega_k = \theta_k^{\mathrm{A}} - \theta_{k-1}^{\mathrm{A}} = \theta_1^{\mathrm{A}} \prod_{m=1}^{k-1} \gamma_m - \sum_{l=1}^{k-1} \frac{\phi_l}{T_l^+} \prod_{m=l+1}^{k-1} \gamma_m \tag{8.43}$$

当 $j=0$ 时，$\phi_0=0$，因此 $\theta_0^{\mathrm{A}}=0$。当 $j=N$ 时，$t_N^{\mathrm{A}}=0$，因此 $\theta_N^{\mathrm{A}}=0$。对 ω_k 求和有 $\sum_{k=j+1}^{N} \omega_k = -\theta_j^{\mathrm{A}}$。特别地，对于 $j=1$，可以得到

$$t_1^{\mathrm{A}} = \sum_{k=1}^{N-1} \sum_{l=1}^{k} \frac{\phi_l}{T_l^+} \prod_{m=l+1}^{k} \gamma_m \tag{8.44}$$

上式通常表示一个突变体在群体中达到固定所需要的平均时间。对于一个常数 j，固定时间可以写成

$$t_j^{\mathrm{A}} = -t_1^{\mathrm{A}} \frac{\phi_1}{\phi_j} \sum_{k=j}^{N-1} \prod_{m=1}^{k} \gamma_m + \sum_{k=j}^{N-1} \sum_{l=1}^{k} \frac{\phi_l}{\phi_j} \frac{1}{T_l^+} \prod_{m=l+1}^{k} \gamma_m \tag{8.45}$$

固定时间 t_j^{A} 随着 j 与 A 状态边界之间距离的增长而增长。如果策略 A 在群体中的固定几乎是确定成立的，则 t_j^{A} 可以近似看成固定时间 t。特别地，当群体的初始状态中只存在一个 A 个体，而其他个体均为 B 个体时，t_1^{A}(或 t^{A})表示策略 A 最终达到固定所需要的平均时间[式(8.40)]。

8.3.3 策略 B 有条件固定时间

类似于 t_j^{A} 的定义，t_j^{B} 是指当群体中 A 个体数量为 j，B 个体数量为 $N-j$ 时，B 个体最终达到固定所需要的平均时间。根据式(8.42)，可以得到

$$\underbrace{\theta_j^{\mathrm{B}} - \theta_{j-1}^{\mathrm{B}}}_{v_j} = \underbrace{\theta_{j+1}^{\mathrm{B}} - \theta_j^{\mathrm{B}}}_{v_{j+1}} \frac{1}{\gamma_j} - \frac{\tilde{\phi}_j}{T_j^-} \tag{8.46}$$

其中，$\tilde{\phi}_j = 1-\phi_j$ 表示群体达到 B 状态的固定概率，且有 $\theta_j^{\mathrm{B}}=\tilde{\phi}_j t_j^{\mathrm{B}}$。同理，$\theta_0^{\mathrm{B}}=\theta_N^{\mathrm{B}}=0$。类似地，当 j 从 $N-1$ 开始循环计算时，可以得到

$$\begin{cases} v_N = \theta_N^{\mathrm{B}} - \theta_{N-1}^{\mathrm{B}} = -\theta_{N-1}^{\mathrm{B}} \\ v_{N-1} = \theta_{N-1}^{\mathrm{B}} - \theta_{N-2}^{\mathrm{B}} = -\theta_{N-1}^{\mathrm{B}} \dfrac{1}{\gamma_{N-1}} + \dfrac{\tilde{\phi}_{N-1}}{T_{N-1}^-} \\ \vdots \\ v_{N-k} = \theta_{N-k}^{\mathrm{B}} - \theta_{N-k-1}^{\mathrm{B}} = -\theta_{N-1}^{\mathrm{B}} \displaystyle\prod_{m=l}^{k} \frac{1}{\gamma_{N-m}} + \sum_{l=1}^{k} \frac{\tilde{\phi}_{N-1}}{T_{N-1}^-} \prod_{m=l+1}^{k} \frac{1}{\gamma_{N-m}} \end{cases} \tag{8.47}$$

对 v_{N-k} 求和得到 $\sum_{k=N-j}^{N-1} v_{N-k}=\theta_j^{\mathrm{B}}$。当 $j=N-1$ 时,单一 B 个体的固定时间可以写作

$$t_{N-1}^{\mathrm{B}}=\sum_{k=1}^{N-1}\sum_{l=1}^{k}\frac{\tilde{\phi}_{N-l}}{T_{N-l}^{-}}\prod_{m=l+1}^{k}\frac{1}{\gamma_{N-m}} \tag{8.48}$$

最终可以得到群体内任意个 B 个体达到固定的平均固定时间为

$$t_j^{\mathrm{B}}=-t_{N-1}^{\mathrm{B}}\frac{\tilde{\phi}_{N-1}}{\tilde{\phi}_j}\sum_{k=N-j}^{N-1}\prod_{m=1}^{k}\frac{1}{\gamma_{N-m}}+\sum_{k=N-j}^{N-1}\sum_{l=1}^{k}\frac{\tilde{\phi}_{N-l}}{\tilde{\phi}_j}\frac{1}{T_{N-l}^{-}}\prod_{m=l+1}^{k}\frac{1}{\gamma_{N-m}} \tag{8.49}$$

类似地,固定时间 t_j^{B} 随着 j 与 B 状态边界之间距离的增长而增长。

8.4 具体博弈模型的固定概率

作为演化博弈动力学的一般理论的补充,我们现在转向演化生物学和行为科学领域的两个最重要的应用:合作与生物多样性的保持问题。在博弈论中,合作是指参与者付出一定成本或代价,使他人受益的行为。因此,合作群体的表现要好于非合作的背叛群体。但是,每个人都面临着背叛的诱惑和不劳而获的想法。这就在个体和群体之间产生了利益冲突,即所谓的社会困境的基本特征[31]。社会困境现象在自然界中广泛存在,例如,麝牛群体形成特有的防御结构,以保护年幼的麝牛在奔跑中免受狼群的侵袭;猫鼬群体利用前哨行为以驱逐威胁自身安全的天敌;狒狒之间互相梳理毛发,以提升自己在族群中的地位等。但是,社会困境也发生在进化的尺度上,如果没有低层单位与高层实体的反复合并,生活中的各种行为就不能正常开展。社会两难困境的每一个解决方案都标志着进化史上的一个重大转变:复制性 DNA 之外的染色体的形成,从单细胞生物到多细胞生物或从个人到社会的转变都需要合作[132]。在人与人之间的交互中,社会困境在社会保障、医疗保健和养老金计划等方面同样有着广泛的实际应用,但更重要的是要保护从地方到全球范围的自然资源,包括饮用水、清洁空气、渔业和气候等。

生物多样性决定了生存能力,多样性越高,生态系统得以繁衍生息的概率越大。生物多样性包括了物种、栖息地和遗传等多个方面的多样性[133]。物种共存是通过非层次的循环互动促进的,其中 $R>S>T>P$,就像儿童游戏“锤子剪刀布”中的一样。然而,如果参与社会困境是自愿的而不是强制性的,则这个问题就与合作行为密切相关。在这种情况下,研究具体模型中的演化动力学就显得尤为重要。通过演化博弈动力学的研究,使我们能够清晰地认识到合作困境是如何影响群体行为演化的。具体地,我们采用囚徒困境博弈、雪堆博弈和猎鹿博弈来辅助研究其中的博弈动力学。

8.4.1 囚徒困境中固定概率

囚徒困境博弈作为分析合作困境问题的数学模型有着悠久的历史,代表了社会困境中最严格的一种形式。由于背叛策略发挥主导作用,而合作策略发挥从属作用,因此开展囚徒

困境博弈时，两个玩家可以是合作关系，也可以是背叛关系，可自由选择。合作行为的成本为 $c>0$，但会给另一个参与者带来 $b>c$ 的收益。因此，只有对手合作时才能获得最高的回报 b。在这种情况下，对手获得的收益为 $-c$。相互合作会导致互惠互利，相互背叛则会导致零收益。博弈模型的收益矩阵描述如下：

$$\begin{array}{c} \\ \mathrm{C} \\ \mathrm{D} \end{array}\!\!\begin{array}{c} \begin{array}{cc} \mathrm{C} & \mathrm{D} \end{array} \\ \begin{pmatrix} b-c & -c \\ b & 0 \end{pmatrix} \end{array} \tag{8.50}$$

由于 $b>b-c$ 且 $0>-c$，就代表对手策略的选择不影响个体策略的选择，无论对手的策略是什么，背叛策略都是个体的必然选择。相互背叛的单边偏离降低了回报，因此相互背叛代表了唯一的纳什均衡，但相互合作对应于社会最优的情况($b-c>0$)。

将成本和收益参数化是囚徒困境博弈中在数学上最直观和最方便的表现形式。需要注意的是，这反映了一种特殊情况，因为收益矩阵对角元素的总和等于非对角元素的总和。换句话说，囚徒困境博弈就是"收益的平等来自策略的转换"的一个例子。此属性导致合作者与背叛者之间的收益差异 $\pi_{\mathrm{C}}-\pi_{\mathrm{D}}=-c$，这与合作者在群体中的比例 x_{C} 无关。在这种特殊的情况下，复制动力学表示为

$$\dot{x}_{\mathrm{C}}=-x_{\mathrm{C}}(1-x_{\mathrm{C}})c \tag{8.51}$$

上式解得 $x_{\mathrm{C}}(t)=x_{\mathrm{C}}(0)[x_{\mathrm{C}}(0)+(1-x_{\mathrm{C}}(0))\mathrm{e}^{+ct}]^{-1}$。合作者在群体中的比例随时间 t 始终在减少，并且最终收敛到唯一的稳定固定点 $x_{\mathrm{C}}=0$。最终，合作者消失灭亡。

在有限群体和弱选择($\omega<<1$)下，根据式(8.26)，在由 i 个合作者和 $N-i$ 个背叛者组成的群体中，合作策略的固定概率为

$$\phi_i=\frac{i}{N}-\frac{i\omega}{2N}(N-i)\left(c+\frac{b}{N-1}\right)<\frac{i}{N} \tag{8.52}$$

由于$\phi_i<i/N$，与中性突变体相比，合作者处于劣势。类似地，对于强选择的情况，$\omega\rightarrow\infty$，利用费米过程计算固定概率得到$\phi_i=\delta_{i,N}$。换句话说，合作行为不能仅仅通过个体选择得到发展，且矩阵中元素之间存在如下数量关系：$T>R>P>S$。也就是说，无论博弈成本 c 为何值，在优势策略分析上，相比于合作者策略，背叛者策略始终更优；在群体中，选择背叛策略就意味着对绝对优势的占据，这个结果也再次证实了上文中的复制动力学分析结果。由此可以得出，初始合作者的数量并不影响最终优势策略的涌现。在参与博弈的过程中，为实现自身利益最大化，人们都倾向于选择有利于自己的策略。因此，在这种情况下，即使是减少合作所必需的成本，或是增加群体中初始合作者的规模，也无法从根本上改变背叛策略将会在群体中占优，而合作策略最终处于劣势直至消亡这一事实。

关于囚徒困境的理论预测与观察到的自然界中的大量合作之间的鲜明对比需要做出一定解释。在过去的几十年中，学者已经提出了一些能够促进生物和社会系统合作的机制[134]。在群体中，合作者可以通过亲缘选择获取很好的资源，继而蓬勃发展，群体选择也会帮助群体关系从竞争走向合作[5,8,70,82]。有条件的行为规则可以在重复博弈中策略性地响应先前的交互行为，或者根据个人在非重复环境中的声誉来调整自身的行为，并通过直接或间接互惠建立合作。结构化人群中的交互行为支持了囚徒困境的合作，但不一定能解决

其他社会困境的合作。此外，空间的扩展使个人可以避免社会困境，使参与合作成为一种自愿行为或惩罚不合作的个体都支持合作[5]。

基于上述论述，我们首先设定有限群体的规模为 $N=20$，收益矩阵中的利益值 $b=1$，弱选择强度 $\omega=0.1$。基于上述参数设置来研究当收益矩阵中的成本 c 不同时，对策略固定概率 ϕ_i 的影响。为了便于分析比较，在此博弈模型及下述两种博弈模型中均默认采用如上参数设定，下文中不再赘述。图 8.2 表示，在弱选择强度下，合作需要付出的成本越高，那么合作策略能够达到固定的速率越快，反之越慢。另外，如果初始时合作策略数目较多，那么合作策略也具有更高的固定概率。

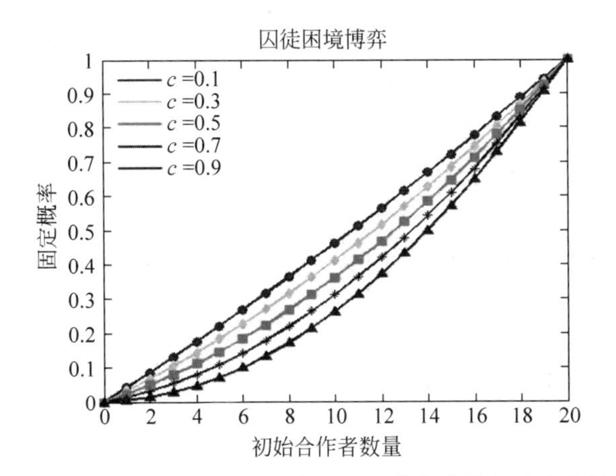

8.2 彩图

图 8.2 囚徒困境博弈中固定概率与初始合作者数量及成本的关系

8.4.2 雪堆博弈中固定概率

在雪堆博弈中，收益矩阵表示为

$$\begin{array}{cc} & \begin{array}{cc} \mathrm{C} & \mathrm{D} \end{array} \\ \begin{array}{c} \mathrm{C} \\ \mathrm{D} \end{array} & \begin{pmatrix} b-c/2 & b-c \\ b & 0 \end{pmatrix} \end{array} \tag{8.53}$$

对于一个有限群体，当弱选择强度处于 $\omega<<1$ 时，根据式(8.26)，合作策略的固定概率为

$$\phi_i=\frac{i}{N}+\frac{i\omega}{12N}(N-i)\left(\frac{(4N-6)b+(3-5N)c+(c-2b)i}{N-1}\right) \tag{8.54}$$

且矩阵中元素之间存在如下数量关系：$T>R>S>P$。在复制动力学中，群体的初始状态不会作用于最终的纳什均衡点，群体收敛到如下状态：

$$x^*=\frac{P-S}{R-S-T+P}=\frac{2(c-b)}{c-2b} \tag{8.55}$$

在这种情形下，合作策略所需要付出的成本 c 越大，它的固定概率 ϕ_i 的值越小。原因是，成本 c 较小时，会促进群体中合作行为的出现；相反，成本 c 较大时，却不利于合作者的生存，抑制了合作行为的演化，参与者想为自己争取更多利益的自私利己主义限制了合作的涌现。然而，当合作成本 c 处于中等水平时，固定概率 ϕ_i 一般比中性漂移选择时的数值 i/N 大些。

此时，群体中策略的演化过程将会受到初始策略分布状态的影响。图 8.3 表示，在弱选择强度下，合作行为的成本越低，合作策略达到固定的速率越快，反之越慢。另外，若初始状态时合作策略占比越高，则合作策略在群体中的固定概率越大。

8.3 彩图

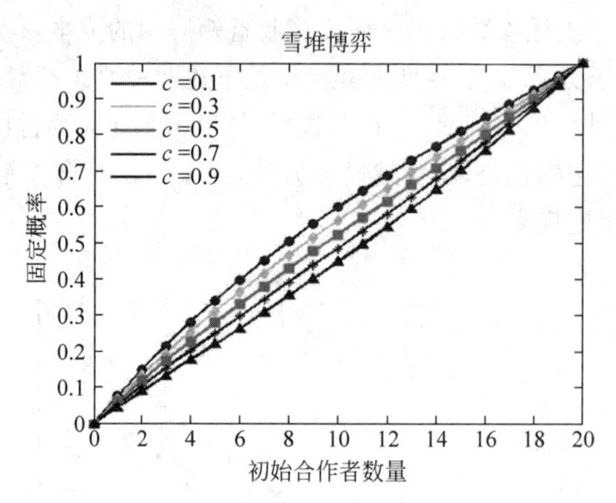

图 8.3 雪堆博弈中固定概率与初始合作者数量及成本的关系

8.4.3 猎鹿博弈中固定概率

在猎鹿博弈中，收益矩阵表示为

$$\begin{array}{cc} & \begin{array}{cc} \mathrm{C} & \mathrm{D} \end{array} \\ \begin{array}{c} \mathrm{C} \\ \mathrm{D} \end{array} & \begin{pmatrix} b & 0 \\ b-c & b-c/2 \end{pmatrix} \end{array} \tag{8.56}$$

对于一个有限群体，当弱选择($\omega << 1$)时，合作策略的固定概率表示为

$$\phi_i = \frac{i}{N} + \frac{i\omega(N-i)}{12N}\left(\frac{2N(c-b)+(c+2b)i-3c}{N-1}\right) \tag{8.57}$$

且矩阵中元素之间存在如下数量关系：$R > P > T > S$。在此种博弈模型下，个体的最佳策略是选择与对手相同的策略。在复制动力学中，存在一个内部的、不稳定的纳什均衡点：

$$x^* = \frac{P-S}{R-S-T+P} = \frac{2b-c}{2b+c} \tag{8.58}$$

此时，合作行为所付出的成本 c 仍然影响它在群体中的固定概率 ϕ_i。原因是，成本 c 较小时，合作策略很难达到固定。然而，当成本 c 较大且初始合作者数量 i 较大时，固定概率 $\phi_i > i/N$。这与囚徒困境有着明显的区别，因此这也为合作策略在群体中固定提供了可能。此外，不同于雪堆博弈，猎鹿博弈中优势策略是选择与对手相同的策略，而雪堆博弈中，保持与对手相反的策略，就是优势策略。图 8.4 所示结果说明，在弱选择的条件下，合作策略的成本增加能加速合作策略达到固定的速率。同时，初始时策略的分布情况仍然影响合作策略在稳态群体中的固定概率。

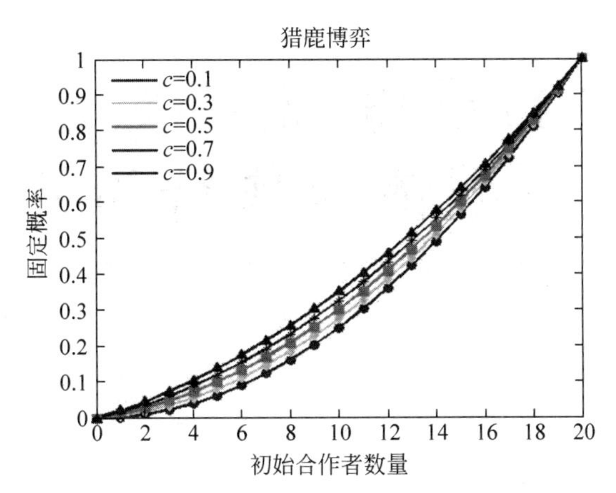

图 8.4 猎鹿博弈中固定概率与初始合作者数量及成本的关系

8.4 彩图

8.5 本章小结

在实际的社会或系统中，由于参与者常常是“有限理性”的，且其行为方式常常受到外界环境的影响。如何在这些复杂的情况下研究群体行为的演化成为我们关注的重点。在此，我们根据演化博弈理论模拟有限群体中的演化过程。

首先给出策略的复制动力学方程，研究群体中策略比例与其在群体中适应程度的函数关系。其次，将策略的动态演化过程按如下四种情况进行讨论：某策略绝对占优、两策略的双稳态、两策略共存和中性情况。四种情况对于分析演化博弈过程有着不同的分析结果。

接着，我们做出具体的理论分析：对于一个两人两策略博弈模型，群体达到演化稳定状态会出现两种吸收态，即要么所有个体演化成策略 A，要么最终演化成策略 B。仿照传统的理论分析思路，我们利用死生过程分析策略演化达到吸收态的过程，并计算了策略的固定概率。

据此，我们考虑弱选择条件下的策略更新过程，分析当群体中的策略更新规则为死生过程和费米函数更新规则时，群体中策略的固定概率、策略比例及演化过程，进而分析了当策略固定时的平均固定时间及其相应计算公式。

最后，为了验证理论分析的有效性，进行了数值计算。博弈模型采用的是三种经典博弈：囚徒困境博弈、雪堆博弈及猎鹿博弈。通过数值计算，得到了策略的固定概率和纳什均衡点，并分析了每种博弈模型下的优势策略。具体地，当某个策略的初始数量 i 变化时，固定概率 ϕ_i 取决于 i 和收益矩阵的具体元素的参数 b 和 c。此外，我们还可以扩展现有模型，例如研究现有结构群体中策略的固定概率，又如假定有两个或以上中心个体时，群体的动力学过程如何演化。

第9章 CHAPTER 9 “自己差，对手更差”策略对群体合作行为的影响

9.1 引言

近年来，合作的涌现和维持问题是演化博弈论和行为科学领域中的一个研究热点。对于合作问题的研究，通常是以双人博弈为背景。在双人重复博弈中，能够记住交互双方在之前回合中的博弈结果以及对手之前的策略选择，对于后续的博弈决策具有非常重要的借鉴意义。人们通常认为，不存在无论对手采用何种策略，都可以控制对手收益比自己低的单边强势策略。但是本章研究表明，这种策略在网络化智能群体中的确存在。具体来讲，这种策略本身会获得一个较低的收益，但同时，它可以单边控制其对手比它收益更低，最终导致整个群体的收益值显著下降。本书将这种策略定义为“自己差，对手更差”(self-bad，partner-worse，SBPW)策略。本章探究了在重复囚徒困境(iterated prisoner's dilemma，IPD)博弈下，单步记忆策略在不同复杂网络结构中的演化情况，通过对网络化智能群体中演化出的优势策略进行聚类和分析，发现了一种可以单方面控制对手收益低于自己从而拉低全局收益值的 SBPW 策略，并分析了不同复杂网络拓扑结构下 SBPW 策略属性的异同。

9.2 优势策略在复杂网络中的产生与演化

9.2.1 复杂网络中优势策略的产生方式

本章聚焦的研究问题是，随着复杂网络结构和初始群体状态的变化，哪一种或是哪一类策略能够在博弈演化过程中占据优势并被更多的节点模仿学习，最终传播扩散至整个网络。为了探究这个问题，本章构造了随机性和异质性由弱到强的三种复杂网络(Lattice 网络，RR 网络，BA 无标度网络)作为博弈平台，网络平均度都为 4，每种网络的节点个数设置为 10 000，所有节点初始时均被赋予一个随机单步记忆策略并进行自由的 IPD 博弈对抗。

为了构造不同的初始群体状态来模拟更加真实的生物系统并探究其对自组织演化结果的影响，在博弈开始前向每种网络中分别加入 1 个、20 个、50 个 TFT 和 WSLS 策略并随机

分配给网络中的 10 000 个节点。网络上的每个节点代表一个初始时具有随机单步记忆策略的博弈个体。网络上的邻居节点不断进行重复的博弈交互，所有节点不断更新和优化自身策略。

当系统达到均衡状态时，传播扩散至整个网络、具有最强生存和竞争优势的策略，本书称其为优势策略。本章中，每种加入不同初始数量 TFT 和 WSLS 策略的复杂网络都将产生 1000 个经自组织演化得到的优势策略，基于此，进一步分析和探讨结构化智能群体中优势策略的属性和异同。为了消除不同网络平均节点度和网络结构的差异影响，本章又以节点度为 8 的 Lattice 网络和平均度为 4 的 ER 随机网络作为博弈环境，做了补充实验。这两种网络同样在初始时加入 1 个、20 个、50 个 TFT 和 WSLS 策略以构建不同的初始群体状态，以每种网络结构演化出的 100 个优势策略作为分析数据。图 9.1 描述了复杂网络演化生成每个优势策略的仿真流程。

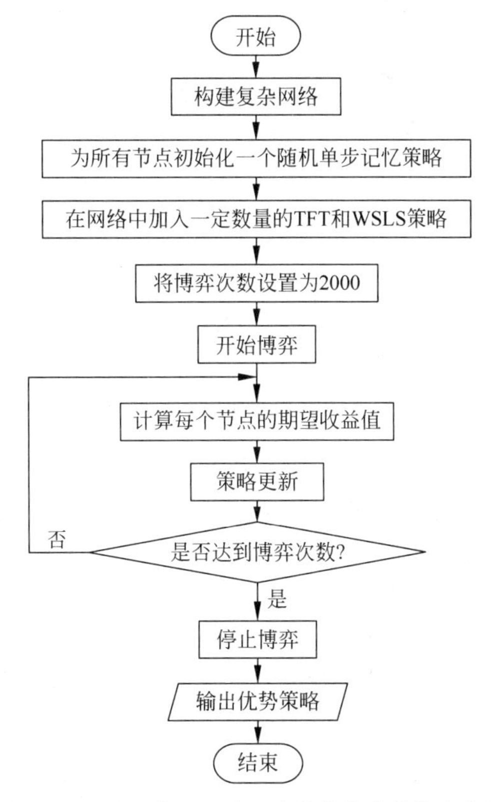

图 9.1 复杂网络上生成一个优势策略的仿真流程

9.1 彩图

9.2.2 复杂网络中优势策略的演化过程

无论复杂网络的拓扑结构和初始化群体状态如何，在经过 2000 次博弈迭代后，系统演化出的优势策略都几乎会扩散并占据整个网络。图 9.2 展示了在初始加入 1 个 TFT 和 WSLS 策略的 Lattice 网络(度为 4)上，群体策略状态的演化过程(当博弈进行到 1200 回合时，优势策略就已扩散至整个网络)。每个子图都是一个规模为 100×100 的 Lattice 网络，每个彩色点对应一个网络节点，不同子图表示博弈进行到不同阶段时结构化群体的策略分布，其中，黄色代表优势策略，绿色代表非优势策略的其他策略。由图 9.2 可以看出，采用优势策略的节点在博弈过程中可以获得较高的收益，与其博弈的邻居节点在感知到博弈对手可以获取更高的收益后，在策略更新时学习并模仿这一策略，从而使得这一优势策略在群体中小范围扩散，进而形成了优势策略簇。随着博弈的进行，优势策略逐渐在网络中传播并被更多的节点学习和采用，最终占据了整个网络。

9.2 彩图

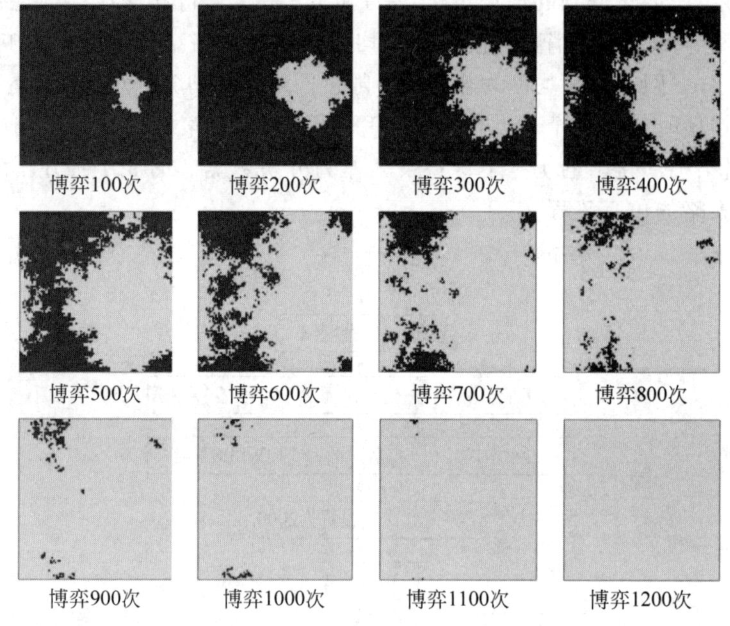

图 9.2　规模为 100×100 个节点的 Lattice 网络的策略演化切片图

图 9.3 和图 9.4 分别展示了初始加入 1 个、20 个、50 个 TFT 和 WSLS 策略时，RR 网络和 BA 无标度网络上优势策略在全局所有策略中占比的演化过程。可以看到，相比于 Lattice 网络，优势策略在 RR 网络和 BA 无标度网络上的扩散速度更快，当博弈进行到 200 轮左右时，优势策略已经几乎占据了整个网络。

本节展示了优势策略在 Lattice 网络、RR 网络和 BA 无标度网络上的传播和演化过程。仿真结果表明，无论网络拓扑结构和初始群体状态如何变化，结构化群体最终都会演化出一个可以扩散至整个网络并最终占优的优势策略。

9.3(a)彩图

9.3(b)彩图

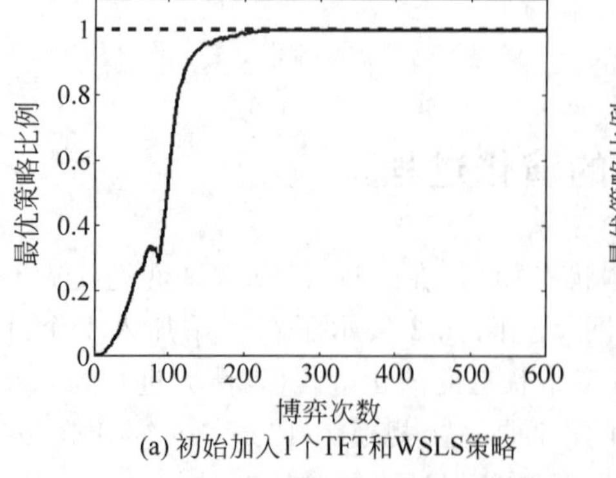

(a) 初始加入1个TFT和WSLS策略

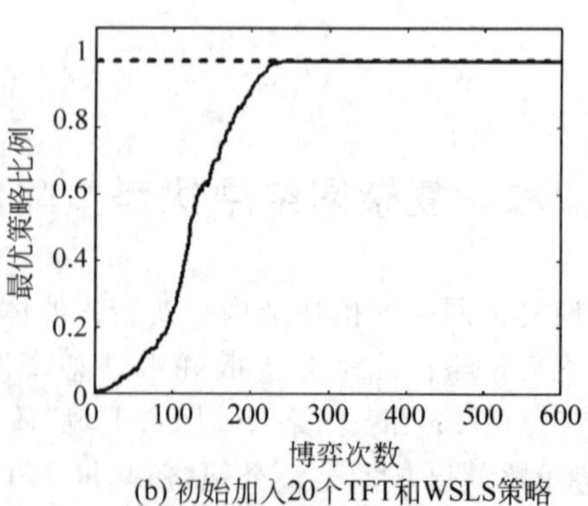

(b) 初始加入20个TFT和WSLS策略

图 9.3　规模为 10 000 个节点的 RR 网络上优势策略的占比变化情况

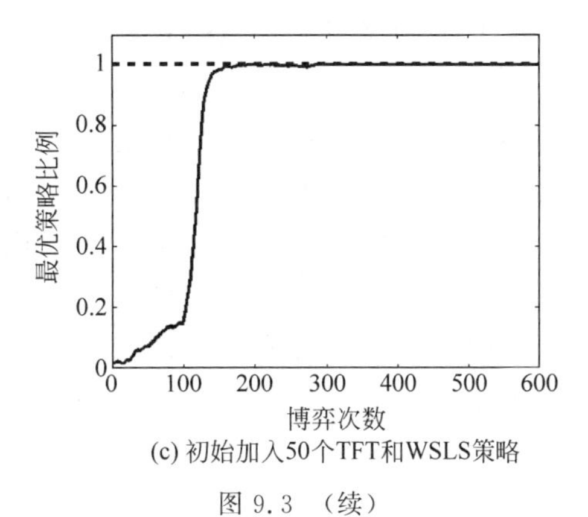

(c) 初始加入50个TFT和WSLS策略

9.3(c)彩图

图 9.3 （续）

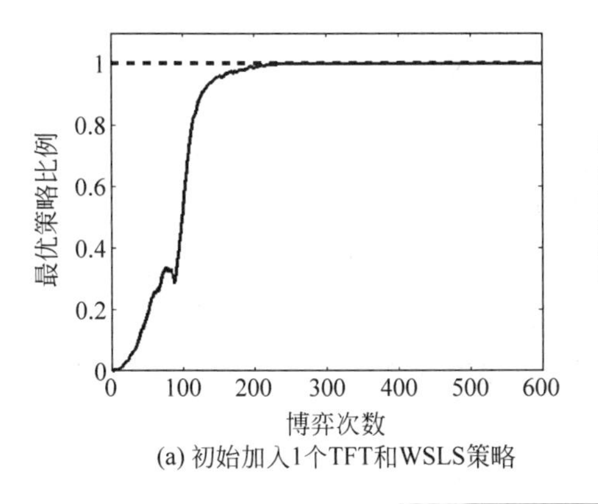

(a) 初始加入1个TFT和WSLS策略

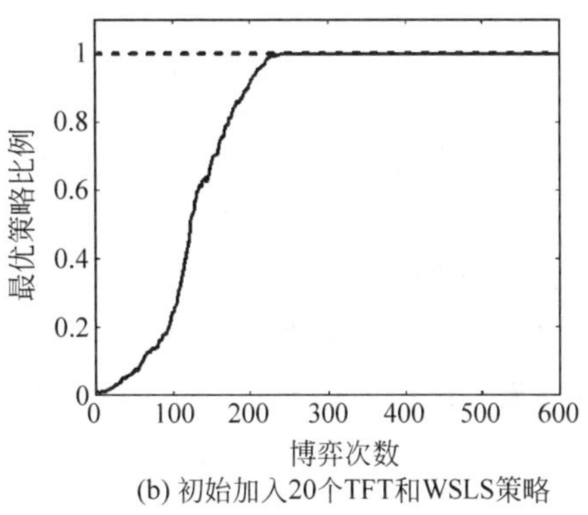

(b) 初始加入20个TFT和WSLS策略

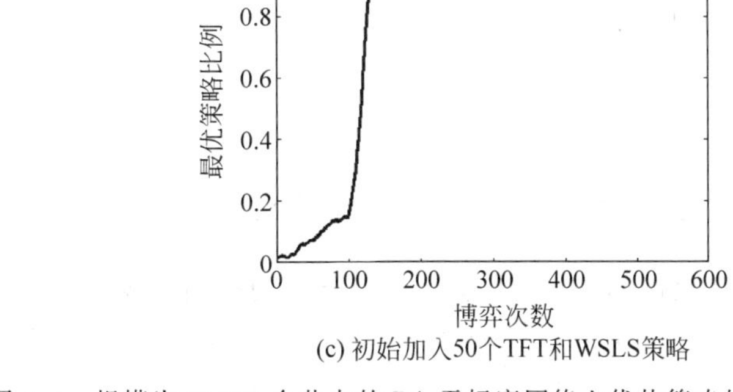

(c) 初始加入50个TFT和WSLS策略

9.4(a)彩图

9.4(b)彩图

9.4(c)彩图

图 9.4　规模为 10 000 个节点的 BA 无标度网络上优势策略的占比变化情况

9.3　基于层次聚类(AGNES)算法的优势策略聚类

9.3.1　AGNES 聚类算法和 PCA 降维算法

即便是在相同的网络结构中，由于网络初始状态下单步记忆策略的随机性以及节点之间连接方式的不同，结构化智能群体的演化方向也会呈现很大的差异性，导致最终传播并占据整个网络的优势策略各不相同。为了将相似的策略分离出来，以便分析它们的共同特征，本章采用层次聚类(agglomerative nesting，AGNES)算法对这些优势策略进行分类和聚类。AGNES是一种自底向上对策略进行聚合的层次聚类算法。

AGNES算法首先将数据集里的每个样本视为一个初始类别，然后在每一步的算法运行中找到距离最短的两个聚类簇，将它们进行合并。不断重复上述过程，直到达到预期的聚类簇个数为止。这里的关键问题是如何计算各个聚类簇之间的距离。事实上，每个聚类簇都是一个样本集合，因此，采用和集合有关的某种距离计算方法即可。比如，给定两个聚类簇 C_i 和 C_j，它们之间的距离通常有以下三种计算方法：

$$d_{\min}(C_i, C_j) = \min_{\boldsymbol{x}\in C_i, \boldsymbol{y}\in C_j} \operatorname{dist}(\boldsymbol{x}, \boldsymbol{y}) \tag{9.1}$$

$$d_{\max}(C_i, C_j) = \max_{\boldsymbol{x}\in C_i, \boldsymbol{y}\in C_j} \operatorname{dist}(\boldsymbol{x}, \boldsymbol{y}) \tag{9.2}$$

$$d_{\text{avg}}(C_i, C_j) = \frac{1}{|C_i||C_j|}\sum_{\boldsymbol{x}\in C_i}\sum_{\boldsymbol{y}\in C_j}(\boldsymbol{x}, \boldsymbol{y}) \tag{9.3}$$

其中，$\boldsymbol{x}$ 和 $\boldsymbol{y}$ 分别代表聚类簇 C_i 和 C_j 中的样本。式(9.1)为最小距离计算法，由两个簇的最近样本决定；式(9.2)为最大距离计算法，由两个簇的最远样本决定；式(9.3)为平均距离计算法，由两个簇的所有样本共同决定。当聚类簇距离分别由 $d_{\min}$，$d_{\max}$，d_{avg} 计算时，AGNES算法相应地被称作“单连接”“全连接”和“均连接”算法。本书采用式(9.3)平均距离计算法，聚类簇中的样本即为各个复杂网络中演化出的优势策略。例如，两个都只包含1个样本的簇 C_1 和 C_2，它们之间的距离用如下公式计算：

$$\operatorname{dist}(C_1, C_2) = \operatorname{dist}(\{\boldsymbol{p}_1\}, \{\boldsymbol{p}_2\}) = \operatorname{dist}(\boldsymbol{p}_1, \boldsymbol{p}_2) \tag{9.4}$$

对于包含2个样本的簇 C_3 和3个样本的簇 C_4，它们之间的距离为

$$\begin{aligned} &\operatorname{dist}(C_3, C_4) \\ &= \operatorname{dist}(\{\boldsymbol{p}_1, \boldsymbol{p}_2\}, \{\boldsymbol{p}_3, \boldsymbol{p}_4, \boldsymbol{p}_5\}) \\ &= \frac{1}{|C_3||C_4|}\sum_{\boldsymbol{x}\in C_3}\sum_{\boldsymbol{y}\in C_4}\operatorname{dist}(\boldsymbol{x}, \boldsymbol{y}) \\ &= \frac{\operatorname{dist}(\boldsymbol{p}_1, \boldsymbol{p}_3) + \operatorname{dist}(\boldsymbol{p}_2, \boldsymbol{p}_3) + \operatorname{dist}(\boldsymbol{p}_1, \boldsymbol{p}_4) + \operatorname{dist}(\boldsymbol{p}_2, \boldsymbol{p}_4) + \operatorname{dist}(\boldsymbol{p}_1, \boldsymbol{p}_5) + \operatorname{dist}(\boldsymbol{p}_2, \boldsymbol{p}_5)}{6} \end{aligned} \tag{9.5}$$

图9.5给出了一个可视化样例，描述了包含8个样本的初始数据集在AGNES算法作用下进行聚类的可视化过程。最初，每个样本被看作一个初始聚类簇。随后，距离最近的两个簇合并为一个簇。经过算法的三轮迭代，原始数据集中的样本被聚成了5个簇。每个子

9.5 彩图

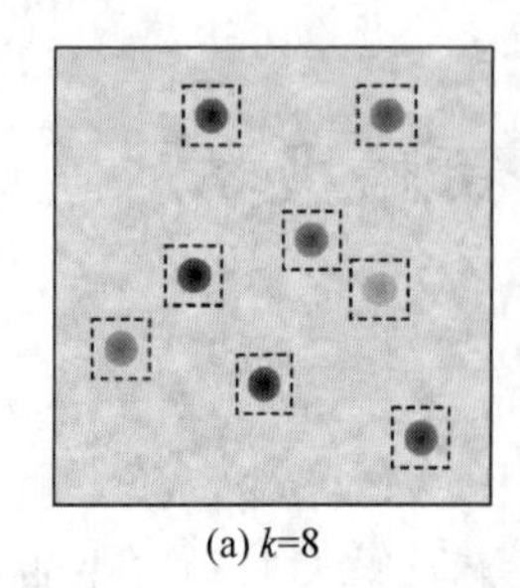

(a) k=8

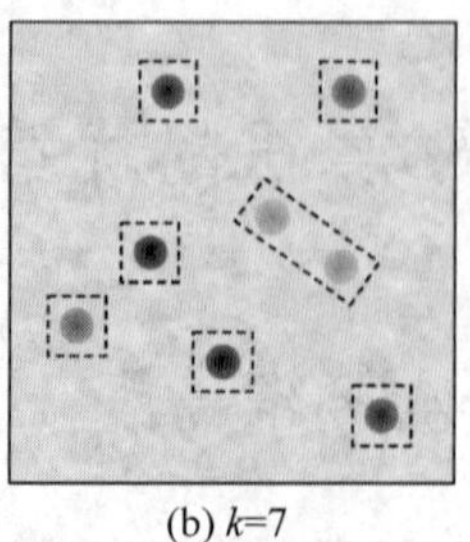

(b) k=7

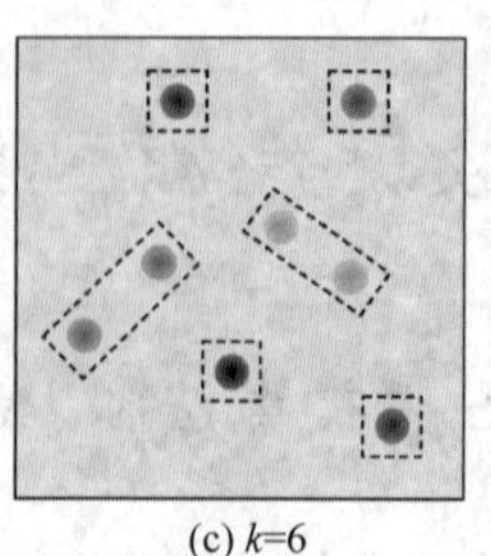

(c) k=6

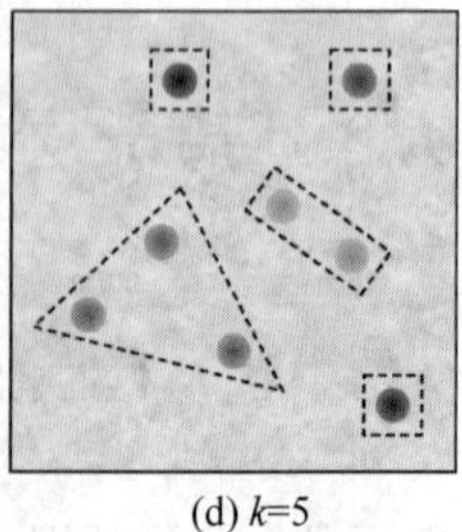

(d) k=5

图9.5　数据集在AGNES算法作用下的聚类过程

图分别表示数据集在每一轮算法作用下的聚类结果，k 表示聚类簇数量。每一个彩色点代表数据集中的一个样本，同一个虚线框中的样本归属于同一个聚类簇，红色虚线框中的彩色点表示在该轮迭代中被聚合到同一个聚类簇的样本。

复杂网络上演化出的优势策略都是可以用概率四元组(p_1,p_2,p_3,p_4)表示的单步记忆策略，即一个四维数据。不同于合作和背叛这类确定性的策略，单步记忆策略 $\boldsymbol{p}=(p_1,p_2,p_3,p_4)$中的每一项都是一个可以在[0,1]范围内变化的变量，这样的多样性造成了分析和统计上的困难。机器学习中的数据降维算法为这一难题提供了潜在的可行性方法，它通过去除高维数据中的噪声和不重要的信息，保留数据中最关键的特征，从而降低了后续统计分析工作的复杂性。

为了能够可视化地展示聚类结果，本书采用一种经典的数据降维算法——主成分分析(principal component analysis，PCA)方法，将复杂网络中演化出的优势策略的策略值从四维降至三维，从而更直观地在三维空间上对这些策略进行展示和描述。PCA 降维算法的流程如下：假定有一个维数为 d 的数据集 $D=\{x_1,x_2,\cdots,x_m\}$，需要将其维数降低至 d'。在运用 PCA 方法进行降维的过程中，首先要对所有样本进行中心化：

$$\boldsymbol{x}'_i \leftarrow \boldsymbol{x}_i - \frac{1}{m}\sum_{i=1}^{m}\boldsymbol{x}_i \tag{9.6}$$

随后，计算样本的协方差矩阵 $\boldsymbol{XX}^{\mathrm{T}}$ 并对其进行特征值分解，最后，取最大的 d'个特征值所对应的特征向量 $w_1,w_2,\cdots,w_{d'}$ 并输出投影矩阵 $\boldsymbol{W}^*=(w_1,w_2,\cdots,w_{d'})$。

9.3.2 不同复杂网络上的优势策略聚类结果

按照 9.2 节的实验设置进行博弈仿真，分别得到度为 4 的 Lattice 网络、RR 网络、BA 无标度网络上演化出的 1000 个优势策略。为了确保结论的广泛性和可适用性，在度为 8 的 Lattice 网络和 ER 随机网络上进行了补充实验，并分别得到这两种网络上的 100 个优势策略。用 AGNES 聚类算法对各个复杂网络演化出的优势策略进行聚类，并通过 PCA 降维算法将优势策略从四维降到三维进而在三维空间上进行展示。

图 9.6～图 9.10 分别展示了度为 4 的 Lattice 网络、RR 网络、BA 无标度网络，度为 8 的 Lattice 网络、ER 网络上优势策略的聚类结果。不同颜色的小实点代表归属于不同聚类簇的优势策略点；带有透明度的不同颜色的圆圈代表不同的聚类簇，其形状大小代表该聚类簇的规模(簇中含有优势策略的个数多少)，上面黑色的×表示该聚类簇的中心点。

图 9.6 所示结果是在度为 4 的 Lattice 网络上获得的，具体描述的是优势策略的聚类可视化图。在初始分别加入 1 个、20 个、50 个 TFT 和 WSLS 策略的网络上，最终各自演化出的 1000 个优势策略分别聚成了 3 类、5 类、3 类。

图 9.7 是度为 4 的 RR 网络上优势策略的聚类可视化图。在初始分别加入 1 个、20 个、50 个 TFT 和 WSLS 策略的网络上，最终各自演化出的 1000 个优势策略都聚成了 5 类。

图 9.8 是度为 4 的 BA 无标度网络上优势策略的聚类可视化图。结果显示，在初始分别加入 1 个、20 个、50 个 TFT 和 WSLS 策略的网络上，最终各自演化出的 1000 个优势策略分别聚成了 3 类、4 类、4 类。

9.6(a)彩图

9.6(b)彩图

9.6(c)彩图

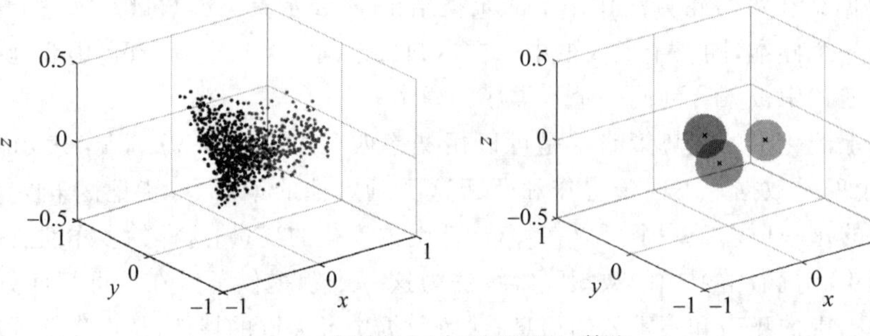

(a) 初始加入1个TFT和WSLS策略

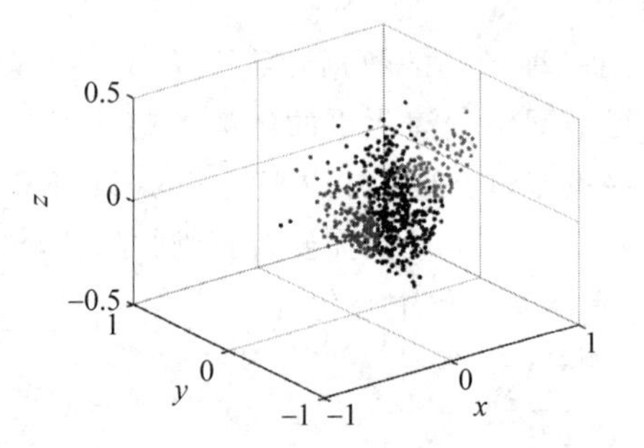

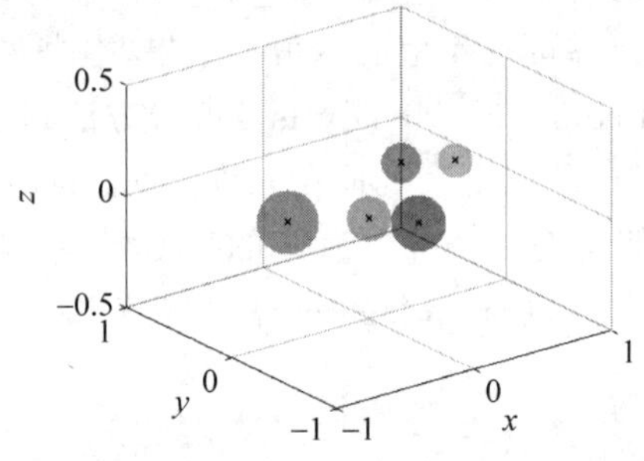

(b) 初始加入20个TFT和WSLS策略

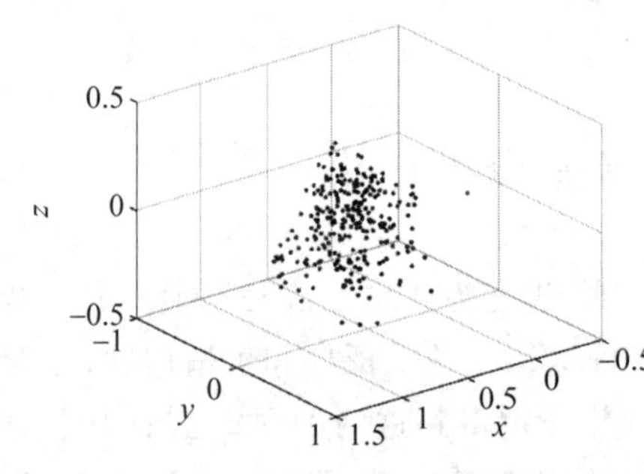

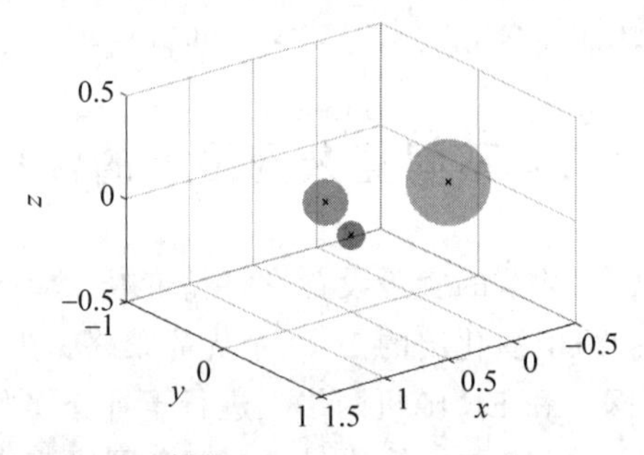

(c) 初始加入50个TFT和WSLS策略

图 9.6 在度为 4 的 Lattice 网络上 1000 个优势策略聚类结果的降维可视化图

9.7(a)彩图

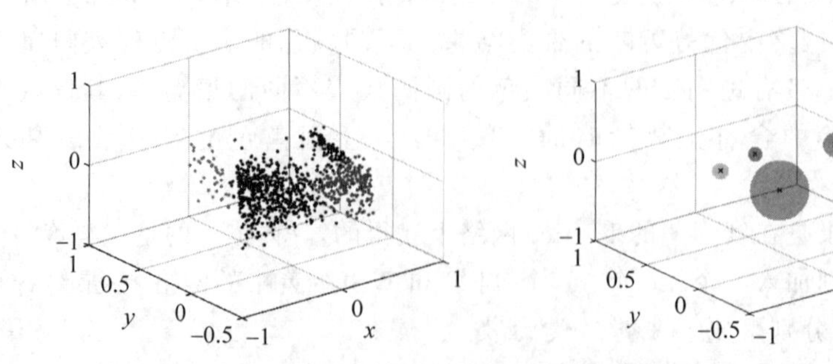

(a) 初始加入1个TFT和WSLS策略

图 9.7 RR 网络上 1000 个优势策略聚类结果的降维可视化图

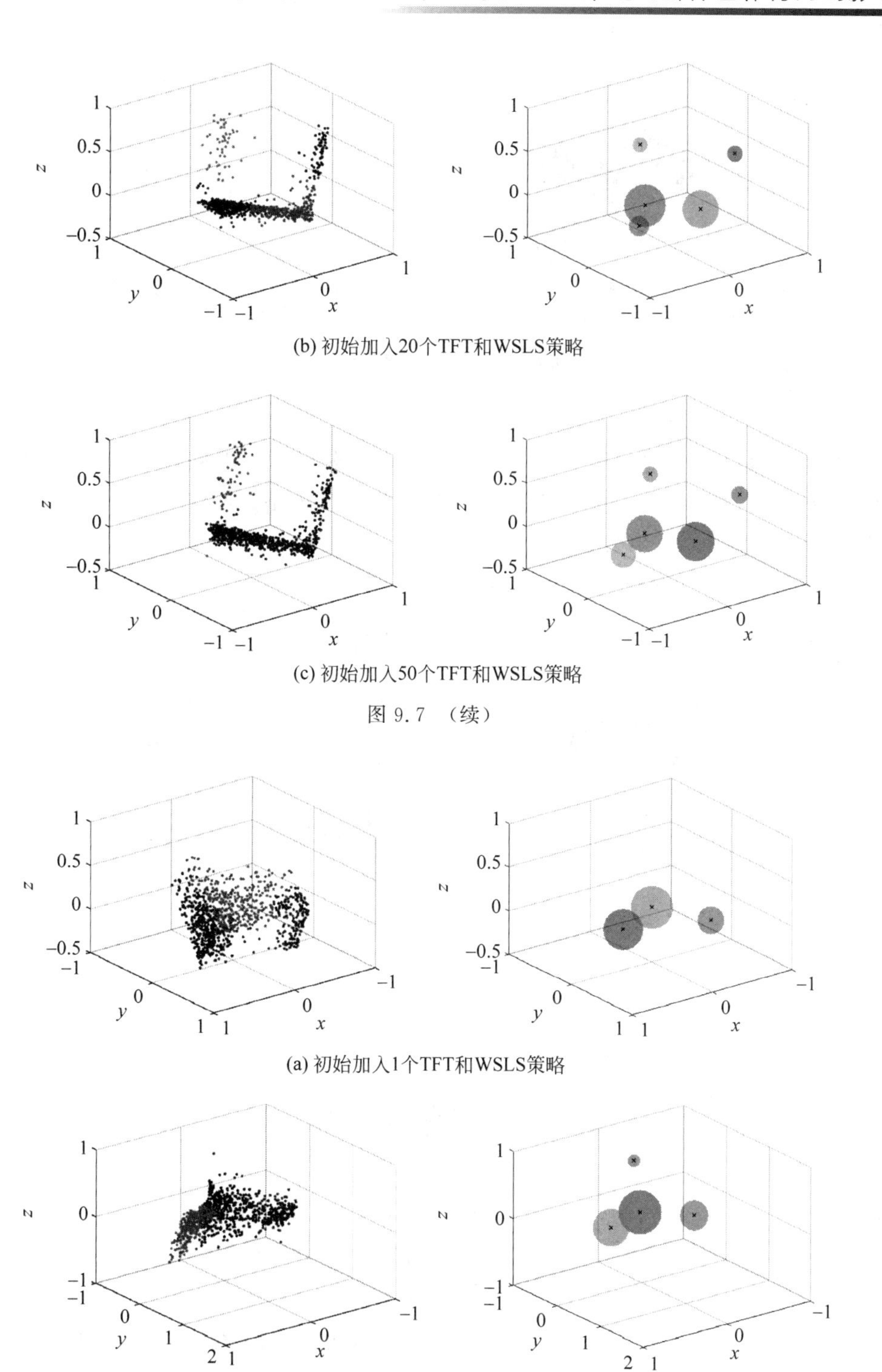

(b) 初始加入20个TFT和WSLS策略

(c) 初始加入50个TFT和WSLS策略

图 9.7 （续）

(a) 初始加入1个TFT和WSLS策略

(b) 初始加入20个TFT和WSLS策略

图 9.8 BA 无标度网络上 1000 个优势策略聚类结果的降维可视化图

9.7(b)彩图

9.7(c)彩图

9.8(a)彩图

9.8(b)彩图

9.8(c)彩图

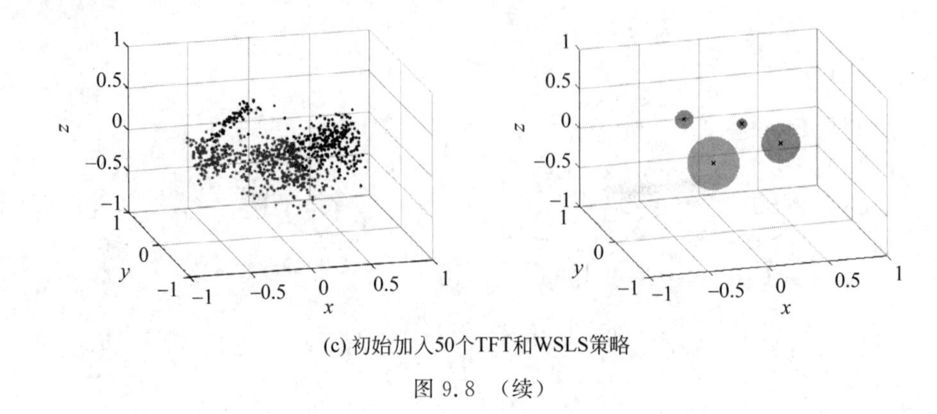

(c) 初始加入50个TFT和WSLS策略

图 9.8 (续)

图 9.9 描述的是度为 8 的 Lattice 网络上优势策略的聚类可视化图。和前面的思路类似，在初始时分别加入 1 个、20 个、50 个 TFT 和 WSLS 策略的网络上，最终各自演化出的 100 个优势策略都聚成了 4 类。

9.9(a)彩图

9.9(b)彩图

9.9(c)彩图

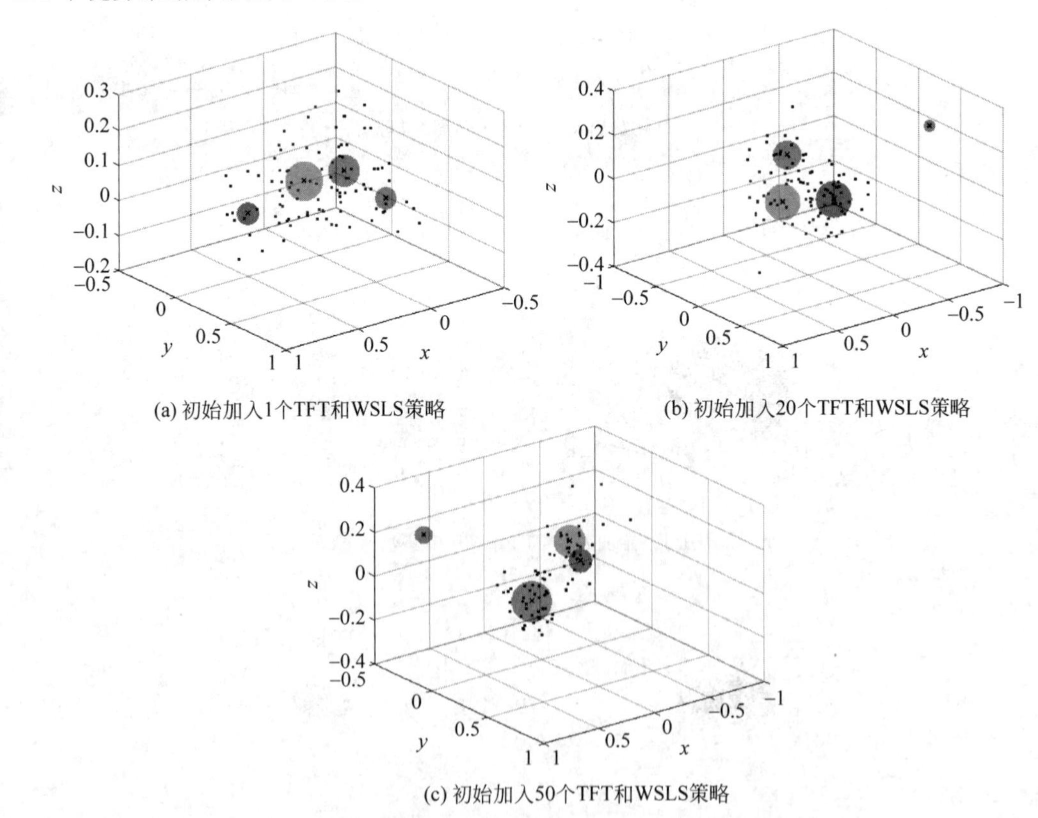

(a) 初始加入1个TFT和WSLS策略

(b) 初始加入20个TFT和WSLS策略

(c) 初始加入50个TFT和WSLS策略

图 9.9 度为 8 的 Lattice 网络上 100 个优势策略聚类结果的降维可视化图

图 9.10 是度为 4 的 ER 随机网络上优势策略的聚类可视化图。和前面的思路类似，也是在初始时分别加入 1 个、20 个、50 个 TFT 和 WSLS 策略的网络上的聚类结果。只是这种情形下，策略最终各自演化出的 100 个优势策略都聚成了 4 类。

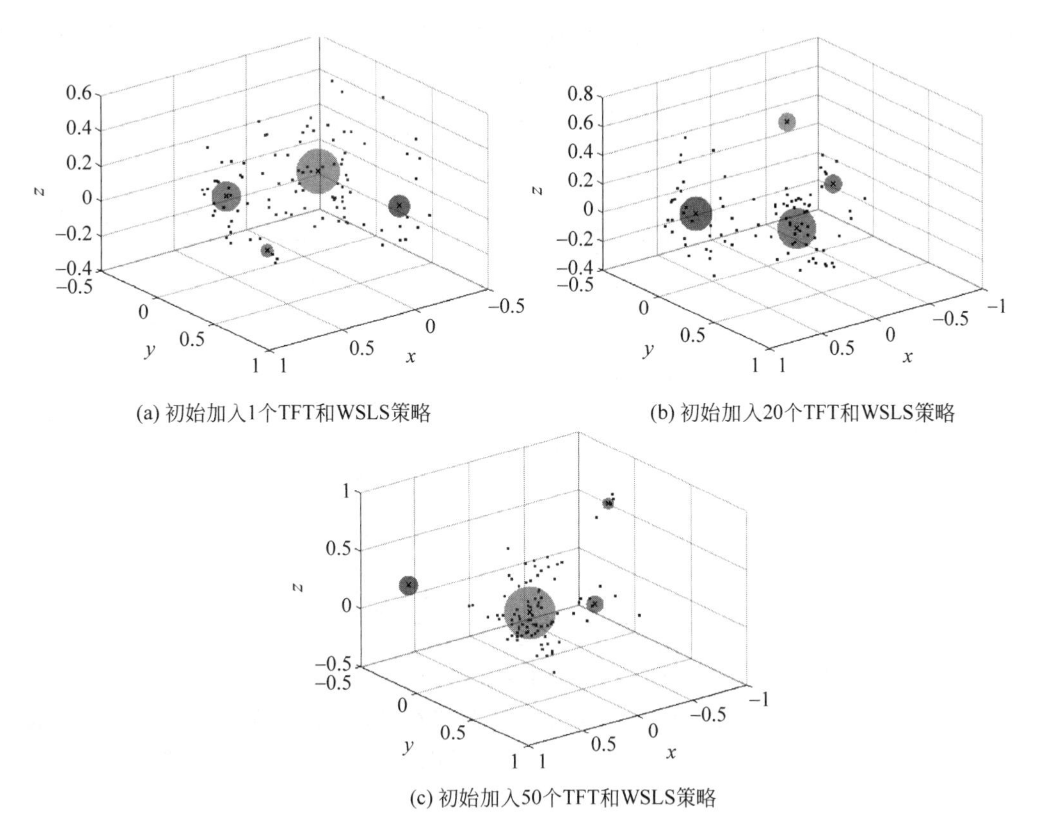

(a) 初始加入1个TFT和WSLS策略

(b) 初始加入20个TFT和WSLS策略

(c) 初始加入50个TFT和WSLS策略

9.10(a)彩图

9.10(b)彩图

9.10(c)彩图

图 9.10　分布在 ER 随机网络上 100 个优势策略聚类结果的降维可视化图

9.4　不同网络结构下的“自己差，对手更差”策略分析

通过对不同复杂网络上演化出的优势策略进行聚类并分析，发现无论结构化智能群体的拓扑结构和初始状态如何变化，网络总是会演化出一类特殊的策略簇，这种策略的特点是，它自身会在博弈中获取一个较低的收益，但它可以控制它的对手收益比它更低，当这种策略在网络中逐渐被越来越多的智能个体学习并模仿，并最终占据整个网络时，整个群体的平均收益将呈现出一个很低的水平。本章将这种策略取名为“自己差，对手更差”(self-bad，opponent-worse，SBPW)策略，可以将其理解为汉语中的“损人不利己”“伤敌一千自损八百”的行为。不同网络结构中的 SBPW 策略会呈现出各自不同的特点。

表 9.1～表 9.15 描述了度为 4 的 Lattice 网络、RR 网络、BA 无标度网络，度为 8 的 Lattice 网络、ER 随机网络中初始加入 1 个、20 个、50 个 TFT 和 WSLS 策略的情况下，当系统达到均衡状态时演化出的优势策略的聚类情况，具体包括策略簇的中心点、每个簇的规模大小、每个策略簇与自身和其他策略簇博弈后的期望收益。

表 9.1 描述的是度为 4 的 Lattice 网络上，初始分别加入 1 个 TFT 和 WSLS 策略时，演化出的 1000 个优势策略的聚类情况。结果显示，1000 个优势策略在 AGNES 聚类算法的作用下聚成了 3 个策略簇，其中，C3 是 SBPW 策略簇。由结果可以观察到，相比于 C1 和 C2

策略簇，C3 策略簇进行自我博弈时的期望收益是最低的。这种情形产生的原因与 SBPW 策略在网络中占优时会拉低群体整体收益有关。同时，C3 在与 C1 和 C2 博弈时，其期望收益总是高于其他两个策略簇，这对应于 SBPW 策略总是能控制其对手收益比自身低的特点。

表 9.1 Lattice 网络(度为 4)初始加入 1 个 TFT 和 WSLS 策略的 1000 个优势策略的聚类结果

3 个优势策略聚类簇		
策略簇中心点	簇中包含的策略个数	与自己博弈的期望收益
C1=[0.9982 0.0893 0.1678 0.3860]	390	2.9483
C2=[0.9983 0.2001 0.6364 0.1787]	286	2.9521
C3=[0.9991 0.4093 0.1880 0.1582]	324	2.9445

各个簇之间相互博弈的期望收益			
	C1	C2	C3
C1	2.9483	2.9316	2.9286
C2	2.9225	2.9521	2.9496
C3	2.9385	2.9555	2.9445

表 9.2 给出的结果是度为 4 的 Lattice 网络上，初始分别加入 20 个 TFT 和 WSLS 策略时的聚类结果。结果显示，演化出的 1000 个优势策略在 AGNES 聚类算法的作用下聚成了 5 个策略簇，其中，C3 是 SBPW 策略簇。分析收益可以看出，相比于其他策略簇，C3 策略簇进行自我博弈时的期望收益是最低的，且在与其他策略簇博弈时，C3 总是能控制其对手收益比自身更低。

表 9.2 Lattice 网络(度为 4)初始加入 20 个 TFT 和 WSLS 策略的 1000 个优势策略的聚类结果

5 个优势策略聚类簇		
策略簇中心点	簇中包含的策略个数	与自己博弈的期望收益
C1=[1.0000 0.0000 0.0002 0.9998]	330	3
C2=[0.9985 0.0956 0.2005 0.4484]	170	2.9670
C3=[0.9995 0.2010 0.1535 0.1807]	261	2.9544
C4=[0.9988 0.1974 0.6596 0.1557]	136	2.9635
C5=[0.9994 0.5200 0.2335 0.0919]	103	2.9606

各个簇之间相互博弈的期望收益					
	C1	C2	C3	C4	C5
C1	3	2.9849	2.9873	2.9747	2.9741
C2	2.9978	2.9670	2.9446	2.9493	2.9400
C3	2.9984	2.9630	2.9544	2.9534	2.9513
C4	2.9814	2.9465	2.9443	2.9635	2.9641
C5	2.9906	2.9536	2.9503	2.9678	2.9606

表 9.3 提供的结果是在度为 4 的 Lattice 网络上，初始分别加入 50 个 TFT 和 WSLS 策略时，系统最终演化出的 1000 个优势策略的聚类情况。从结果可以看到，这 1000 个优势策略在 AGNES 聚类算法的作用下聚成了 3 个策略簇，其中，C1 是 SBPW 策略簇。和前面的分析思路类似，这也与收益紧密相关。相比于其他策略簇，C1 策略簇进行自我

博弈时的期望收益是最低的，且在与其他策略簇博弈时，C1 总是能控制其对手收益比自身更低。

表 9.3 Lattice 网络(度为 4)初始加入 50 个 TFT 和 WSLS 策略的 1000 个优势策略的聚类结果

3 个优势策略聚类簇			
策略簇中心点		簇中包含的策略个数	与自己博弈的期望收益
C1=[0.9996 0.2700 0.1856 0.1932]		207	2.9730
C2=[1.0000 0.0000 0.0000 1.0000]		711	3
C3=[0.9994 0.1490 0.5999 0.1906]		82	2.9767
各个簇之间相互博弈的期望收益			
	C1	C2	C3
C1	2.9730	2.9984	2.9779
C2	2.9907	3	2.9888
C3	2.9746	2.9934	2.9767

表 9.4 所列的数据是 RR 网络初始加入 1 个 TFT 和 WSLS 策略时，系统演化出的 1000 个优势策略的聚类情况。由给出的结果可以清晰地看到，1000 个优势策略在 AGNES 聚类算法的作用下聚成了 5 个策略簇，其中，C5 是 SBPW 策略簇。从收益的角度来分析，相比于其他策略簇，C5 策略簇进行自我博弈时的期望收益是最低的，且在与其他策略簇博弈时，C5 总是能控制其对手收益比自身更低。

表 9.4 RR 网络初始加入 1 个 TFT 和 WSLS 策略的 1000 个优势策略的聚类结果

5 个优势策略聚类簇					
策略簇中心点			簇中包含的策略个数		与自己博弈的期望收益
C1=[0.9894 0.2748 0.2500 0.1814]			588		2.5520
C2=[0.9435 0.1864 0.8495 0.1283]			235		2.4887
C3=[0.9959 0.0710 0.0823 0.7073]			36		2.9604
C4=[0.3290 0.0639 0.9488 0.1146]			96		2.1370
C5=[0.3777 0.2476 0.0620 0.0064]			45		1.0271
各个簇之间相互博弈的期望收益					
	C1	C2	C3	C4	C5
C1	2.5520	2.3784	2.8718	1.7644	0.8816
C2	2.3216	2.4887	2.4475	2.0537	0.9215
C3	2.7137	2.4644	2.9604	1.9971	0.7289
C4	1.7768	2.2825	2.0270	2.1370	0.9456
C5	1.7989	1.5802	2.6493	1.4599	1.0271

表 9.5 所呈现的数据是在 RR 网络初始加入 20 个 TFT 和 WSLS 策略后，演化出的 1000 个优势策略的聚类情况。从结果可见，1000 个优势策略在 AGNES 聚类算法的作用下聚成了 5 个策略簇，其中，C5 是 SBPW 策略簇。从收益的角度来分析，相比于其他策略簇，C5 策略簇进行自我博弈时的期望收益是最低的。而且，在与其他策略簇博弈时，C5 总是能控制其对手收益比自身更低。

表 9.5 RR 网络初始加入 20 个 TFT 和 WSLS 策略的 1000 个优势策略的聚类结果

5 个优势策略聚类簇		
策略簇中心点	簇中包含的策略个数	与自己博弈的期望收益
C1=[0.9996 0.0068 0.0061 0.9859]	101	2.9979
C2=[0.9619 0.1838 0.7423 0.1649]	340	2.4956
C3=[0.3076 0.0491 0.9608 0.1207]	65	2.2033
C4=[0.9912 0.2830 0.1871 0.1933]	437	2.5850
C5=[0.3852 0.3055 0.0499 0.0072]	57	1.0324

各个簇之间相互博弈的期望收益					
	C1	C2	C3	C4	C5
C1	2.9979	2.5630	2.0614	2.8093	0.6700
C2	2.6267	2.4956	2.0121	2.4120	0.8959
C3	2.0535	2.1708	2.2033	1.7594	0.9431
C4	2.9638	2.4749	1.7587	2.5850	0.8694
C5	2.8910	1.7003	1.4720	1.8419	1.0324

表 9.6 所总结的数据是在 RR 网络初始加入 50 个 TFT 和 WSLS 策略时，演化出的 1000 个优势策略的聚类情况。结果显示，这 1000 个优势策略在 AGNES 聚类算法的作用下聚成了 5 个策略簇，其中，C2 是 SBPW 策略簇。从收益的角度进行分析，与其他策略簇相比，C2 策略簇进行自我博弈时的期望收益是最低的。并且，在与其他策略簇博弈时，C2 总是能控制其对手收益比自身更低。

表 9.6 RR 网络初始加入 50 个 TFT 和 WSLS 策略的 1000 个优势策略的聚类结果

5 个优势策略聚类簇		
策略簇中心点	簇中包含的策略个数	与自己博弈的期望收益
C1=[0.9923 0.2323 0.1470 0.2390]	333	2.6584
C2=[0.3991 0.3170 0.0554 0.0091]	59	1.0417
C3=[0.9655 0.2333 0.6685 0.1512]	372	2.4834
C4=[0.3612 0.0606 0.9553 0.0950]	75	2.1227
C5=[1.0000 0.0000 0.0000 1.0000]	161	3.0000

各个簇之间相互博弈的期望收益					
	C1	C2	C3	C4	C5
C1	2.6584	0.8677	2.4668	1.7527	2.9827
C2	1.9309	1.0417	1.6907	1.3952	2.8839
C3	2.4238	0.9110	2.4834	1.9089	2.6394
C4	1.7775	0.9703	2.0960	2.1227	2.0363
C5	2.8611	0.6922	2.5512	2.0630	3.0000

表 9.7 给出的结果是在 BA 无标度网络上获得的。初始时加入 1 个 TFT 和 WSLS 策略，最终演化出的 1000 个优势策略的聚类情况。从结果可以看到，这 1000 个优势策略在 AGNES 聚类算法的作用下聚成了 3 个策略簇，其中，C3 是 SBPW 策略簇。C3 策略簇进行自我博弈时的期望收益是最低的，同时 C3 总是能控制其博弈对手收益比自身更低。

表 9.7 BA 无标度网络初始加入 1 个 TFT 和 WSLS 策略的 1000 个优势策略的聚类结果

3 个优势策略聚类簇		
策略簇中心点	簇中包含的策略个数	与自己博弈的期望收益
C1=[0.6548 0.1047 0.9019 0.1014]	183	2.0636
C2=[0.9842 0.2592 0.2734 0.1619]	430	2.3740
C3=[0.4078 0.2854 0.0835 0.0172]	387	1.0762

各个簇之间相互博弈的期望收益			
	C1	C2	C3
C1	2.0636	1.8120	1.0044
C2	1.8167	2.3740	0.9608
C3	1.4628	1.7198	1.0762

表 9.8 是在 BA 无标度网络上获得的数据。类似地，通过初始时加入 20 个 TFT 和 WSLS 策略，系统演化出 1000 个优势策略，并形成了聚类。具体地，这 1000 个优势策略在 AGNES 聚类算法作用下聚成了 4 个策略簇，其中，C2 是 SBPW 策略簇。数据显示，C2 策略簇进行自我博弈时的期望收益是最低的，并且它也能控制其对手收益比自身更低。

表 9.8 BA 无标度网络初始加入 20 个 TFT 和 WSLS 策略的 1000 个优势策略的聚类结果

4 个优势策略聚类簇		
策略簇中心点	簇中包含的策略个数	与自己博弈的期望收益
C1=[0.7539 0.1463 0.8700 0.1177]	205	2.1195
C2=[0.3971 0.2731 0.0788 0.0171]	325	1.0741
C3=[0.9758 0.2601 0.2123 0.1320]	434	2.0278
C4=[0.9974 0.0308 0.0419 0.9219]	36	2.9847

各个簇之间相互博弈的期望收益				
	C1	C2	C3	C4
C1	2.1195	0.9851	1.7167	2.1623
C2	1.5406	1.0741	1.6023	2.8127
C3	1.8551	0.9762	2.0278	2.8640
C4	2.1522	0.7658	2.4023	2.9847

进一步，表 9.9 是 BA 无标度网络初始加入 50 个 TFT 和 WSLS 策略时，演化出的 1000 个优势策略的聚类情况。结果显示，这 1000 个优势策略在 AGNES 聚类算法的作用下聚成了 4 个策略簇，其中，C1 是 SBPW 策略簇。与其他策略簇相比，C1 策略簇进行自我博弈时的期望收益是最低的。而且，它也能在与其他策略簇博弈时，控制其对手收益比自身更低。

表 9.10 选择的是度为 8 的 Lattice 网络。通过初始时加入 1 个 TFT 和 WSLS 策略，观察演化出的 100 个优势策略的聚类情况。结果显示，这 100 个优势策略在 AGNES 聚类算法作用下聚成了 4 个策略簇，其中，C4 是 SBPW 策略簇。C4 策略簇进行自我博弈时的期望收益是最低的，而且在与其他策略簇博弈时，它也能控制其对手获得更低的收益。

表 9.9 BA 无标度网络初始加入 50 个 TFT 和 WSLS 策略的 1000 个优势策略的聚类结果

4 个优势策略聚类簇		
策略簇中心点	簇中包含的策略个数	与自己博弈的期望收益
C1=[0.3842 0.2574 0.0813 0.0188]	318	1.0795
C2=[0.9653 0.2501 0.4027 0.1505]	581	2.1935
C3=[0.9973 0.0198 0.0019 0.9795]	25	2.9860
C4=[0.3297 0.0613 0.9421 0.1070]	76	2.0978

各个簇之间相互博弈的期望收益				
	C1	C2	C3	C4
C1	1.0795	1.6879	2.8484	1.4568
C2	0.9650	2.1935	2.7553	1.7703
C3	0.7648	2.4193	2.9860	2.0452
C4	1.0079	1.7982	2.0670	2.0978

表 9.10 Lattice 网络(度为 8)初始加入 1 个 TFT 和 WSLS 策略的 100 个优势策略的聚类结果

4 个优势策略聚类簇		
策略簇中心点	簇中包含的策略个数	与自己博弈的期望收益
C1=[0.9970 0.1447 0.1040 0.2964]	29	2.8704
C2=[0.9962 0.2040 0.4680 0.1484]	43	2.8172
C3=[0.9934 0.1859 0.8637 0.1156]	14	2.8930
C4=[0.9977 0.5714 0.1995 0.0675]	14	2.8144

各个簇之间相互博弈的期望收益				
	C1	C2	C3	C4
C1	2.8704	2.8136	2.8035	2.7588
C2	2.8175	2.8172	2.8411	2.8315
C3	2.7636	2.8180	2.8930	2.8401
C4	2.7955	2.8467	2.8562	2.8144

表 9.11 的数据来源于度为 8 的 Lattice 网络。通过初始时加入 20 个 TFT 和 WSLS 策略,观察演化出的 100 个优势策略的聚类情况。结果显示,这 100 个优势策略在 AGNES 聚类算法的作用下聚成了 4 个策略簇,其中,C1 是 SBPW 策略簇。类似地,也可以观察到 C1 策略簇的收益优势,也就是它在进行自我博弈时的期望收益是最低的,并且能控制对手获得更低的收益。

表 9.11 Lattice 网络(度为 8)初始加入 20 个 TFT 和 WSLS 策略的 100 个优势策略的聚类结果

4 个优势策略聚类簇		
策略簇中心点	簇中包含的策略个数	与自己博弈的期望收益
C1=[0.9969 0.5036 0.3007 0.0750]	23	2.7232
C2=[0.9920 0.1812 0.6928 0.1544]	36	2.7953
C3=[0.9973 0.1579 0.1551 0.2146]	37	2.8188
C4=[1.0000 0.0000 0.0000 1.0000]	4	3.0000

续表

各个簇之间相互博弈的期望收益				
	C1	C2	C3	C4
C1	2.7232	2.8263	2.7791	2.9322
C2	2.8107	2.7953	2.7151	2.8854
C3	2.7735	2.7560	2.8188	2.9932
C4	2.8586	2.8506	2.9433	3.0000

表 9.12 的结果是在度为 8 的 Lattice 网络上获得的。初始时分别加入 50 个 TFT 和 WSLS 策略，演化出的 100 个优势策略在 AGNES 聚类算法的作用下聚成了 4 个策略簇，其中，C3 是 SBPW 策略簇。和其他策略簇相比，C3 策略簇进行自我博弈时的期望收益最低，而且能控制其对手获得更低的收益。

表 9.12 Lattice 网络(度为 8)初始加入 50 个 TFT 和 WSLS 策略的 100 个优势策略的聚类结果

4 个优势策略聚类簇				
策略簇中心点		簇中包含的策略个数	与自己博弈的期望收益	
C1=[0.9970 0.1049 0.1609 0.2427]		46	2.8243	
C2=[0.9950 0.2858 0.6590 0.0960]		29	2.8588	
C3=[0.9976 0.4804 0.1369 0.1307]		16	2.8194	
C4=[1.0000 0.0000 0.0000 1.0000]		9	3.0000	
各个簇之间相互博弈的期望收益				
	C1	C2	C3	C4
C1	2.8243	2.7663	2.8112	2.9935
C2	2.7364	2.8588	2.8535	2.8749
C3	2.8144	2.8583	2.8194	2.9861
C4	2.9441	2.8574	2.9211	3.0000

表 9.13 汇总的是在 ER 随机网络上初始加入 1 个 TFT 和 WSLS 策略，系统演化出的 100 个优势策略的聚类情况。结果显示，100 个优势策略在 AGNES 聚类算法的作用下聚成了 4 个策略簇，其中，C3 是 SBPW 策略簇。C3 策略簇与自己博弈的期望收益最低，并且总能控制其对手收益比它低。

表 9.13 ER 随机网络初始加入 1 个 TFT 和 WSLS 策略的 100 个优势策略的聚类结果

4 个优势策略聚类簇		
策略簇中心点	簇中包含的策略个数	与自己博弈的期望收益
C1=[0.9028 0.1759 0.8296 0.1332]	26	2.3067
C2=[0.9867 0.2891 0.2263 0.1551]	55	2.3919
C3=[0.3197 0.2311 0.0819 0.0102]	14	1.0426
C4=[0.1812 0.0550 0.9472 0.0980]	5	2.0521

续表

各个簇之间相互博弈的期望收益				
	C1	C2	C3	C4
C1	2.3067	2.0864	0.9426	1.9810
C2	2.1701	2.3919	0.9244	1.6698
C3	1.6017	1.7140	1.0426	1.4074
C4	2.1873	1.6877	0.9784	2.0521

表 9.14 是 ER 随机网络初始加入 20 个 TFT 和 WSLS 策略时，演化出的 100 个优势策略的聚类情况。100 个优势策略在 AGNES 聚类算法的作用下聚成了 4 个策略簇，其中，C4 是 SBPW 策略簇，它获取的自我博弈期望收益最高，同时 也能控制其对手博弈的收益。

表 9.14 ER 随机网络初始加入 20 个 TFT 和 WSLS 策略的 100 个优势策略的聚类结果

4 个优势策略聚类簇		
策略簇中心点	簇中包含的策略个数	与自己博弈的期望收益
C1=[0.9819 0.2974 0.1467 0.1639]	47	2.2130
C2=[1.0000 0.0000 0.0000 1.0000]	10	3.0000
C3=[0.8048 0.1672 0.8521 0.1159]	33	2.1402
C4=[0.2579 0.3308 0.0553 0.0098]	10	1.0454

各个簇之间相互博弈的期望收益				
	C1	C2	C3	C4
C1	2.2130	2.9444	1.9365	0.9035
C2	2.5932	3.0000	2.1834	0.6932
C3	1.8547	2.1513	2.1402	0.9428
C4	1.7441	2.8817	1.5245	1.0454

表 9.15 的结果是在 ER 随机网络上获得的。通过初始加入 50 个 TFT 和 WSLS 策略，观察演化出的 100 个优势策略的聚类情况。如表所示，100 个优势策略在 AGNES 聚类算法的作用下聚成了 4 个策略簇，其中，C4 是 SBPW 策略簇。和前面的分析类似，C4 策略簇进行自我博弈时的期望收益最低，且在与其他策略簇博弈时，C4 总是能控制其对手收益比自身更低。

表 9.15 ER 随机网络初始加入 50 个 TFT 和 WSLS 策略的 100 个优势策略的聚类结果

4 个优势策略聚类簇		
策略簇中心点	簇中包含的策略个数	与自己博弈的期望收益
C1=[0.1228 0.0370 0.9605 0.0863]	4	2.0869
C2=[0.9742 0.2340 0.4036 0.1459]	76	2.2601
C3=[1.0000 0.0000 0.0000 1.0000]	11	3.0000
C4=[0.3380 0.1877 0.0274 0.0221]	9	1.0796

续表

各个簇之间相互博弈的期望收益				
	C1	C2	C3	C4
C1	2.0869	1.7435	2.0335	1.0055
C2	1.6971	2.2601	2.8068	0.9356
C3	2.0293	2.5177	3.0000	0.6138
C4	1.3706	1.6525	2.9510	1.0796

9.5 本章小结

近年来，能够记住之前回合交互结果的博弈策略引起了众多学者的关注。这种策略可以帮助博弈参与者基于其对手过去的策略来决定接下来回合的策略选择，从而优化自己的策略并实现收益最大化。这种可以参考过去博弈结果的带有记忆能力的策略也更接近现实中的生物和社会系统。TFT 和 WSLS 是两个经典的单步记忆策略，它们在过去的很多研究中已经被证明是具有很强竞争能力和生存优势的策略。本章研究了范围更广的随机单步记忆策略，探究什么样的策略能够在博弈中获胜并最终占据整个网络化智能群体。

为了反映社会系统更加真实的演化过程，本章构建了不同类型的复杂网络来模拟不同的网络化智能群体结构，并在初始网络中加入不同数量的经典策略来模拟群体状态的多样性。通过将各种复杂网络中演化出的优势策略进行聚类，发现了一种可以单方面控制对手收益比自身低的特殊策略，同时这种策略自身也只能获得一个较低的收益，本章将其命名为“self-bad，opponent-worse”策略（SBPW 策略）。这种策略会拉低整个群体的收益并最终导致合作困境。

第 10 章

CHAPTER 10

“自己差，对手更差”策略的适应度和稳定性研究

10.1 引言

第 9 章的研究表明，网络化智能群体会演化出一种“自己差，对手更差”(SBPW)策略。与根据对手的策略动态调整自身策略的两种经典的单步记忆策略(TFT 策略和 WSLS 策略)不同，SBPW 策略可以无视对手的策略而单方面控制对手的收益比自身低。为进一步探究 SBPW 策略的博弈特性，及其在结构化群体中的适应度和稳定性，本章将博弈视角扩展至了更加丰富且多元的交互组合和博弈场景：①不同复杂网络演化出的优势策略簇之间的博弈对抗；②SBPW 策略与随机策略的博弈对抗；③SBPW 策略簇内部的博弈对抗；④SBPW 策略与经典策略的性能对比。实验结果表明，在任何拓扑结构中，SBPW 策略都能以极高的概率战胜随机策略，但不同复杂网络中的强势 SBPW 策略会呈现不同的特点。此外，在与经典的 TFT 策略和 WSLS 策略一起竞争时，SBPW 策略在演化过程中具有更强的生存优势和稳定性。本章的研究内容丰富了对于社会困境背景下的策略演化问题的探索，对网络化智能群体合作提升机制的建立具有一定的借鉴意义。

10.2 优势策略簇之间的博弈对抗

在第 9 章中，不同复杂网络演化出的 1000 个优势策略经 AGNES 聚类算法聚成了各自的优势策略簇。不同策略簇中包含不同数量的优势策略，且同一个策略簇中的优势策略相似度更高。本节将每个策略簇看作一个智能群体，簇中的每个优势策略看作群体中的每个智能个体，并让这些智能群体进行两两之间的相互博弈，探究这些已经在自由竞争的博弈环境中获胜的优势群体，被再次放到同一平台进行博弈时，哪类智能群体会更胜一筹。

10.2.1 仿真实验设置

第 9 章中，度为 4 的 Lattice 网络、RR 网络和 BA 无标度网络上分别演化出了 1000 个优势策略，经 AGNES 算法处理，这些优势策略不断被分类和聚合，最后形成了不同的优势

策略簇。对于每种复杂网络演化出的1000个优势策略，标记上它们各自所归属的策略簇，每个簇代表一个智能群体。把这些优势策略放回到规模为10 000个节点的三种复杂网络上进行重复博弈。不同于第3章中随机单步记忆策略之间的自由博弈，这里优势策略是带着自己所归属的策略簇编号进行团队作战，每两个策略簇之间不断地进行重复博弈直至演化出占据整个网络的强势策略，记录该策略所归属的策略簇。每两个策略簇之间的博弈重复上述过程20次，统计每个群体(策略簇)占优的次数。

10.2.2 博弈结果及分析

图10.1展示的是在度为4的Lattice网络上，优势策略簇两两博弈20次后的输赢统计结果。由于初始时向网络中加入的经典策略的数目会影响初始群体的状态，进而影响最终演化出的优势策略。图10.1(a)～(c)对应的是初始分别加入1个、20个、50个TFT和WSLS策略时，不同优势策略簇之间的博弈结果。每个小方格色度图中的数字表示20次博弈中簇A战胜簇B的次数，图中的C1～C5对应于第9章表9.5中的C1～C5策略簇，另外，属于WSLS和SBPW的簇在图中被特别标注了出来。观察图中结果可以看到，在Lattice网络中，WSLS策略可以战胜几乎所有其他策略，而SBPW策略可以战胜除WSLS策略的所有策略。

图10.2给出了RR网络上优势策略簇两两博弈20次后的输赢统计结果。图10.2(a)～(c)分别展示了初始加入1个、20个、50个TFT和WSLS策略的情况下，不同优势策略簇之间的博弈结果。图中的C1～C5对应于第9章表9.6中的C1～C5策略簇，属于WSLS和SBPW的簇也已经被特别标识出。可以看出，与Lattice网络不同，在RR网络中，WSLS策略可以战胜除SBPW策略以外的所有策略，而SBPW策略会输给除WSLS策略以外的所有策略。

图10.3给出了BA无标度网络上优势策略簇两两博弈20次后的输赢统计结果。图10.3(a)～(c)分别展示了初始加入1个、20个、50个TFT和WSLS策略的情况下，不同优势策略簇之间的博弈结果。图中的C1～C5对应于第9章表9.7中的C1～C5策略簇，属于WSLS和SBPW的簇在图中被特别标注了出来。结果显示，与RR网络相同，在BA无标度网络中，WSLS策略优于SBPW策略以外的所有其他策略，而SBPW策略会败给除WSLS策略的所有策略。

值得注意的是，不同复杂网络中演化出的优势策略簇有一个共同特点：除了策略簇本身的属性和类型，策略簇还具有规模优势，即策略簇的规模越大，其在博弈中获胜的机会越大。例如，在图10.3(c)中，按照策略簇本身的属性，C3(WSLS)簇会战胜C2簇，但由于前者的规模(25个策略)远小于后者的规模(581个策略)，最后C3(WSLS)簇在20次博弈仿真实验中以6∶14的比分败给了C2簇。图10.4形象地展示了Lattice网络、RR网络和BA无标度网络上各类策略簇之间相互博弈的输赢结果图。其中，箭头的起始端表示博弈获胜的一方，末端指向战败的一方。两个圆圈的交集表示它们的共同特征。

10.1(a)彩图

10.1(b)彩图

10.1(c)彩图

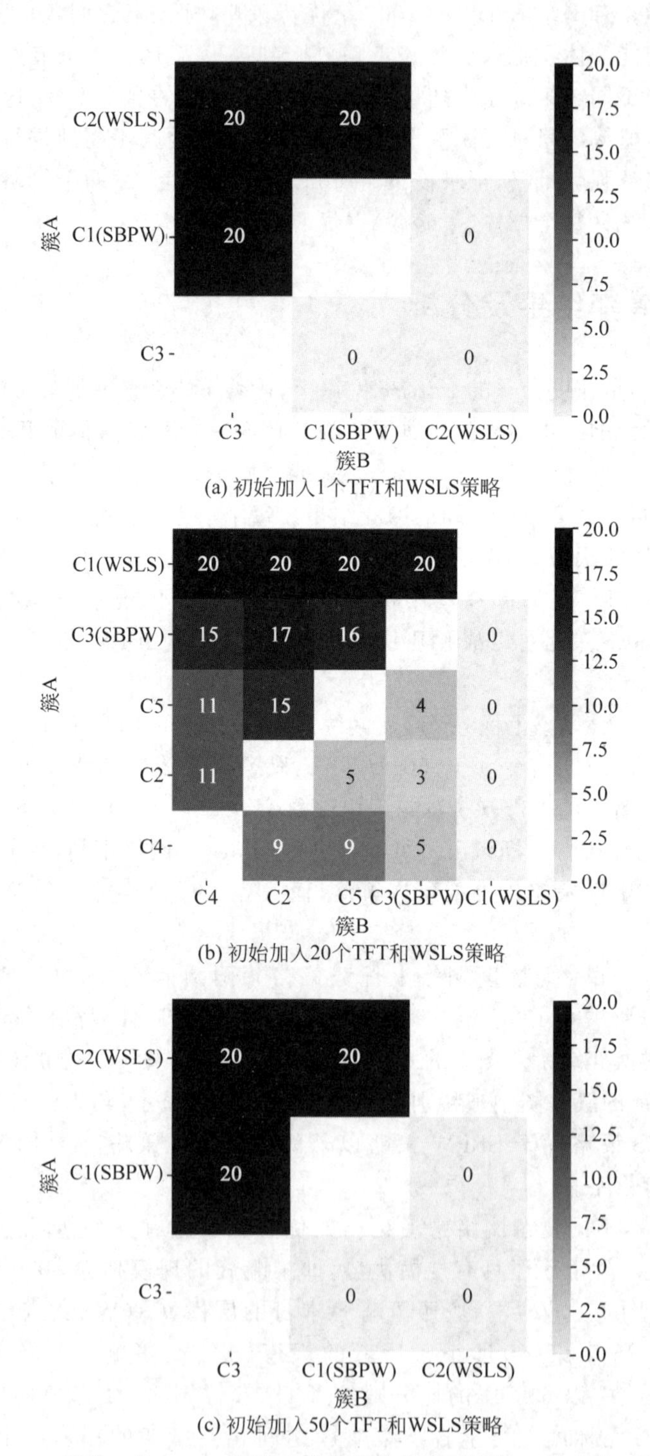

(a) 初始加入1个TFT和WSLS策略

(b) 初始加入20个TFT和WSLS策略

(c) 初始加入50个TFT和WSLS策略

图 10.1　度为 4 的 Lattice 网络上优势策略簇两两博弈 20 次的交互结果

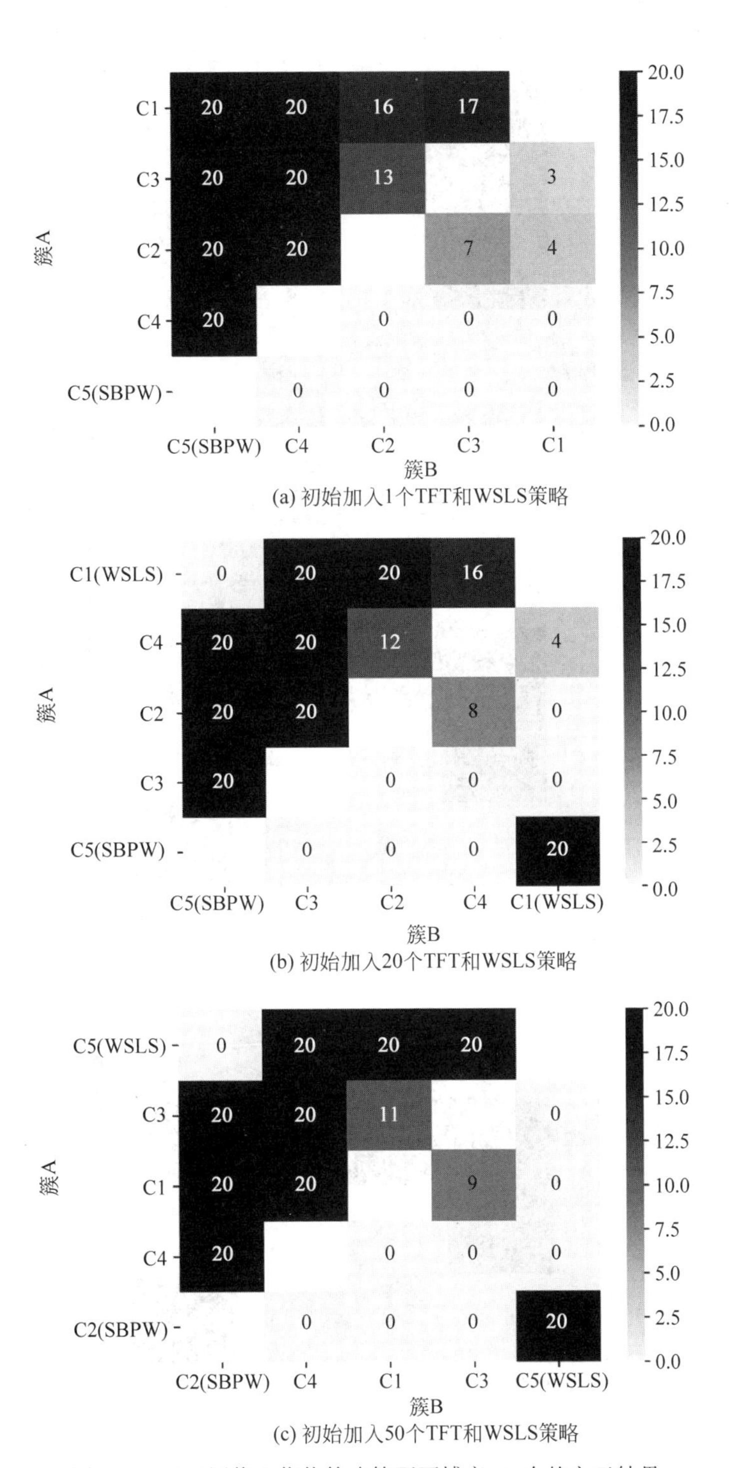

(a) 初始加入1个TFT和WSLS策略

(b) 初始加入20个TFT和WSLS策略

(c) 初始加入50个TFT和WSLS策略

图 10.2 RR 网络上优势策略簇两两博弈 20 次的交互结果

10.2(a)彩图

10.2(b)彩图

10.2(c)彩图

10.3(a)彩图

10.3(b)彩图

10.3(c)彩图

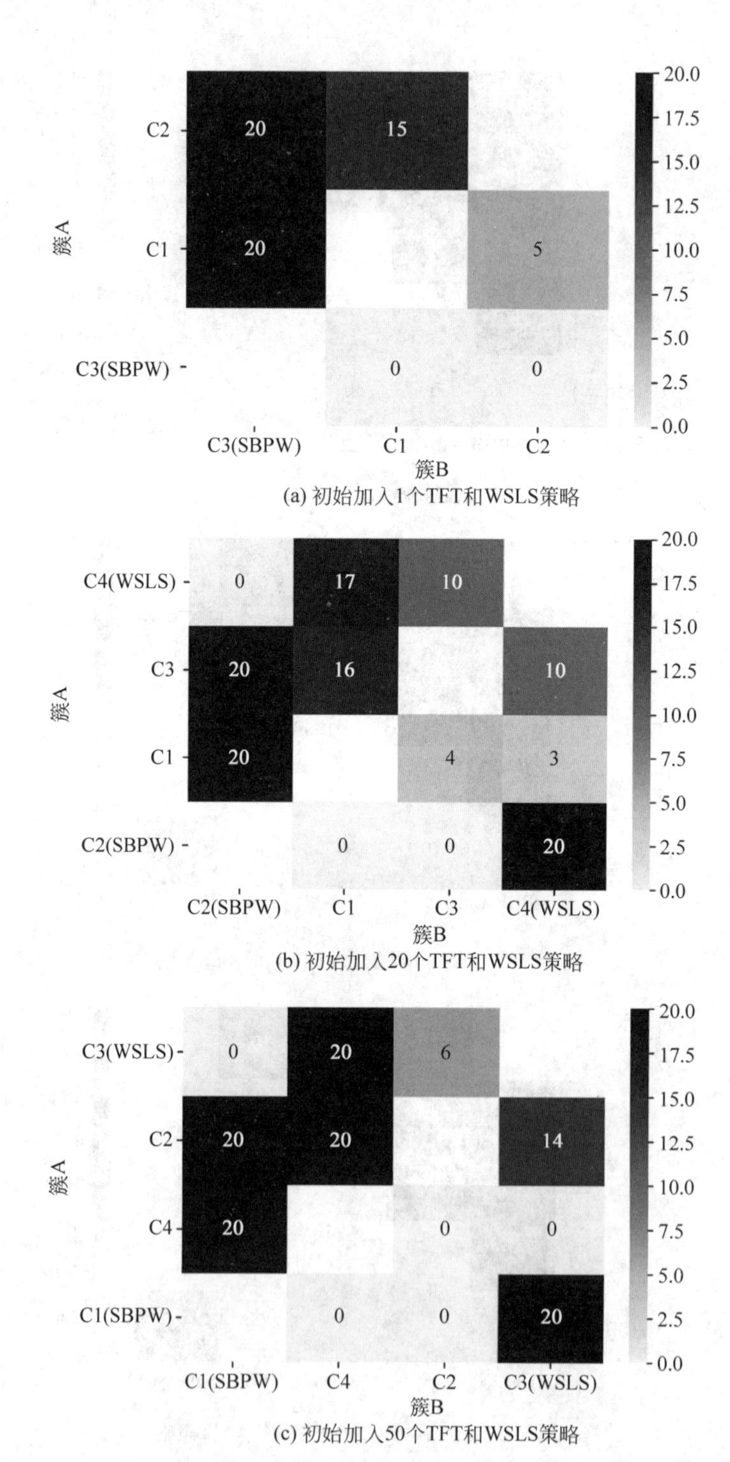

(a) 初始加入1个TFT和WSLS策略

(b) 初始加入20个TFT和WSLS策略

(c) 初始加入50个TFT和WSLS策略

图 10.3　BA 无标度网络上优势策略簇两两博弈 20 次的交互结果

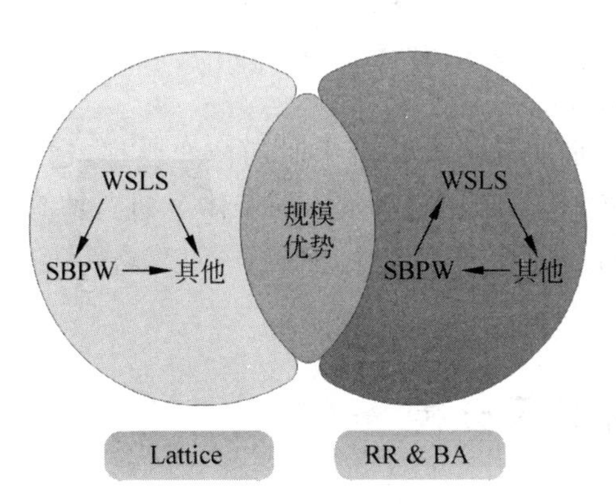

10.4 彩图

图 10.4 Lattice 网络、RR 网络和 BA 无标度网络上各类优势策略簇相互博弈的输赢关系示意图

10.3 “自己差,对手更差”策略与随机策略的博弈对抗

第 9 章对不同复杂网络中自组织演化出的优势策略进行了聚类,统计结果表明,在众多优势策略簇中,有一种特殊的 SBPW 策略,它会拉低群体的整体收益,但是会让采用这一策略的博弈个体获得高于其他策略簇的收益。但如果 SBPW 策略遇到一个未知策略的对手,它仍能在博弈中保持高于对手的收益吗?本节将从数学的角度进行分析,探究在 IPD 博弈中,当与一个采用随机单步记忆策略的个体进行博弈时,SBPW 策略是否总是能够或是会以多大的概率战胜对方。

10.3.1 单步记忆策略博弈收益差计算

假定有两个个体 X 和 Y 采用单步记忆策略进行 IPD 博弈,分别用 $\boldsymbol{p}=(p_1,p_2,p_3,p_4)$和 $\boldsymbol{q}=(q_1,q_2,q_3,q_4)$来表示它们的策略。可以分别计算得到个体 X 和个体 Y 博弈后的期望收益 r_X 和 r_Y,进而可以得到两个博弈个体的收益差 r_X-r_Y,如式(10.1)所示:

$$
\begin{aligned}
r_X-r_Y=5(&q_4-p_4-p_2q_4+p_4q_2-p_3q_4+p_4q_3+p_1p_4q_1-p_1p_4q_4-\\
&p_2p_4q_3-p_3p_4q_2+p_2p_4q_4+p_3p_4q_4-p_1q_1q_4+p_2q_3q_4+\\
&p_3q_2q_4+p_4q_1q_4-p_4q_2q_4-p_4q_3q_4+p_1p_2q_1q_4-p_1p_4q_1q_2+\\
&p_1p_3q_1q_4-p_1p_4q_1q_3-p_1p_2q_3q_4-p_1p_3q_2q_4+p_2p_4q_1q_3+\\
&p_3p_4q_1q_2+p_1p_4q_2q_4-p_2p_4q_1q_4+p_1p_4q_3q_4-p_3p_4q_1q_4)\div\\
&(p_4-p_2-q_2+q_4-p_1q_1+p_2q_2+p_2q_3+p_3q_2-p_2q_4-\\
&p_3q_3-p_4q_2+p_3q_4+p_4q_3-p_4q_4+p_1p_2q_1-p_1p_2q_3-\\
&p_1p_4q_1-p_2p_3q_2+p_2p_3q_3+p_1p_4q_4+p_3p_4q_2-p_3p_4q_4+\\
&p_1q_1q_2-p_1q_1q_4-p_3q_1q_2-p_2q_2q_3+p_3q_2q_3+p_2q_3q_4+\\
&p_4q_1q_4-p_4q_3q_4-p_1p_2q_1q_2+p_1p_2q_1q_4+p_1p_2q_2q_3+\\
&p_1p_3q_1q_3+p_1p_4q_1q_2+p_2p_3q_1q_2-p_1p_3q_1q_4-p_1p_3q_2q_3-\\
&p_1p_4q_1q_3-p_2p_3q_1q_3-p_1p_2q_3q_4+p_1p_3q_2q_4+p_2p_4q_1q_3-\\
&p_3p_4q_1q_2-p_1p_4q_2q_4-p_2p_3q_2q_4-p_2p_4q_1q_4-p_2p_4q_2q_3+
\end{aligned}
$$

$$p_1p_4q_3q_4+p_2p_3q_3q_4+p_2p_4q_2q_4+p_3p_4q_1q_4+p_3p_4q_2q_3-p_3p_4q_3q_4+1) \tag{10.1}$$

为探究SBPW策略在面对随机策略对手时的博弈胜率，这里让个体X采用各个复杂网络中演化出的SBPW策略，与采用随机策略的个体Y进行博弈，统计个体X在博弈中获胜的概率。为保证结论的合理性和完备性，个体Y的策略跨度将覆盖所有的单步记忆策略。具体实现详见下一节。

10.3.2 博弈结果及分析

图10.5给出了在规模为10 000个节点的Lattice网络、RR网络、BA无标度网络上，初始加入1个、20个、50个TFT策略和WSLS策略的情况下，演化出的SBPW策略能够战胜随机策略的概率。可以看出，对于Lattice网络，SBPW策略能以86%左右的概率战胜随机策略，具体来说，当网络中初始加入了1个TFT和WSLS策略时，SBPW策略能以84.33%的概率获胜，初始加入20个经典策略时，SBPW策略的获胜概率高达90.7%，初始加入50个经典策略时结果介于上述两种情况之间，SBPW策略能以87.15%的概率战胜随机策略。而对于RR网络和BA无标度网络，无论群体的初始状态如何，SBPW策略都能以将近98%的概率战胜未知策略的对手。显然，与Lattice网络相比，RR网络和BA无标度网络中演化出的SBPW策略在与未知策略的对手进行博弈时获胜的概率更高。

10.5 彩图

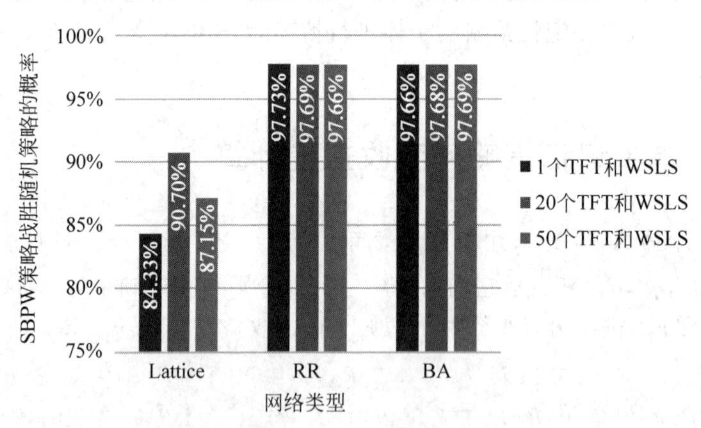

图10.5 不同复杂网络上SBPW策略战胜随机策略的概率统计

为了更加细致且直观地给出初始状态不同的各个复杂网络上SBPW策略与随机策略博弈的收益对比，图10.6～图10.8刻画了在初始加入1个、20个、50个TFT和WSLS策略的情况下，演化出的SBPW策略与14 641个随机单步记忆策略相互博弈后的收益分布。14 641个随机单步记忆策略的生成原理是：随机单步记忆策略$\boldsymbol{q}=(q_1,q_2,q_3,q_4)$中的每一项$q_i(i=1,2,3,4)$都在[0,1]变化。将每一项的步长设置为0.1，便可以取到0～1的11个数，四元组$\boldsymbol{q}=(q_1,q_2,q_3,q_4)$则有$11^4=14\,641$种实现方式。每个子图中的左侧直条图区域都是由14 641个点聚合成的，每个点代表SBPW策略和一个随机策略博弈后双方的收益值，横坐标表示SBPW策略的收益值，纵坐标表示随机策略的收益值。坐标轴上显示的0,1,3,5对应于两个交互个体在进行PD博弈时，博弈双方采用不同的策略组合所能获取的收益。

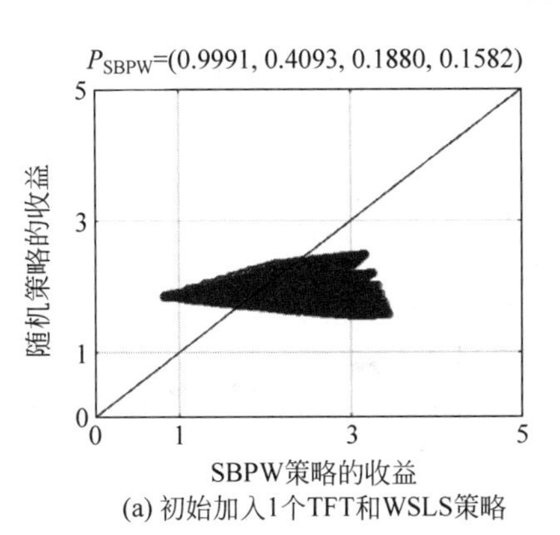

(a) 初始加入1个TFT和WSLS策略

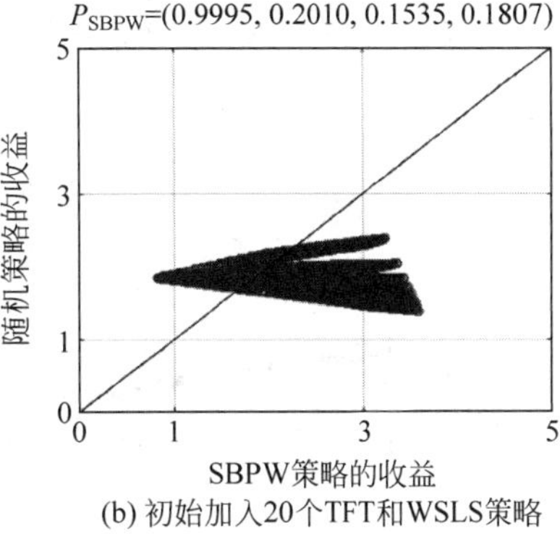
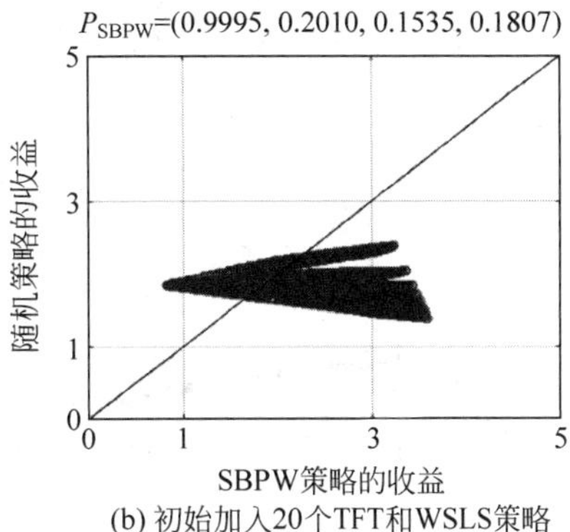

(b) 初始加入20个TFT和WSLS策略

10.6(a)彩图

10.6(b)彩图

10.6(c)彩图

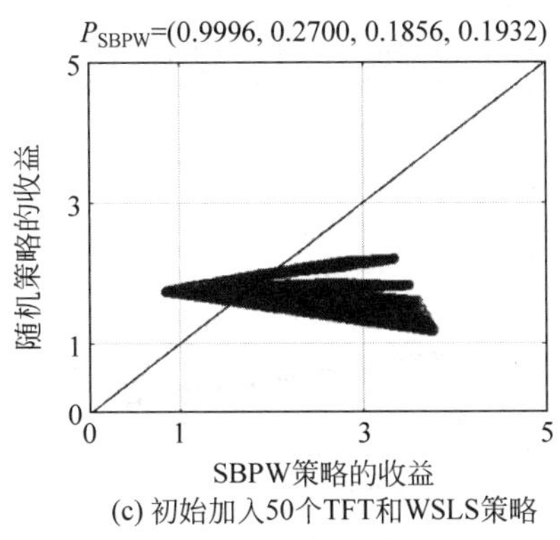

(c) 初始加入50个TFT和WSLS策略

图 10.6 Lattice 网络上 SBPW 策略与随机策略进行博弈的收益对比

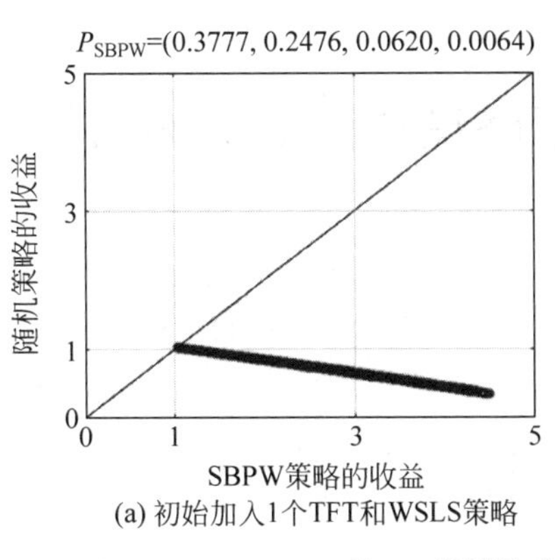

(a) 初始加入1个TFT和WSLS策略

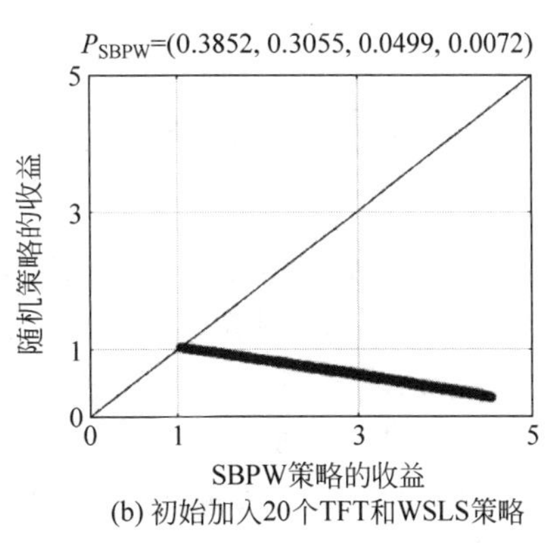

(b) 初始加入20个TFT和WSLS策略

10.7(a)彩图

10.7(b)彩图

10.7(c)彩图

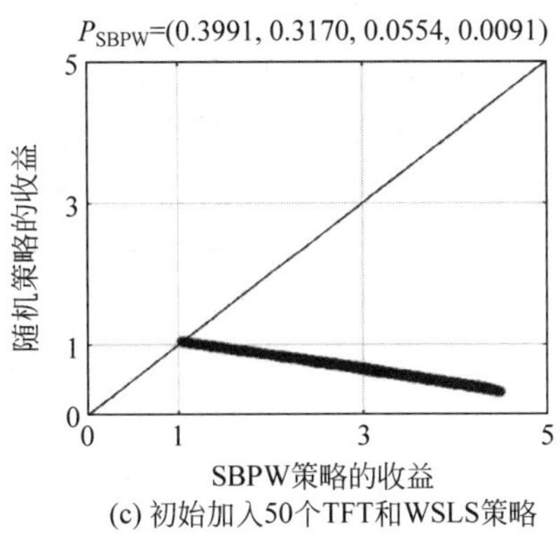

(c) 初始加入50个TFT和WSLS策略

图 10.7 RR 网络上 SBPW 策略与随机策略进行博弈的收益对比

10.8(a)彩图

10.8(b)彩图

10.8(c)彩图

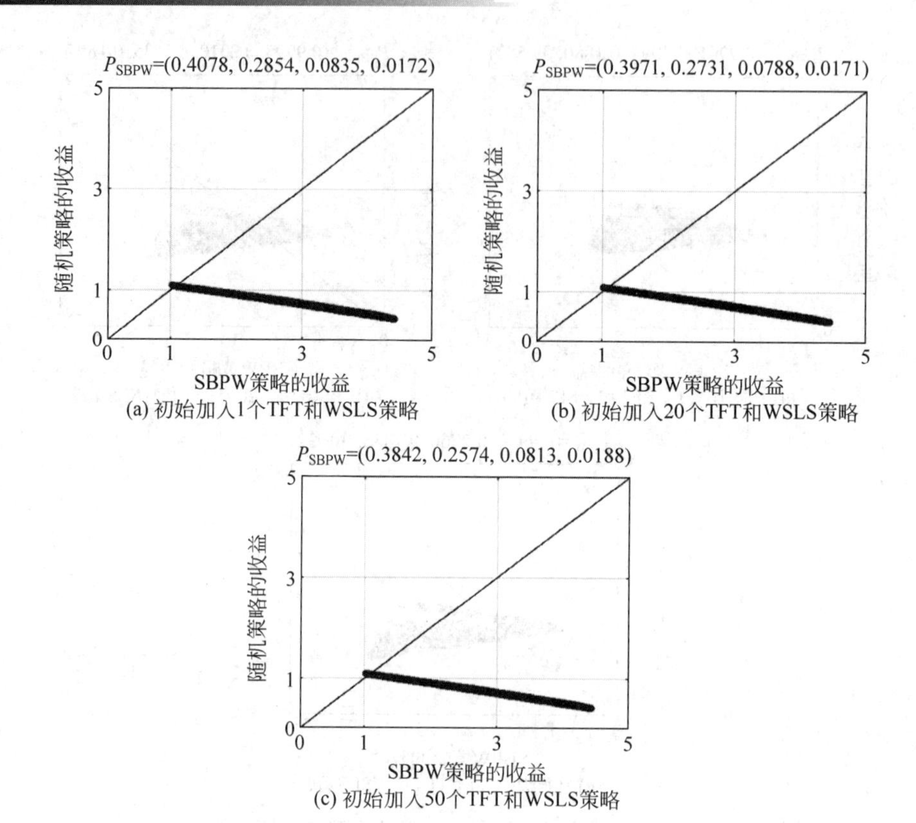

图 10.8 BA 无标度网络上 SBPW 策略与随机策略进行博弈的收益对比

10.4 "自己差,对手更差"策略簇内部的博弈对抗

前文的研究已经表明,SBPW 策略簇在 IPD 博弈中具有很强的竞争优势。另一个值得探究的问题是,在这些与其他策略簇博弈中已经展现了很强竞争力的 SBPW 策略簇内部,是否存在更具生存优势的强势策略?它们又有什么样的特点呢?本节中,SBPW 策略簇内部包含的所有策略被重新放回到 10 000 个节点规模的 Lattice 网络、RR 网络和 BA 无标度网络上进行博弈,随后,统计每种网络上演化出的在系统达到均衡状态时能够占据整个网络的 50 个强势策略,观察并提取它们的共同特征。

图 10.9～图 10.11 分别刻画了规模为 10 000 个节点的 Lattice 网络、RR 网络和 BA 无标度网络上演化出的 SBPW 策略及强势 SBPW 策略的四维策略值的分布对比。其中,左侧的子图展示的是随机单步记忆策略自由博弈后演化出的 1000 个优势策略经分类后得到的 SBPW 策略簇内部的所有策略的四维策略值分布,右侧的子图展示的是 SBPW 策略簇进行内部博弈后获胜的 50 个强势策略的四维策略值分布。在每一个子图中,蓝色的线代表中位数,绿框的上下边界分别代表上四分位数和下四分位数,顶部和底部的红线分别代表最大值和最小值,青色的点代表异常值。

由图 10.9 可知,在 Lattice 网络上,SBPW 策略簇内部获胜的强势策略的 p_1 值都是 1。因此,$p_1=1$ 的单步记忆策略在 Lattice 网络上具有更强的竞争和生存优势。

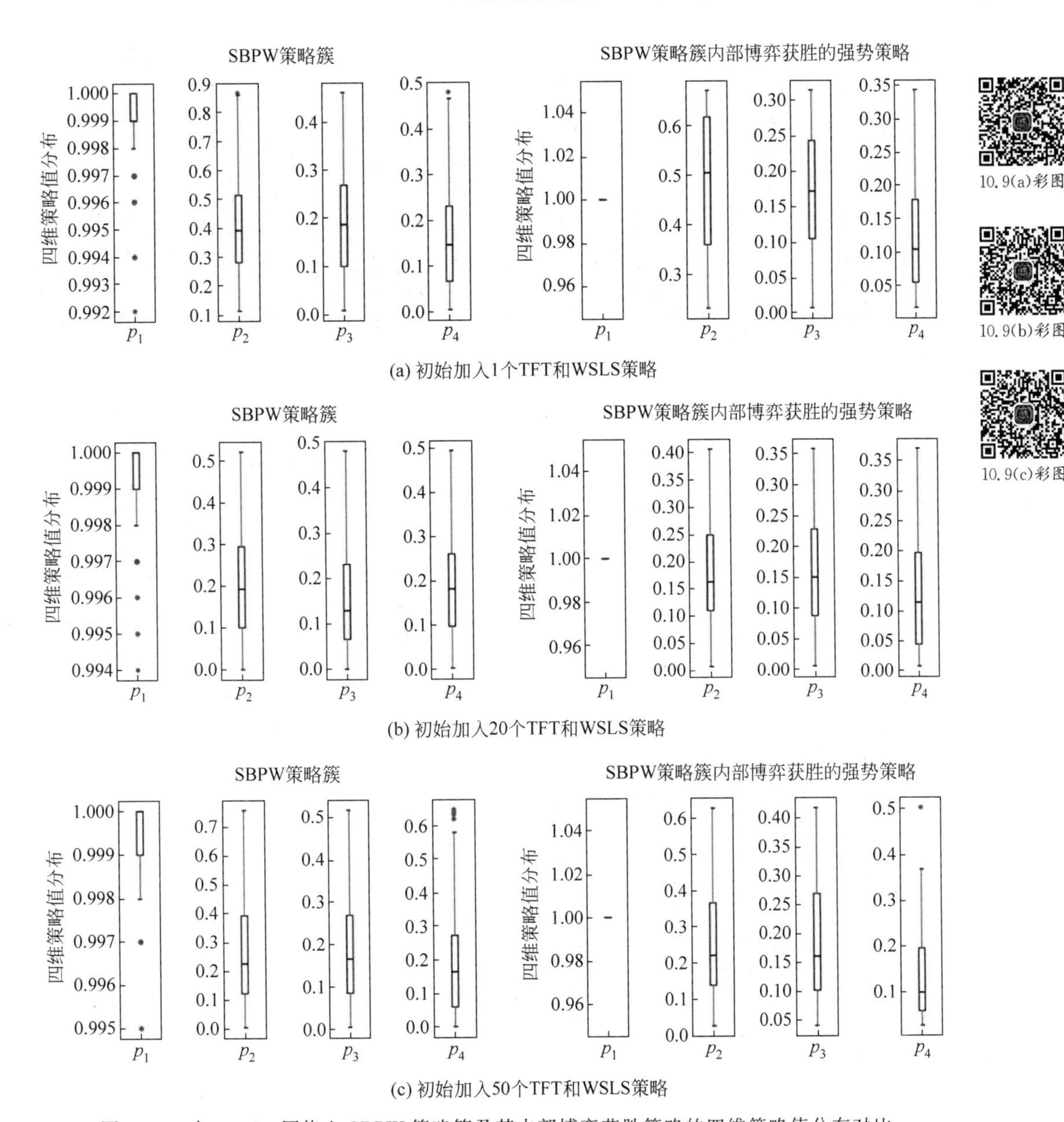

图 10.9 在 Lattice 网络上 SBPW 策略簇及其内部博弈获胜策略的四维策略值分布对比

由图 10.10 可以看到，对于前三维策略值 p_1、p_2 和 p_3，SBPW 策略簇内部所有策略和其内部博弈后获胜的强势策略并无较大差别，但仔细观察两者 p_4 值的分布可知，SBPW 策略簇内部演化出的强势策略的 p_4 值总体上明显小于 SBPW 策略簇全部策略的 p_4 值。

观察图 10.11 可知，与 RR 网络相同，对于 BA 无标度网络，p_4 值更小的 SBPW 策略在博弈中更具有竞争优势。

值得注意的是，图 10.9 表明，在 Lattice 网络上，SBPW 策略簇进行内部博弈演化出的强势策略的 p_1 值都为 1。假设有两个个体 X 和 Y 进行博弈，它们均采用单步记忆策略，分别用 $\boldsymbol{p}=(1,p_2,p_3,p_4)$ 和 $\boldsymbol{q}=(1,q_2,q_3,q_4)$ 表示。根据期望收益计算公式进行计算可知，两个个体在一次博弈交互后的期望收益相等，如式(10.2)所示。

10.10(a)彩图

10.10(b)彩图

10.10(c)彩图

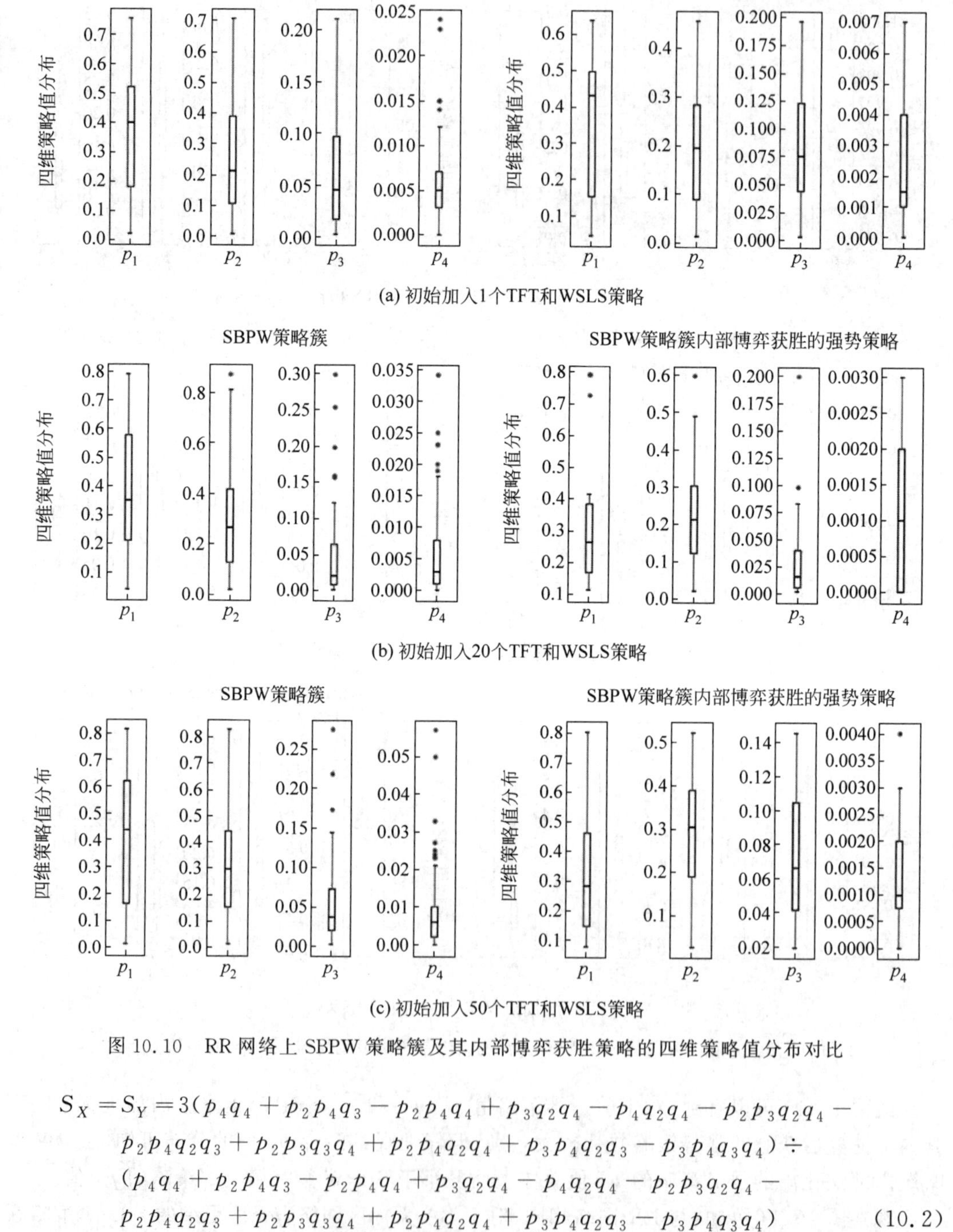

(a) 初始加入1个TFT和WSLS策略

(b) 初始加入20个TFT和WSLS策略

(c) 初始加入50个TFT和WSLS策略

图 10.10　RR 网络上 SBPW 策略簇及其内部博弈获胜策略的四维策略值分布对比

$$\begin{aligned} S_X = S_Y = 3(&p_4q_4 + p_2p_4q_3 - p_2p_4q_4 + p_3q_2q_4 - p_4q_2q_4 - p_2p_3q_2q_4 - \\ &p_2p_4q_2q_3 + p_2p_3q_3q_4 + p_2p_4q_2q_4 + p_3p_4q_2q_3 - p_3p_4q_3q_4) \div \\ &(p_4q_4 + p_2p_4q_3 - p_2p_4q_4 + p_3q_2q_4 - p_4q_2q_4 - p_2p_3q_2q_4 - \\ &p_2p_4q_2q_3 + p_2p_3q_3q_4 + p_2p_4q_2q_4 + p_3p_4q_2q_3 - p_3p_4q_3q_4) \end{aligned} \tag{10.2}$$

由式(10.2)可知，当两个采用单步记忆策略进行博弈的交互个体的第一维策略值 p_1 都为 1 时，无论它们的 p_2、p_3、p_4 策略值是多少，它们博弈后的期望收益值都是相等的。因此，在 Lattice 网络上，系统不一定会演化出单一策略占据整个网络化群体的均衡状态，因为当交互个体的 p_1 策略值都为 1 时，它们博弈后的收益是一样的，相当于个体在完全随机地更新自身的策略。

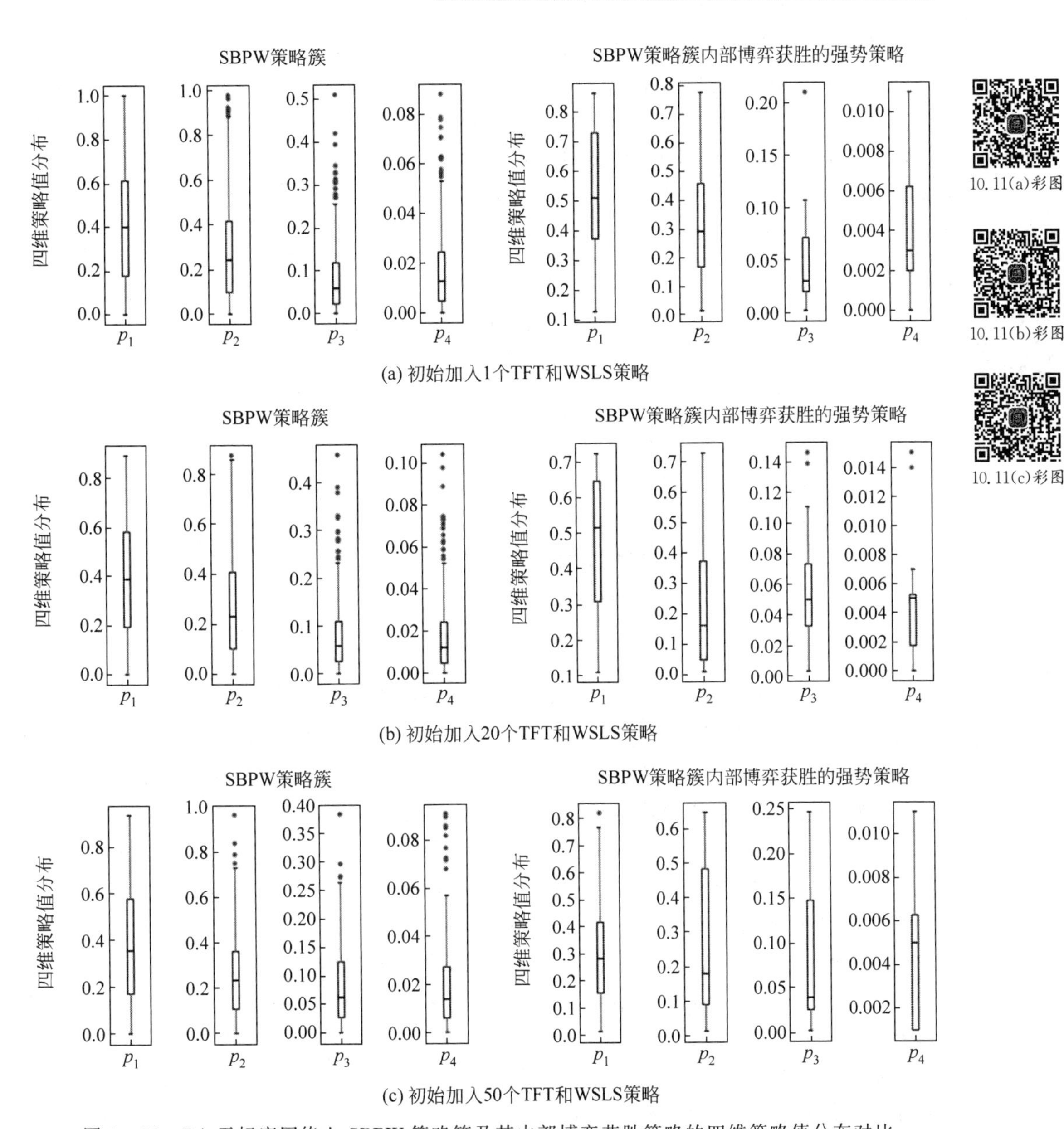

图 10.11 BA 无标度网络上 SBPW 策略簇及其内部博弈获胜策略的四维策略值分布对比

10.5 “自己差，对手更差”策略与经典策略的性能对比

在 IPD 博弈中，TFT 策略和 WSLS 策略是两种非常经典的单步记忆策略，在过去的研究中被证明相较于其他策略而言具有很强的演化优势。采用 TFT 策略的个体总是模仿其对手在上一回合中的行为，采用 WSLS 策略的个体只有当博弈双方在上一回合选取相同策略的情况下才会选择合作行为。本书发现了一种特殊的 SBPW 策略，前文的研究表明这种策略在网络化智能群体的演化过程中具有很强的竞争和生存优势。

具体来说，采用这种策略的个体总是能够控制其对手的收益低于自己，而不需考虑对手的具体策略；但同时，它自身也会获得一个比较低的收益，从而拉低了网络化智能群体的整体收益。为了探究 TFT 策略、WSLS 策略和 SBPW 策略在自组织演化过程中，哪个策略具有更高的稳定性和更强的适应度，统计了不同拓扑结构和初始群体状态的各种复杂网络上演化出的 1000 个优势策略中，上述三种单步记忆策略的数量及变化趋势，结果如图 10.12 所示。

10.12 彩图

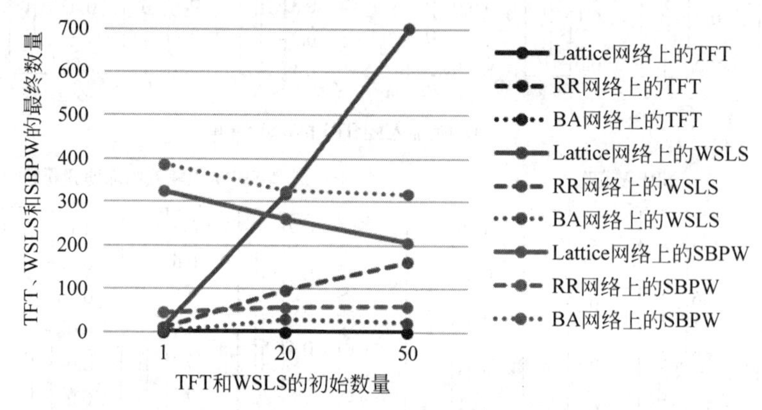

图 10.12　TFT、WSLS 和 SBPW 策略的稳定性和适应度对比

由图 10.12 可知：①对于 TFT 策略而言，无论网络结构类型和群体初始状态(初始时向网络中加入的经典策略的数量)如何，TFT 策略都不具备生存优势，最终走向灭绝从而消失在网络化群体中。②对于 WSLS 策略而言，在 Lattice 网络中，随着其在网络节点中初始比重的增加，其演化成为优势策略的比例显著提高。但在 BA 无标度网络中，向网络中初始加入 20 个 WSLS 策略时，在 1000 次演化仿真实验中该策略演化成优势策略的次数为 29 次，而这一数字在向网络中初始加入 50 个 WSLS 策略时仅为 22，其在网络中初始占比的增加并未给自身带来生存优势。而 WSLS 策略在 RR 网络上的适应度位于 Lattice 网络和 BA 无标度网络之间，即 WSLS 策略的初始占比的增加可以略微提升其在 RR 网络上的生存概率。因此，可以推断，网络结构的随机性和异质性会削弱 WSLS 策略的生存优势。③对于 SBPW 策略而言，无论在哪种网络结构中，经典策略在网络中的初始占比都不会对其适应度产生太大影响，这意味着 SBPW 策略在网络化智能群体中的演化具有较强的稳定性和鲁棒性。值得注意的是，SBPW 策略在 BA 无标度网络和 Lattice 网络上的适应度要强于 RR 网络。

10.6　本章小结

本章对能够单边控制对手收益低于自身且会拉低群体整体收益的 SBPW 策略进行了进一步的探索和分析。首先，将每一类优势策略簇视为一个群体，让各类优势策略簇之间进行两两博弈。系统的演化结果表明，在 Lattice 网络上，WSLS 策略簇可以战胜所有其他策略簇，而 SBPW 策略簇可以战胜除 WSLS 策略簇外的所有其他策略簇。在 RR 网络和 BA 无标度网络上，WSLS 策略簇、SBPW 策略簇和其他策略簇可以相互制衡，具体来说，WSLS

策略簇可以战胜除 SBPW 策略簇以外的所有其他策略簇，而 SBPW 策略会输给除 WSLS 策略以外的所有其他策略簇。此外，规模优势会帮助包含更多策略的策略簇在博弈中以更高的概率获胜。

随后，本章研究了 SBPW 策略和随机策略之间的博弈交互情况。仿真结果表明，在面对一个未知策略的对手时，SBPW 策略具有极高的获胜概率，在 Lattice 网络上，这一概率在 86%左右，在 RR 网络和 BA 无标度网络上，这一概率则高达 98%。SBPW 策略簇的内部博弈结果表明，在 Lattice 网络上 $p_1=1$ 的 SBPW 策略，以及在 RR 网络和 BA 无标度网络上 p_4 值更小的 SBPW 策略在 IPD 博弈中更具生存优势。

通过对比 TFT 策略、WSLS 策略、SBPW 策略在具有不同初始状态的各类复杂网络上的存活度，本章发现，不同于 TFT 策略最终会在网络化智能群体中灭绝，以及 WSLS 策略的生存优势会随着网络随机性和异质性的增强而减弱，SBPW 策略在演化过程中具有显著的稳定性和极强的适应度。

总体来说，本章对 SBPW 策略进行了更深一步的探究，研究结果表明 SBPW 策略在各种博弈环境中都具有强大的生存优势和稳定性，此外还探讨了 SBPW 策略自身的一些独特属性。接下来的章节会进一步探究促使 SBPW 策略在各类复杂网络结构中占据竞争优势的内在因素，并尝试提出一些潜在的控制机制来对 SBPW 策略进行调控，进而提高生物系统的合作水平以及人类社会的整体福利。

第 11 章 基于演化博弈的社会困境诱因及合作优化机制研究

CHAPTER 11

11.1 引言

研究和解决社会困境问题是行为科学和群体合作领域的一个研究热点。迄今为止的大多数研究主要集中在通过建立外部的控制方法来解决现有的社会困境问题,而不是探索引发困境的内部原因。本章将研究内容聚焦在导致社会困境的内部因素上。本章中,数以千计的随机单步记忆策略在各种不同的复杂网络上进行博弈交互,随后统计当系统达到均衡状态时在自组织演化中获胜的优势策略。通过对演化结果进行聚类和分析,本章发现网络化群体结构的随机性和异质性会提高背叛者在群体中的适应度。此外,博弈个体在双方背叛情境下的合作意愿将对系统达到均衡状态时的群体合作水平高低产生决定性的影响。更进一步,本章提出了两个可以促进群体合作的创新性机制——强制机制和惩罚机制。两个机制的有效性在各种空间网络拓扑结构的 IPD 博弈中得到了验证。仿真结果表明,无论潜在的博弈交互网络结构如何,本章所提出的控制机制都能普遍且有效地抑制背叛者的演化优势,这有利于合作行为的涌现和维持。本章的创新性结论为促进生物系统和人类社会的合作,以及提高社会整体福利提供了一些新的视角。

11.2 网络结构的随机性与异质性诱发背叛行为

11.2.1 不同复杂网络的优势策略聚类及收益分布

考虑到复杂网络的随机性和异质性会影响策略的演化过程,进而可能会导致演化结果的差异,本章选取了随机性和异质性由弱到强的四种复杂网络作为随机单步记忆策略进行自由博弈的群体环境,分别为 Lattice 网络、RR 网络、ER 随机网络和 BA 无标度网络。其中,Lattice 网络是完全规则网络,所有节点的度和连接方式都相同; RR 网络和 ER 随机网络在完全规则网络的基础上加入了一定的随机性,但不存在异质性,即每个节点的度均相同,但是连接方式存在差异,ER 随机网络的随机性大于 RR 网络; BA 无标度网络在随机性的基础上又加入了异质性,即不同节点间的度和连接方式都可能存在差异。为消除除网络结构以外的其他因素可能会对演化结果造成的影响,以上四种复杂网络的平均度都设置为4,网络规模均为10 000个节点。

在博弈开始前的初始状态,给网络的每个节点赋予一个随机单步记忆策略,随后让它们之间进行自由博弈,在系统达到均衡状态时,记录在网络中生存能力最强的优势策略。统计每种复杂网络上演化出的1000个优势策略,并用AGNES算法对它们进行聚类,聚类的可视化结果如图11.1所示。可以看到,Lattice网络、RR网络、ER随机网络和BA无标度网络上的1000个优势策略分别被聚成了3类、5类、4类和3类(用C1~C5表示),在每个子图中,1000个优势策略均匀分布在横坐标上,归属于同一聚类簇的策略具有相同的颜色。

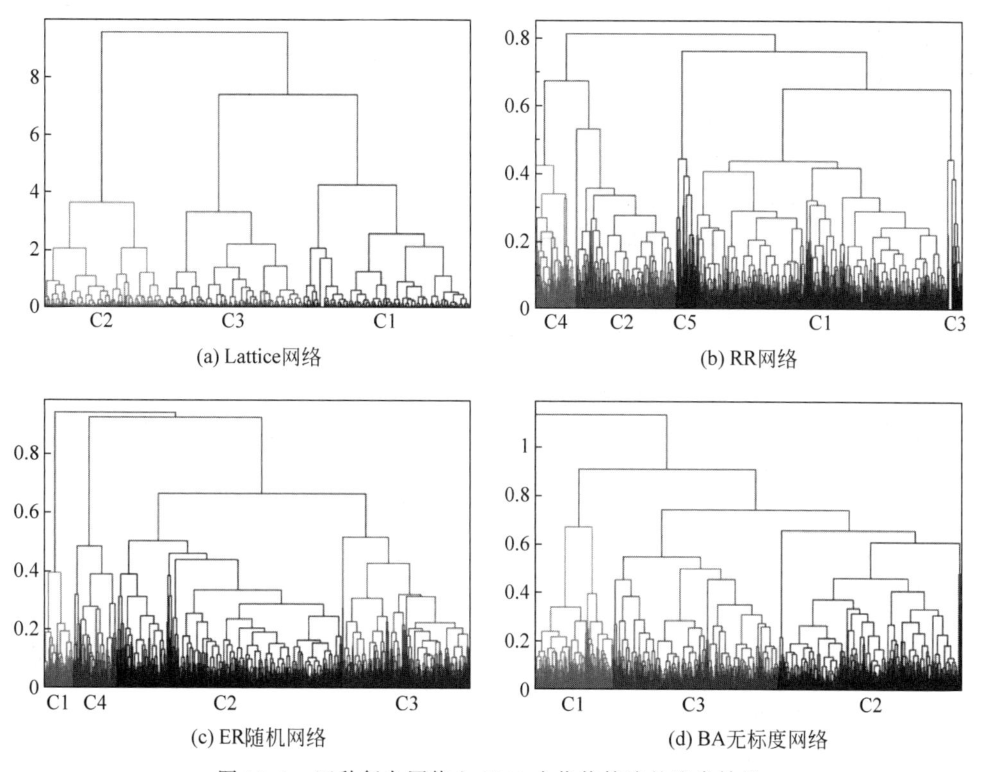

11.1(a)彩图

11.1(b)彩图

11.1(c)彩图

11.1(d)彩图

(a) Lattice网络 (b) RR网络 (c) ER随机网络 (d) BA无标度网络

图11.1 四种复杂网络上1000个优势策略的聚类结果

为了探究不同结构化群体在经过自组织演化达到均衡状态时,群体在合作水平上的差别,这里以各种复杂网络演化出的每个优势策略簇作为分组,计算所有优势策略的收益并观察其分布,随后统计各个优势策略簇包含的策略数并计算优势策略簇的平均收益。统计结果如图11.2所示,在每个子图中,左侧的是分类散点图,C1~C5表示不同的优势策略簇,1000个彩色点代表1000个优势策略,每个彩色点对应的横坐标表示其归属的聚类簇,纵坐标对应该策略占据全局网络时群体的平均期望收益值;右侧的图展示了每种策略簇的平均收益,彩色圆圈的大小代表该策略簇的规模,圆圈上的数字表示对应策略簇包含的策略数。

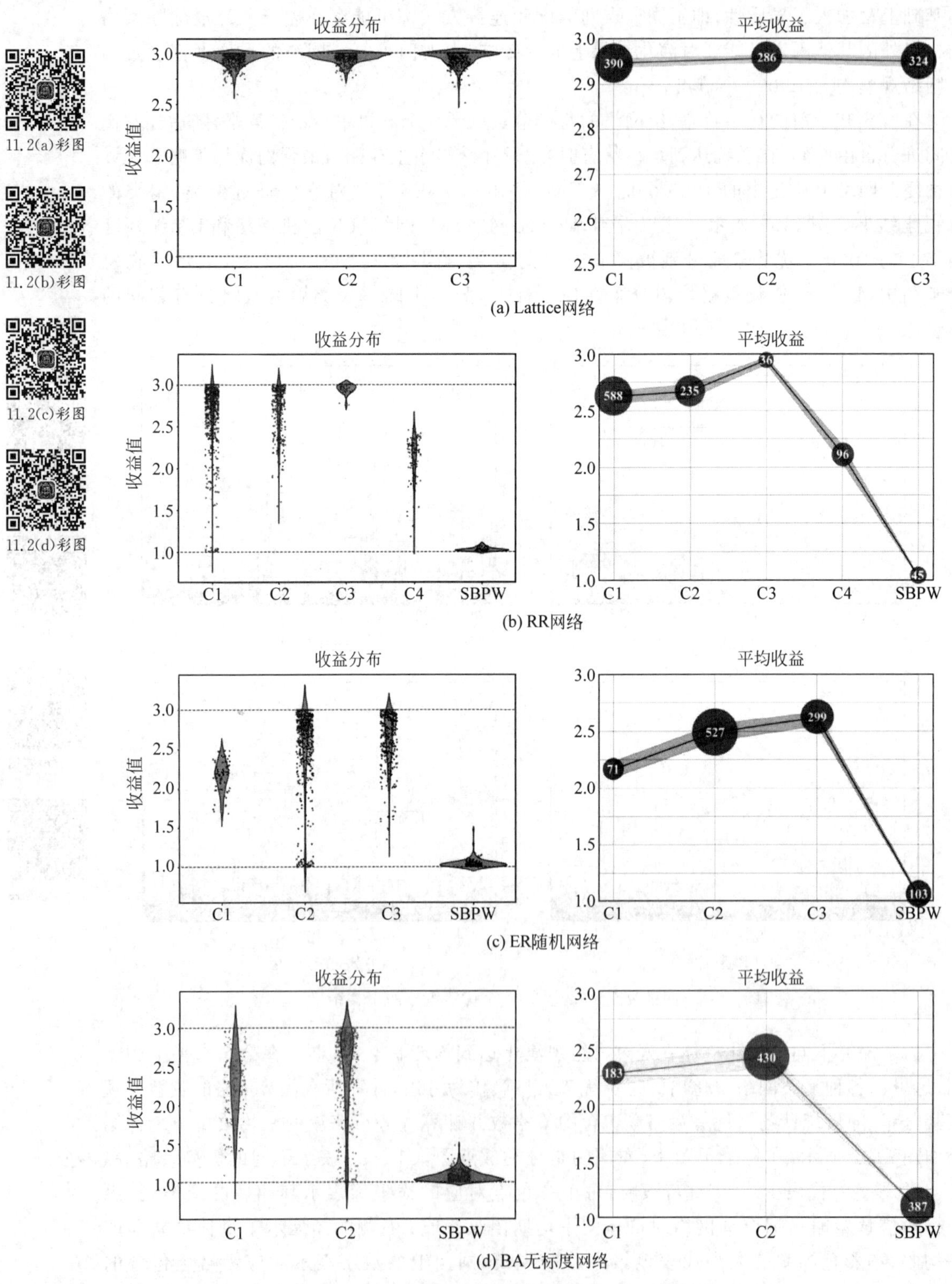

图 11.2　四种复杂网络上的优势策略收益分布和策略簇平均收益对比

由图 11.2 可知，在 Lattice 网络上，系统在演化到均衡状态时，群体的平均期望收益值总是接近于 3，对应于 PD 博弈收益矩阵中博弈双方都采用合作的策略，此时合作者几乎占据了整个网络，由此可以推断，Lattice 网络总是会演化到一个群体呈现极高合作水平的状态。而随着网络结构的随机性和异质性的增强，系统将会演化出一种对集体利益损害十分严重的策略，当该策略在网络中占优时，群体的平均期望收益会被拉低至 1，对应于 PD 博弈收益矩阵中博弈双方都采用背叛的策略，此时背叛者几乎占据了整个网络，这就是前文提到的 SBPW 策略。可以看到，在 RR 网络、ER 随机网络和 BA 无标度网络上演化出的 1000 个优势策略中，SBPW 策略分别占据 45 个、103 个和 387 个，由此推断，网络的随机性和异质性有利于 SBPW 策略的演化和繁衍，促进了群体中背叛者的涌现。

11.2.2　均衡状态下群体平均收益的数值分析

图 11.2 显示，对于复杂网络上演化出的全部优势策略，当其主导整个网络时，群体的平均期望收益都在[1,3]之间，对应于 PD 博弈收益矩阵中的$[P,R]$，P 对应于博弈个体全部为背叛者，R 对应于博弈个体全部为合作者。下面提出一个定理，用于描述系统达到均衡状态时的群体平均收益。

定理 11.1　在 IPD 博弈中，所有个体均采用单步记忆策略 $\boldsymbol{p}=(p_R,p_S,p_T,p_P)$进行博弈交互，博弈的收益矩阵如表 2.1 所示，且满足 $T>R>P>S$ 和 $2R>T+S>2P$，那么当系统达到均衡状态时，群体的平均收益在$[P,R]$之间。

证明　假定在一个结构化智能群体中，任意两个演化博弈个体 X 和 Y 遵循收益计算规则公式和策略更新动力学公式进行博弈交互。经过足够多的博弈交互迭代后，系统将会演化到优势策略传播至全局网络的均衡状态，此时，所有的博弈个体都会采用相同的策略进行博弈，这一策略称为演化稳定策略(evolutionary stable strategy，ESS)。这里，将 ESS 表示为 $\boldsymbol{e}=(e_1,e_2,e_3,e_4)$，其中，$e_i\in[0,1]$，$i=1,2,3,4$。均衡状态下博弈个体 X 和 Y 的期望收益由式(11.1)计算得到：

$$
\begin{aligned}
r_{X\_\text{ess}}&=\frac{\boldsymbol{v}\cdot\boldsymbol{R}_X}{\boldsymbol{v}\cdot\boldsymbol{1}}=\frac{D(\boldsymbol{e},\boldsymbol{e},\boldsymbol{R}_X)}{D(\boldsymbol{e},\boldsymbol{e},\boldsymbol{1})}\\
r_{Y\_\text{ess}}&=\frac{\boldsymbol{v}\cdot\boldsymbol{R}_Y}{\boldsymbol{v}\cdot\boldsymbol{1}}=\frac{D(\boldsymbol{e},\boldsymbol{e},\boldsymbol{R}_Y)}{D(\boldsymbol{e},\boldsymbol{e},\boldsymbol{1})}
\end{aligned}
\tag{11.1}
$$

其中，

$$
\begin{aligned}
D(\boldsymbol{e},\boldsymbol{e},\boldsymbol{R}_X)&=\begin{vmatrix} e_1^2-1 & e_1-1 & e_1-1 & R\\ e_2e_3 & e_2-1 & e_3 & S\\ e_2e_3 & e_3 & e_2-1 & T\\ e_4^2 & e_4 & e_4 & P\end{vmatrix}\\
&=(e_2-e_3-1)\begin{vmatrix} e_1^2-1 & e_1-1 & R\\ 2e_2e_3 & e_2+e_3-1 & S+T\\ e_4^2 & e_4 & P\end{vmatrix}\\
&=D(\boldsymbol{e},\boldsymbol{e},\boldsymbol{R}_Y)
\end{aligned}
\tag{11.2}
$$

由式(11.1)和式(11.2)可知,$D(\boldsymbol{e},\boldsymbol{e},\boldsymbol{R}_X)=D(\boldsymbol{e},\boldsymbol{e},\boldsymbol{R}_Y)$且$r_{X_ess}=r_{Y_ess}$,为便于理解和描述,将$D(\boldsymbol{e},\boldsymbol{e},\boldsymbol{R}_X)$和$D(\boldsymbol{e},\boldsymbol{e},\boldsymbol{R}_Y)$表示为$D(\boldsymbol{e},\boldsymbol{e},\boldsymbol{R})$,$r_{X_ess}$和$r_{Y_ess}$表示为$r_{ess}$。式(11.2)可以进一步转化为

$$D(\boldsymbol{e},\boldsymbol{e},\boldsymbol{R})=(e_2-e_3-1)\begin{vmatrix} e_1^2-1 & e_1-1 & R \\ 2e_2e_3 & e_2+e_3-1 & S+T \\ e_4^2 & e_4 & P \end{vmatrix}$$
$$=(e_2-e_3-1)D'(\boldsymbol{e},\boldsymbol{R}) \tag{11.3}$$

将$D'(\boldsymbol{e},\boldsymbol{R})$的第三列展开,得到

$$\begin{aligned} D'(\boldsymbol{e},\boldsymbol{R}) &= Re_4[2e_2e_3-e_4(e_2+e_3-1)]+(S+T)e_4(1-e_1)(1+e_1-e_4)+ \\ &\quad P(1-e_1)[2e_2e_3-(1+e_1)(e_2+e_3-1)] \\ &= RA+(S+T)B+PC \end{aligned} \tag{11.4}$$

其中,$A=e_4[2e_2e_3-e_4(e_2+e_3-1)]$,$B=e_4(1-e_1)(1+e_1-e_4)$,$C=(1-e_1)[2e_2e_3-(1+e_1)(e_2+e_3-1)]$。

引入如下函数:

$$F(x,y)=2xy-c(x+y-1) \tag{11.5}$$

其中,c为一个常数且$x,y\in[0,1]$。对$F(x,y)$求一阶导数和二阶导数,得到:$F'_x=2y-c$,$F'_y=2x-c$,$F''_{xx}=0$,$F''_{xy}=2$,$F''_{yy}=0$。由于$F''_{xx}F''_{yy}-(F''_{xy})^2=-4<0$,因此,$F(x,y)$的最大值和最小值位于边界点$(0,0)$,$(0,1)$,$(1,0)$和$(1,1)$之间。由于$F(0,0)=c$,$F(0,1)=0$,$F(1,0)=0$以及$F(1,1)=2-c$,很显然,当$c\in[0,2]$时,$0\leqslant F(x,y)\leqslant 2$。所以,当$c=e_4$或$c=1+e_1$时,$F(e_2,e_3)\geqslant 0$。因此,$A\geqslant 0$,$B\geqslant 0$且$C\geqslant 0$。

基于上述分析,可以得到

$$r_{ess}=\frac{D(\boldsymbol{e},\boldsymbol{e},\boldsymbol{R})}{D(\boldsymbol{e},\boldsymbol{e},\boldsymbol{1})}=\frac{RA+(S+T)B+PC}{A+2B+C} \tag{11.6}$$

由于$2R>T+S>2P$,所以有$PA+2PB+PC\leqslant RA+(S+T)B+PC\leqslant RA+2RB+RC$,因此$P\leqslant r_{ess}\leqslant R$。综上,当系统达到演化均衡状态时,结构化智能群体的平均收益为$[P,R]$之间的一个常数。

□

11.3 双边背叛情境下合作意愿对群体合作水平的影响

11.3.1 策略值 p_4 与群体合作水平的关联剖析

11.2节的研究结果表明,除了完全规则的Lattice网络以外,RR网络、ER随机网络和BA无标度网络都会演化出将群体平均收益拉低至1(博弈双方都选择背叛)的优势策略(SBPW策略),此时群体呈现出高度背叛的状态,且网络的随机性和异质性越强,这种策略的生存优势越大,即网络结构的随机性和异质性会引发更多的背叛者,这对社会的整体福利

是十分有害的。

为进一步讨论和探究这种演化结果的形成原因，对 RR 网络、ER 随机网络和 BA 无标度网络演化出 1000 个优势策略经 AGNES 聚类后得到的优势策略簇进行对比，结果如表 11.1 所示。可以看到，相比于其他优势策略簇，SBPW 策略簇会显著拉低群体的平均期望收益，更值得注意的是，SBPW 策略的第四维策略值 p_4 大多在 0.01 附近波动，显著小于其他策略簇的 p_4 值。由此推断，均衡状态下在网络中占优的单步记忆策略的 p_4 值大小会对群体的平均收益和合作水平产生关键性影响。

表 11.1　三种复杂网络上优势策略簇的中心点和期望收益对比

RR 网络		
优势策略簇	策略簇中心点	期望收益
C1	[0.9894 0.2748 0.2500 0.1814]	2.5520
C2	[0.9435 0.1864 0.8495 0.1283]	2.4887
C3	[0.9959 0.0710 0.0823 0.7073]	2.9604
C4	[0.3290 0.0639 0.9488 0.1146]	2.1370
SBPW	[0.3777 0.2476 0.0620 0.0064]	1.0271
ER 随机网络		
优势策略簇	策略簇中心点	期望收益
C1	[0.3734 0.0662 0.9693 0.0897]	2.1632
C2	[0.9748 0.2681 0.1777 0.1682]	2.1218
C3	[0.9594 0.2301 0.7569 0.1081]	2.4442
SBPW	[0.2386 0.3107 0.0443 0.0097]	1.0430
BA 无标度网络		
优势策略簇	策略簇中心点	期望收益
C1	[0.6548 0.1047 0.9019 0.1014]	2.0636
C2	[0.9842 0.2592 0.2734 0.1619]	2.3740
SBPW	[0.4078 0.2854 0.0835 0.0112]	1.0762

为了更直观且有针对性地研究 p_4 与群体收益值之间的关系，对 RR 网络、ER 随机网络和 BA 无标度网络上演化出的 1000 个优势策略的 p_4 值和该策略占优时群体的平均期望收益进行了可视化分析，图 11.3 给出了收益值分布随优势策略 p_4 值变化的密度图。

在每个子图中，每个彩色点代表一个优势策略，横坐标对应于该策略的 p_4 值，纵坐标对应于该策略占据全局网络时群体的平均收益值，右侧的颜色条表示策略聚集的密度；内嵌图中，颜色越深，代表该位置策略聚集的密度越大。可以看到，随着网络结构复杂度的增加，优势策略的 p_4 值更多地集中于较小的值，正如 BA 无标度网络上优势策略的 p_4 值在 0 附近分布的密度远高于 RR 网络，而 ER 随机网络的情况则位于上述两种网络之间。这一结果也证明了网络结构的随机性和异质性催生了背叛者的演化和繁衍。

11.3对应的彩图

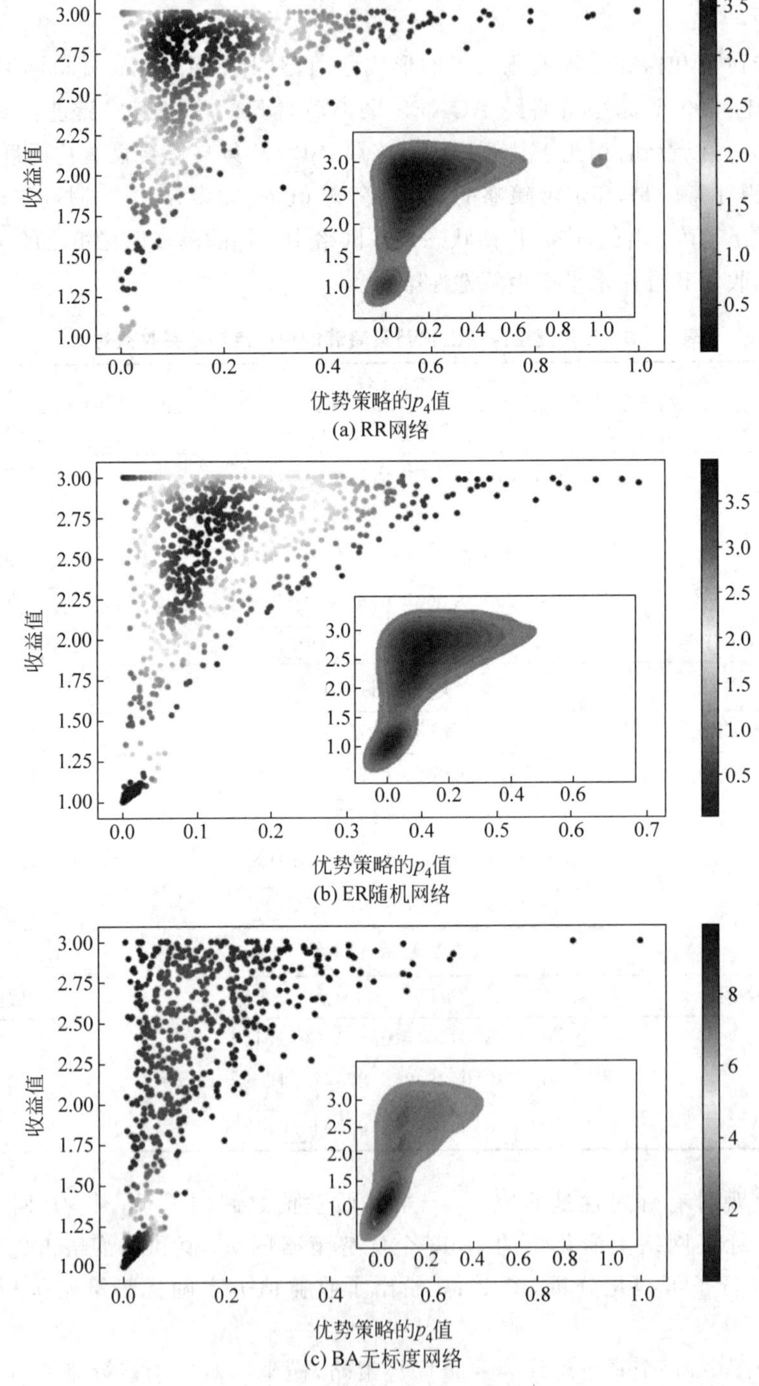

图 11.3　三种复杂网络上 1000 个优势策略随 p_4 变化的收益分布密度

11.3.2　p_4 作用于群体收益的数值仿真与分析

单步记忆策略 $\boldsymbol{p}=(p_1, p_2, p_3, p_4)$ 中 p_4 表示某一个体和其对手在上一回合中都选择背叛策略(DD)时，该个体在接下来的博弈中选择合作的概率，这个参数可以用来衡量博弈个体在双边背叛情境下的合作意愿。表11.1和图11.3展示的结果已经表明，p_4值与群体收益之间有很强的关联性，并推断较高的p_4值有助于提高群体的平均收益。为了支持这一假设，本节进行了一系列的数值仿真实验：令单步记忆策略$\boldsymbol{p}=(p_1,p_2,p_3,p_4)$中的$p_1$、$p_2$和$p_3$在完整的参数空间[0,1]范围内连续变化，观察$p_4$在取不同值时，期望收益值的变化情况。

图11.4给出了数值仿真结果，三维空间的三个坐标轴分别对应于参数p_1、p_2和p_3在[0,1]范围内均匀变化，6个子图分别对应于p_4取0.02、0.1、0.2、0.3、0.5和1的情况，色

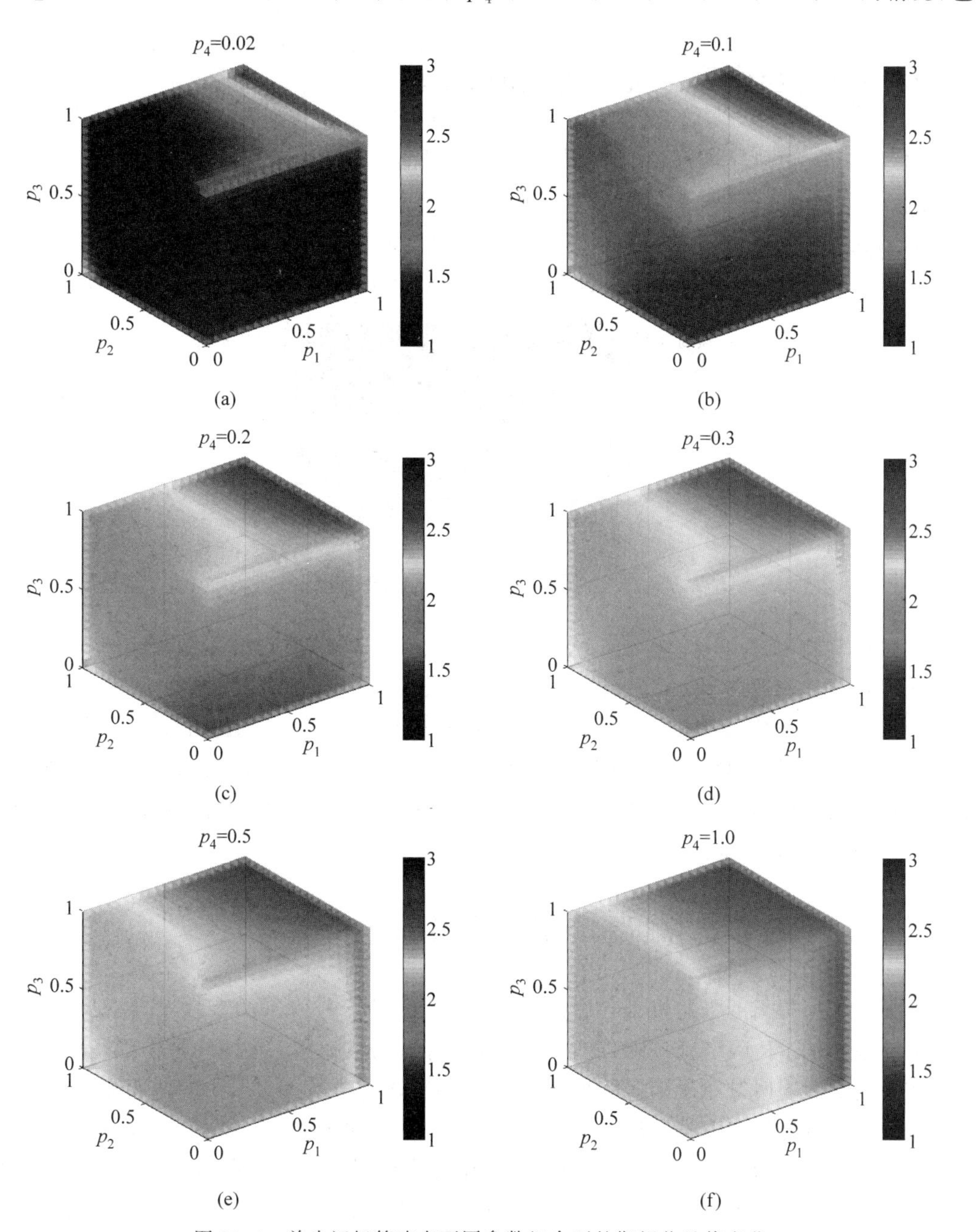

图11.4 单步记忆策略在不同参数组合下的期望收益值变化

11.4(a)彩图

11.4(b)彩图

11.4(c)彩图

11.4(d)彩图

11.4(e)彩图

11.4(f)彩图

阶表示的是在单步记忆策略 $\boldsymbol{p}=(p_1,p_2,p_3,p_4)$ 取图中所示的某一特定值时，该策略所对的期望收益值，色阶的范围在[1,3]内，也印证了定理 11.1 的准确性。由图 11.4 可知，无论 p_1、p_2 和 p_3 如何变化，期望收益值都会随着 p_4 的增大而提高。仿真结果表明，提高背叛情境下博弈个体的合作意愿将会显著提高自组织演化的网络化智能群体的合作水平。

11.4 基于强制机制和惩罚机制的合作优化方法

11.4.1 合作优化机制的控制原理

通过图 11.4 可以看出，群体平均期望收益会随着单步记忆策略 $\boldsymbol{p}=(p_1,p_2,p_3,p_4)$ 中 p_4 值的增大而增大，且当 p_4 值大于 0.3 时，期望收益几乎总是可以高于 1.5。以提高社会的整体福利为着眼点，本节提出两种作用于网络化智能群体的合作优化机制——强制机制和惩罚机制。两种合作优化机制的控制原理如图 11.5 所示。

11.5 彩图

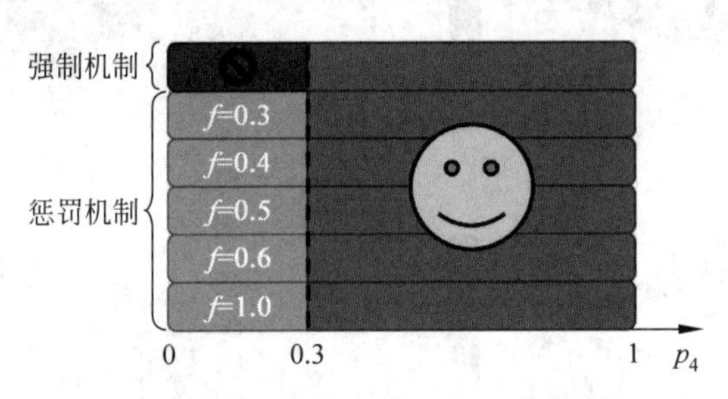

图 11.5 两种合作优化机制的控制原理

在强制机制中，博弈个体不允许使用 p_4 值小于 0.3 的单步记忆策略，即个体可采用的单步记忆策略的参数空间为：$p_1,p_2,p_3\in[0,1]$，$p_4\in[0.3,1]$。在惩罚机制中，不对策略的参数值进行强制限制，但是会对单步记忆策略中 p_4 值小于 0.3 的博弈个体施加惩罚。具体来说，如果个体在某一回合博弈中采用的单步记忆策略的 p_4 值小于 0.3，则会在它本回合获得的收益中削减一定的数额作为惩罚。为探究不同罚金数额对群体合作水平的提升效果，按照惩罚力度由弱到强，将罚金 f 分别设置为 0.3、0.4、0.5、0.6 和 1。

11.4.2 合作优化机制的控制效果

为了验证所提出的强制机制和惩罚机制对提升群体合作水平的有效性，在规模同样为 10 000 个节点的 RR 网络、ER 随机网络和 BA 无标度网络施加上述两种合作优化机制。所有节点在初始状态时被赋予随机单步记忆策略，群体内部进行完全自由的博弈交互，系统达到均衡状态时优势策略占据全局网络。统计每种网络演化出的 500 个优势策略。

图 11.6 描述的是三种复杂网络不同的合作优化机制作用下各自演化出的 500 个优势策略的 p_4 值密度分布。不同的子图对应不同的控制机制，每个子图中从左到右依次展示了 RR 网络、ER 随机网络、BA 无标度网络上的控制效果。可以看到，不同控制机制的合作

优化效果在三种网络上呈现出相同的规律。在强制机制下，演化出的所有优势策略的 p_4 值都高于 0.3。

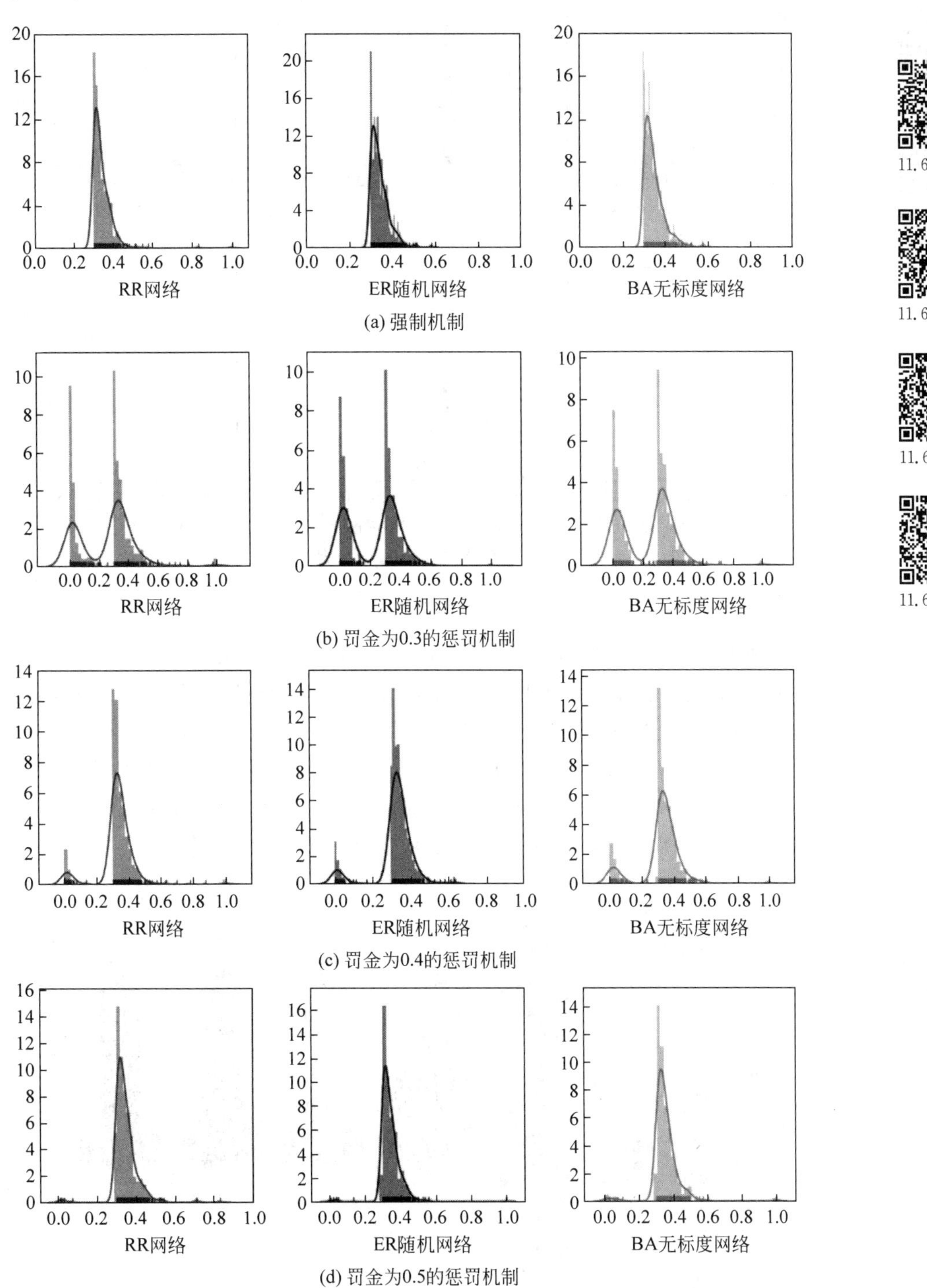

11.6(a)彩图

11.6(b)彩图

11.6(c)彩图

11.6(d)彩图

图 11.6　不同合作优化机制下三种复杂网络演化出的 500 个优势策略的 p_4 值密度分布

11.6(e)彩图

11.6(f)彩图

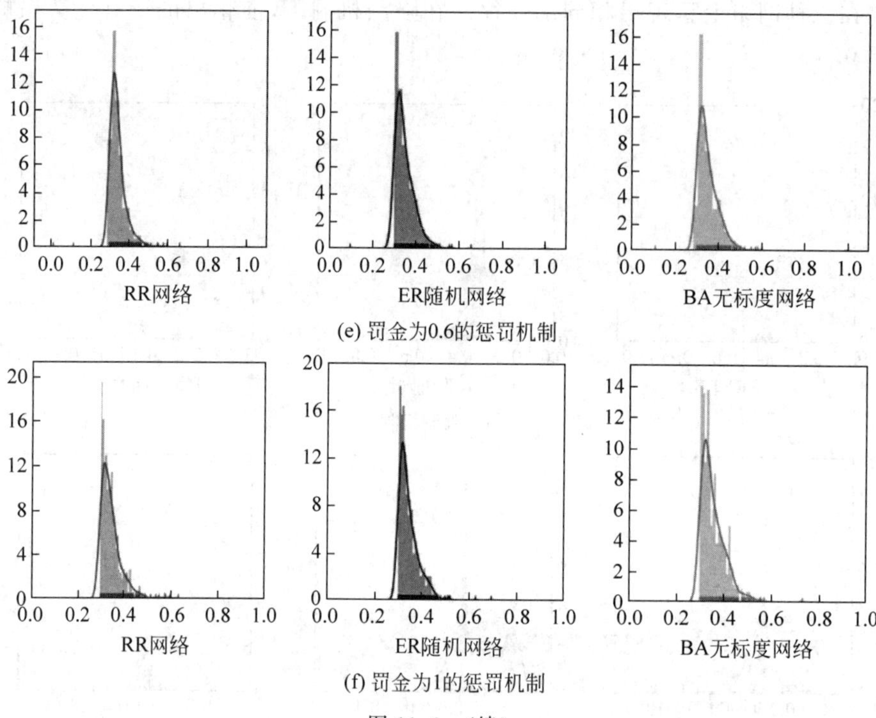

图 11.6 （续）

在惩罚机制下，当罚金较小时，p_4 值接近于 0 的 SBPW 策略仍然可以入侵网络并最终演化为优势策略，随着罚金数额的增大，SBPW 策略会逐渐在网络化智能群体中消失，当罚金增长到 0.6 和 1 时，SBPW 策略基本在群体中灭绝，几乎所有优势策略的 p_4 值都高于 0.3，即此时所有博弈个体在双边背叛情境下的合作意愿都比较高，群体合作达到了较高的水平。

图 11.7 展示了 RR 网络、ER 随机网络、BA 无标度网络在不同合作优化机制作用下演化出的 500 个优势策略各自所对应的群体平均收益。图中每个灰色的小实点代表一个优势

11.7(a)彩图

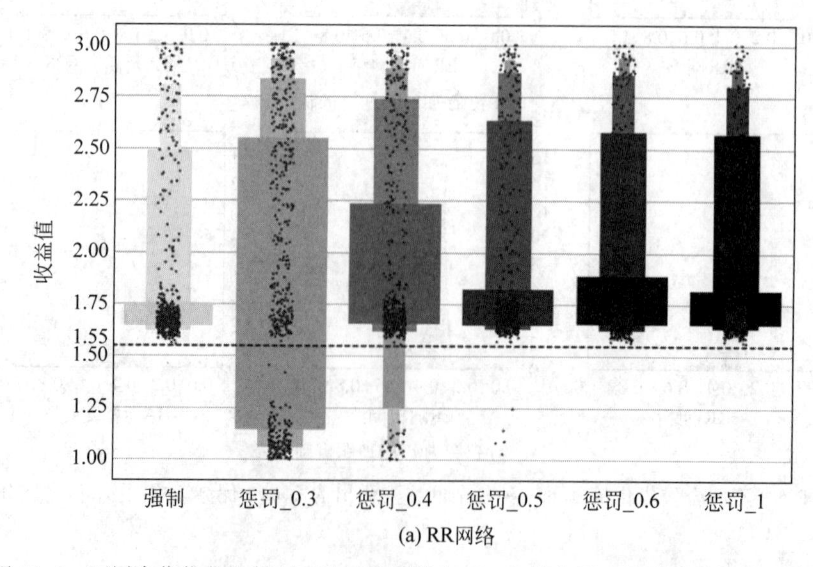

图 11.7 不同合作优化机制下三种复杂网络上 500 个优势策略的群体平均收益分布

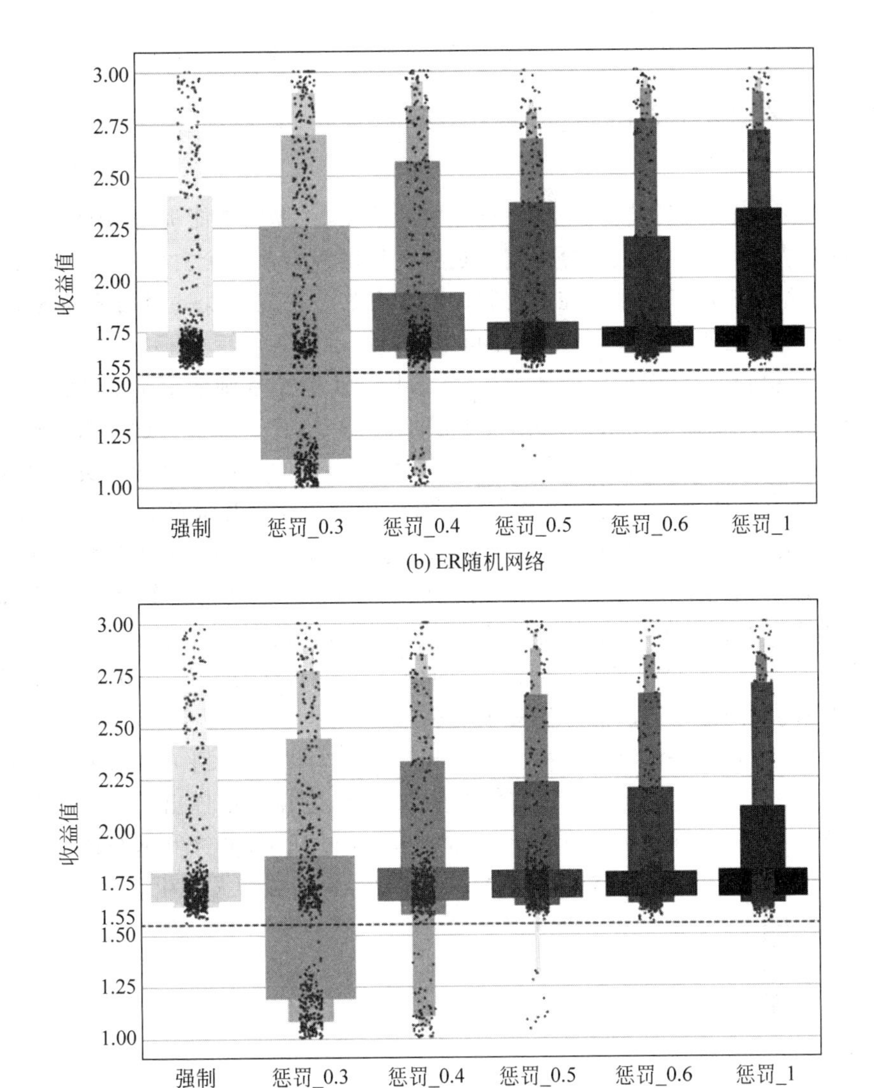

(b) ER随机网络

(c) BA无标度网络

11.7(b)彩图

11.7(c)彩图

图 11.7 （续）

策略,其对应的纵坐标为该策略占优时群体的平均期望收益；每一个彩色的箱形图表示优势策略的密度分布,箱体越宽,对应部分的优势策略密度越大。

可以看到,在强制机制下,群体的平均期望收益总是能达到 1.55 以上；在惩罚机制下,当惩罚力度较小时,群体仍会遭到 SBPW 策略的入侵,这种策略会将群体的期望收益拉低至 1 左右,进而引发社会困境,而当罚金增长至 0.6 及以上时,群体的平均期望收益会达到 1.55 以上,实现和强制机制同样的效果,促进了合作行为的涌现,并显著提高了社会的整体福利。仿真结果表明,在本章提出的合作优化机制下,群体合作被提升到更高的水平,这一优化效果在不同的网络结构中具有通用性。

11.5 本章小结

本章研究了单步记忆策略在结构化群体中的演化,并提出了能提高 IPD 博弈中群体合作水平的优化机制。过去的大部分研究都是将合作困境当作一个自然演化的既定结果,并基于这一既定结果提出了一系列控制机制。本章聚焦于探究引发社会困境的内部原因,并提出了两种能够显著提升群体合作水平的有效机制。

为了模拟更加真实且多样的群体结构,本章构造了完全规则的 Lattice 网络、RR 网络、ER 随机网络和 BA 无标度网络作为策略演化的博弈环境。通过对每种网络化群体演化出的优势策略进行聚类和分析,发现网络结构随机性和异质性的增加会促进更多背叛者的涌现,这会显著降低群体的平均收益并最终引发合作困境。这些背叛者的一个共同特点是,他们的单步记忆策略的 p_4 值都低至 0.01 左右,这意味着他们在双边背叛情境下的合作意愿非常低。通过对优势策略进行收益分析,发现更高的 p_4 值会促进合作者的涌现,基于这一结果,本章提出了两种有效的合作优化机制,一个是禁止博弈个体采用低 p_4 值的强制机制,另一个是对低 p_4 值的博弈个体处以罚金的惩罚机制。仿真结果表明,适当的约束和适度的惩罚可以提升网络化智能群体的合作水平。

综上,本章探讨了社会困境的诱因,并提出了提升群体合作水平的控制机制。网络拓扑结构的随机性和异质性会提升群体中背叛者的适应度,但在本章提出的合作优化机制的作用下,背叛者失去了在群体中的生存优势,合作行为不断涌现,最终群体会达到一个较高合作水平的均衡状态。本章的研究内容和结论对促进生物系统和人类社会中的合作行为具有一定的借鉴意义。

动态合作困境中多智能体行为演化

第12章

CHAPTER 12

12.1 引言

在多智能体系统中，个体和群体之间的利益冲突普遍存在。从一个个体的角度来说，个体希望去最大化他的收益或最小化他的支出、损失。例如，当智能体捕食猎物时，单一个体更愿意去花费更少的时间、移动更短的距离，以此来储存能量。然而，多个智能体完成集体活动或任务，则需要个体之间的协调，并付出一定的牺牲。这类合作困境的有效解决方案在许多工程领域有着广泛的应用，例如机器人技术中的任务分配、网格调度、资源分配和优化等。

当利益的冲突和合作的必要性同时存在时，演化博弈理论可以很好地描述和解决这个问题。一般来说，为集体做一些牺牲被称作合作行为。相对而言，利用他人贡献的行为被称作自私的利己行为。这些问题的研究引起了学者们广泛的兴趣，且产生了许多有意义的成果。对于研究框架，许多博弈模型可以描述和揭示真实世界中不同的利益冲突情形。

博弈模型中最为典型的四种分别是囚徒困境、雪堆、猎鹿和公共品博弈。受制于研究的难度，目前大多数工作集中于研究讨论多智能体系统面临一种博弈模型的情形。然而，在真实的世界或系统中，不同的个体可能面临着不同的合作困境。例如，智能体通常归属于不同的群组，包括工作群组、家庭群组和社交群组等。在这些不同的群组中，个体通常面临不同的合作困境。更复杂的情况是，个体所面临的合作困境并不是一成不变的，当下的合作困境可能会随着时间消失或转变成另一种合作困境。然而，目前的研究很少针对这个课题。

为了研究策略冲突，科学家们已经提出了许多方法，主要目标之一就是引导系统在稳态下如何实现有效的策略分配。对于研究个体，策略的固定概率在演化博弈动态中扮演着非常重要的角色。许多理论研究已经证实固定概率可能与种群的特征、博弈的类型或系统中的合作水平有关。综上所述，两种或两种以上博弈类型共存更加接近真实世界或系统。在这种情况下，一些策略的固定概率可能受到不同程度的影响。因此，系统中博弈模型的比例也将会受到影响。

受此考虑的启发，我们根据博弈模型将多智能体系统分成两个群组，每个群组采用一种博弈模型。此外，个体之间的交互和策略更新同步进行。从这个意义上说，个体在每轮交互博弈后立即更新他们的策略，且其策略和博弈类型根据不同的演化规则进行更新。我们通过数值计算的方法，分析在不同因素的影响下策略的固定概率和固定时间。然后，通过仿真实验验证合作者和不同博弈模型比例的波动情况。我们的目标是在演化动力学中，研究个体之间合作水平对博弈模型的比例的影响。

本章其余部分安排如下，12.2 节介绍了三种博弈模型和演化动力学的建立过程；12.3 节理论分析了两人两博弈模型群体中，在个体更新的影响下，合作水平和博弈模型比例的动态变化过程；12.4 节进行了模型的构建，并基于模型开展了相应的仿真实验，并分析了实验结果；12.5 节进行了总结分析。

12.2 理论模型与分析

12.2.1 博弈模型描述

在一个规模为 M 的无结构化、全连通群体中，每个个体占据着一个节点，并与邻居进行两人两策略博弈。每两个个体形成一个博弈对，因此群体中共有 $M(M-1)/2$ 个博弈对。每个个体可以采取两种策略，即合作(cooperation，C)或背叛(defection，D)，作为其当前的策略。博弈中的两个个体选择一种博弈模型 G_1 或 G_2 与邻居进行博弈。博弈矩阵描述如下：

$$\begin{array}{c} \\ \mathrm{C} \\ \mathrm{D} \end{array}\!\!\begin{array}{c} \begin{array}{cc} \mathrm{C} & \mathrm{D} \end{array} \\ \begin{pmatrix} \alpha_1 & \alpha_2 \\ \alpha_3 & \alpha_4 \end{pmatrix} \end{array} \tag{12.1}$$

当一个合作个体和另一个合作个体在博弈模型 G_1 中交互博弈时，他们均得到数值为 α_1 的收益；当一个合作个体同一个背叛个体博弈时，合作个体的收益为 α_2，背叛个体的收益为 α_3；当两个背叛个体博弈时，两者均得到收益 α_4。类似地，当两个个体在博弈模型 G_2 中交互时，得到的收益同上。我们分别采用 β_1、β_2、β_3 和 β_4 作为博弈模型 G_2 的收益矩阵元素。

12.2.2 收益计算与适应度描述

对于策略的演化，我们采用死生过程(death-birth process)作为更新规则。博弈持续 N 轮，π_i 代表个体 i 的收益。在每轮博弈中进行个体的随机选择，被选择的个体进行死亡处理。随后，其周围邻居为占据这个位置而竞争，成功与否与其周围邻居的适应度呈正相关。适应度函数表示为

$$F_i = 1-\omega+\omega\pi_i, i=1,2,\cdots,M \tag{12.2}$$

其中，ω 表示选择强度。当 ω 远小于 1 表示弱选择，个体的收益对适应度的影响微乎其微；当 ω 等于 1 表示其适应度等价于收益，即意味着强选择。在这种情况下，个体 i 将以很大的概率占据这个位置，背叛个体被合作个体取代的概率表示为

$$p=\frac{M_C F_C}{M_C F_C+(M-M_C)F_D} \tag{12.3}$$

其中，M_C 代表合作个体在群体中的规模。合作个体和背叛个体的平均收益表示如下：

$$\begin{cases}\pi_C=\left(\frac{j-1}{M-1}\alpha_1+\frac{M-j}{M-1}\alpha_2\right)x_{G_1}+\left(\frac{j-1}{M-1}\beta_1+\frac{M-j}{M-1}\beta_2\right)(1-x_{G_1})\\ \pi_D=\left(\frac{j}{M-1}\alpha_3+\frac{M-j-1}{M-1}\alpha_4\right)x_{G_1}+\left(\frac{j}{M-1}\beta_3+\frac{M-j-1}{M-1}\beta_4\right)(1-x_{G_1})\end{cases} \tag{12.4}$$

其中，博弈模型 G_1 在群体中的比例表示为 x_{G_1}，博弈模型 G_2 在群体中的比例表示为 $1-x_{G_1}$。j 表示系统中初始合作个体的数量。合作个体数量由 j 增加为 $j+1$ 和减少为 $j-1$ 的可能性表示为

$$T_j^{\pm}=\frac{j}{M}\frac{M-j}{M}\frac{1}{1+\mathrm{e}^{\mp\omega(\pi_C-\pi_D)}} \tag{12.5}$$

12.2.3　演化过程中的固定概率与固定时间

在演化博弈进程中，合作个体的固定概率只取决于 j 增加为 $j+1$ 和减少为 $j-1$ 的可能性之比 $\chi_j=T_j^-/T_j^+=\mathrm{e}^{-\omega(\pi_C-\pi_D)}$。根据此比值和上文中关于固定概率的计算，固定概率 ϕ_j 可以表示为

$$\phi_j=\frac{\sum_{k=1}^{j-1}\prod_{m=1}^{k}\chi_m}{\sum_{k=1}^{M-1}\prod_{m=1}^{k}\chi_m} \tag{12.6}$$

即意味着当 $\phi=1$ 时群体中所有个体最终选择采取合作策略作为自身的策略选择。结合式(12.4)～式(12.6)，得到

$$\phi_j=\frac{\sum_{k=1}^{j-1}\mathrm{e}^{-\frac{\omega}{M-1}\frac{k(1+k)}{2}[x_{G_1}(u-v)+v]+kx_{G_1}(p-q)+kq}}{\sum_{k=1}^{M-1}\mathrm{e}^{-\frac{\omega}{M-1}\frac{k(1+k)}{2}[x_{G_1}(u-v)+v]+kx_{G_1}(p-q)+kq}} \tag{12.7}$$

其中，u、v、p 和 q 分别表示为

$$\begin{cases}u=\alpha_1-\alpha_2-\alpha_3+\alpha_4\\ v=\beta_1-\beta_2-\beta_3+\beta_4\\ p=-\alpha_1+M\alpha_2-M\alpha_4+\alpha_4\\ q=-\beta_1+M\beta_2-M\beta_4+\beta_4\end{cases} \tag{12.8}$$

此外，固定时间 t_j 表示群体达到固定状态的平均时间。假定系统中初始合作者的数量为 j，则群体中所有个体最终均选择采取合作策略的固定时间可表示为 t_j^C。当 $j=1$ 时，t_1^C 表示当群体中只有一个合作个体的初始状态时系统的固定时间。

结合式(11.33)～式(11.35)可知，当 j 是任意值时，可以得出 t_j^{C}：

$$t_j^{\mathrm{C}} = -\left(\sum_{k=1}^{M-1}\sum_{l=1}^{k}\frac{\phi_l}{T_l^+}\prod_{m=l+1}^{k}\chi_m\right)\frac{\phi_1}{\phi_j}\sum_{k=j}^{M-1}\prod_{m=1}^{k}\chi_m + \sum_{k=j}^{M-1}\sum_{l=1}^{k}\frac{\phi_1}{\phi_j}\frac{1}{T_l^+}\prod_{m=l+1}^{k}\chi_m \tag{12.9}$$

此外，每个博弈对的博弈类型将在每个时间步数后动态更新。例如，随机从系统中抽取一个博弈对 σ，并在当前博弈回合中计算其收益，并与其他博弈对中具有最大收益的博弈对 τ 进行比较，若 $\pi_\sigma < \pi_\tau$，则 σ 以一定概率模仿 τ 的博弈类型；反之，σ 继续保持其原本的博弈类型。

12.3 两人两博弈模型的演化博弈动力学分析

12.3.1 混合博弈模型中合作策略固定概率

在典型的两人演化动力学中，猎鹿博弈中合作策略能够在很少的时间步数中到达固定，但是在囚徒困境博弈和雪堆博弈中却很难达到固定。其原因是，在猎鹿博弈中个体最好的回应是采取与对手相同的策略，而在囚徒困境中最好的回应是采取背叛的策略，在雪堆博弈中最好的回应是对对手来说不利的策略。然而，以两人两博弈模型为基础的博弈动力学认为，在变化趋势的比较上，合作策略的固定概率 ϕ_j^{C} 存在较大差异，而且与博弈模型的初始比例有关。

此外，如果两种博弈类型的最好的回应(BR)是相似的，那么固定概率将会在更短的时间内接近于1，反之将会受到抑制。和传统的研究思路类似，我们选择了具体的博弈模型作为分析的基础，即囚徒困境博弈和雪堆博弈的混合博弈群体、囚徒困境博弈和猎鹿博弈的混合博弈群体和雪堆博弈以及猎鹿博弈的混合博弈群体。

图12.1中的结果显示，群体中出现大比例的囚徒困境或雪堆博弈时，合作策略的固定概率 ϕ_j^{C} 数值较大。此时，ϕ_j^{C} 的变化趋势更为明显。在囚徒困境博弈和雪堆博弈的混合博弈群体中，当 $j<25$ 时，合作策略的固定概率 ϕ_j^{C} 增长很慢，但随着 j 的增加，ϕ_j^{C} 增长速率逐渐加快。在囚徒困境博弈和猎鹿博弈的组合博弈中，以及雪堆博弈和猎鹿博弈的混合博弈群体中，ϕ_j^{C} 的增长速率更快。当 j 是一个常数时，较小的 x_{G_1} 导致一个更大的合作策略的固定概率，且最终合作策略的固定概率 ϕ_j^{C} 变成1。

图12.2(a)揭示了合作策略的固定概率 ϕ_j^{C} 在前20步内迅速增大，然而在后80步内速率显著放缓。此外，在曲线斜率的比较上，$j=10$ 的斜率大于 $j=30$，其陡峭程度更高。当 $j=10$ 时，ϕ_j^{C} 开始于一个很小的数值，但大于 $j=30$ 时的情况。如果系统中同时存在囚徒困境和雪堆博弈两种博弈群体，x_{G_1} 不会影响合作策略的演化，也不会对固定概率 ϕ_j^{C} 和固定时间 t_j^{C} 产生影响作用，而初始合作者数量 j 对此影响较大。在图12.2(b)和(c)中，较小的 x_{G_1} 导致更短的固定时间 t_j^{C}。此外，更多的初始合作者导致更长的固定时间 t_j^{C}。

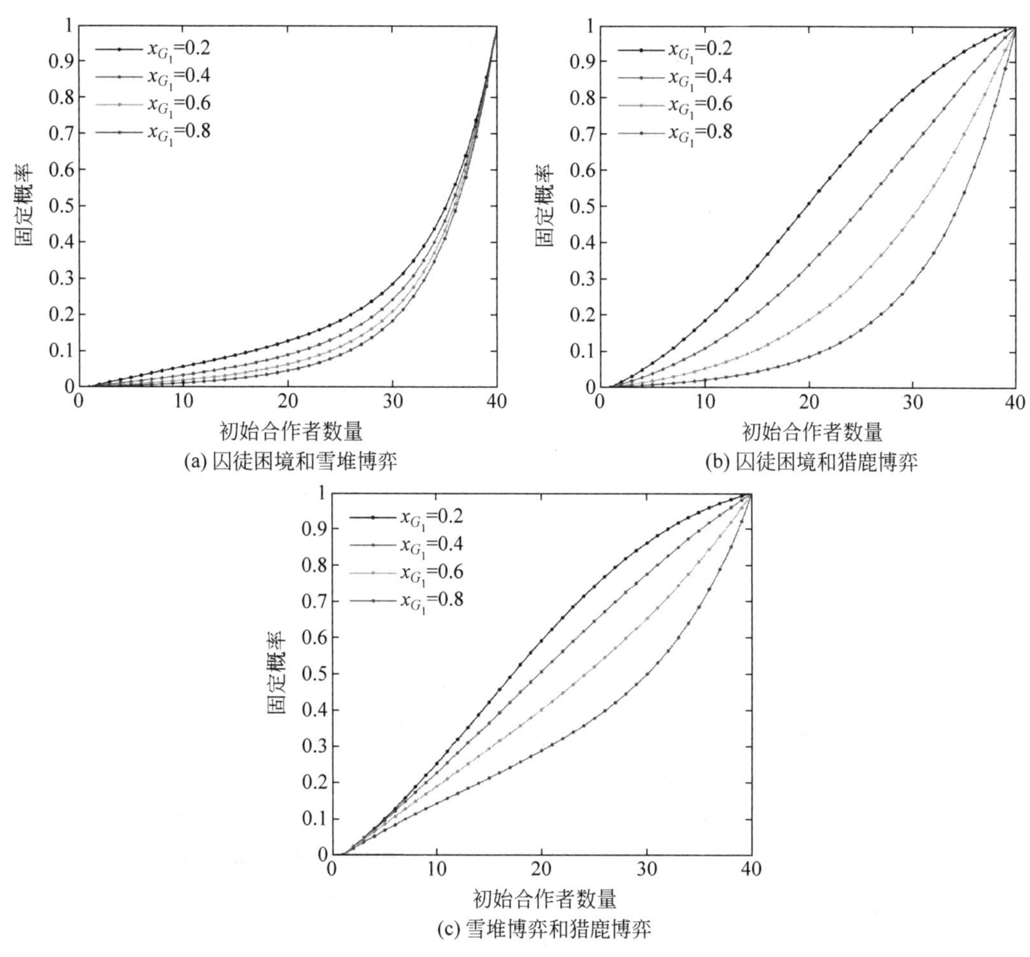

12.1(a)彩图

12.1(b)彩图

12.1(c)彩图

图 12.1 混合博弈模型中合作策略固定概率受初始合作者数量的影响结果

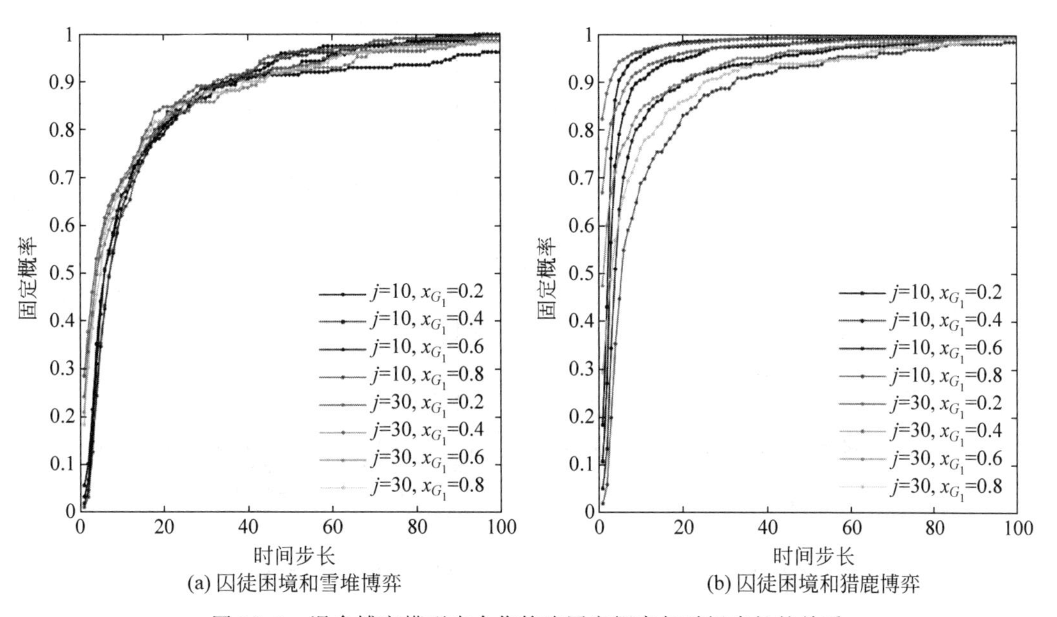

12.2(a)彩图

12.2(b)彩图

图 12.2 混合博弈模型中合作策略固定概率与时间步长的关系

12.2(c)彩图

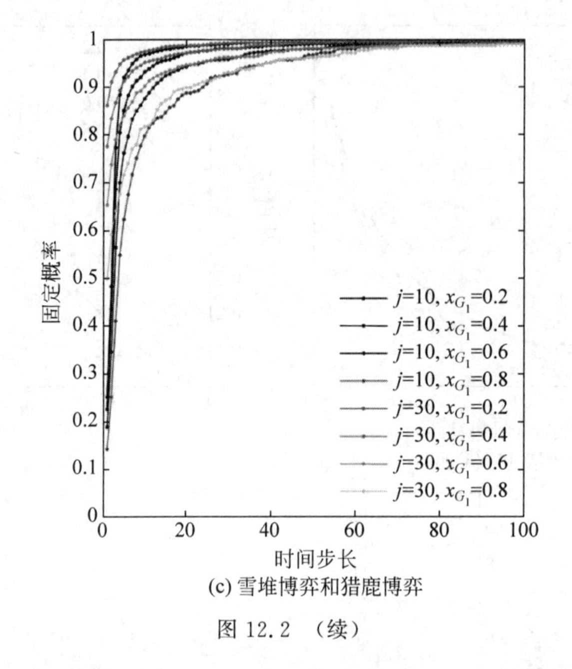

(c) 雪堆博弈和猎鹿博弈

图 12.2 （续）

12.3.2 混合博弈模型中合作策略固定时间

图 12.3 中，在三种混合群体中，合作策略在雪堆博弈和猎鹿博弈的混合博弈群体中达到固定的时间最长。如果群体中同时存在囚徒困境和雪堆博弈两种博弈群体，或是同时存在囚徒困境和猎鹿博弈的群体，则当 $x_{G_1}=0.4$ 时，固定时间长于 $x_{G_1}=0.2$ 时的情况。相反的结果可以在雪堆博弈和猎鹿博弈的混合博弈群体中得到。

12.3(a)彩图

12.3(b)彩图

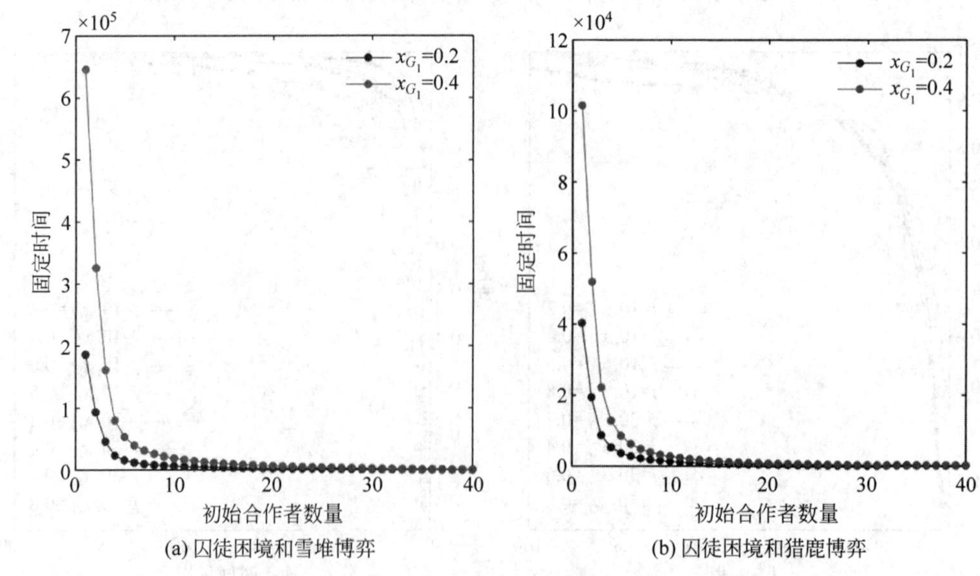

(a) 囚徒困境和雪堆博弈　　(b) 囚徒困境和猎鹿博弈

图 12.3 混合博弈模型中合作策略的固定时间与初始合作者数量的关系

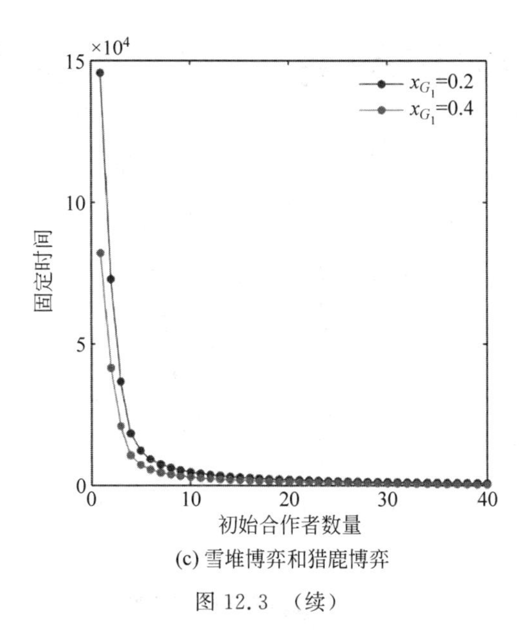

(c) 雪堆博弈和猎鹿博弈

图 12.3 （续）

12.3(c)彩图

12.4　仿真实验结果

12.4.1　混合博弈模型中合作者数量变化

理论分析已经明确群体的固定概率取决于群体的规模、初始合作者的数量和两种博弈模型在群体中的比例。随后，我们基于两人两博弈模型建立一些仿真实验来验证上述理论分析结果。为了更好地理解模型参数如何影响固定概率的变化，设置群体的规模 M 为 40，弱选择强度 ω 为 0.1。

在囚徒困境博弈和雪堆博弈的混合博弈群体中，当 $j=10$ 时，群体的合作水平快速增长，且在 500 步内群体达到稳态。然而，当 $j=30$ 时，情况不尽相同。合作者的数量在 35 附近波动，图 12.4 显示了对应的结果。由于囚徒困境博弈的最好的回应是采取背叛的策略，而雪堆博弈最佳回应是当对手选择策略后选择与之相反的策略，所以，当群体背叛个体数量较多时将会促进合作个体数量的增长。相反，当群体中的个体普遍愿意采取背叛策略时，合作水平则会相应受到抑制。

在囚徒困境博弈和猎鹿博弈的混合博弈群体中，尽管当 $j=10$ 时，在 500 步内所有个体均演化成合作策略，此时的合作水平变化率快于 $j=30$ 时的情况。在雪堆博弈和猎鹿博弈的混合博弈群体中情况类似，如图 12.4(b)和(c)所示。相似地，猎鹿博弈最佳回应是保持与对手策略的相同，所以，当系统中采取背叛策略的个体较多时，系统的合作水平很难固定到 1，且 $j=10$ 时的演化速率明显快于 $j=30$ 时的情形。基于以上分析可以看出，仿真实验结果符合理论分析的相关内容。

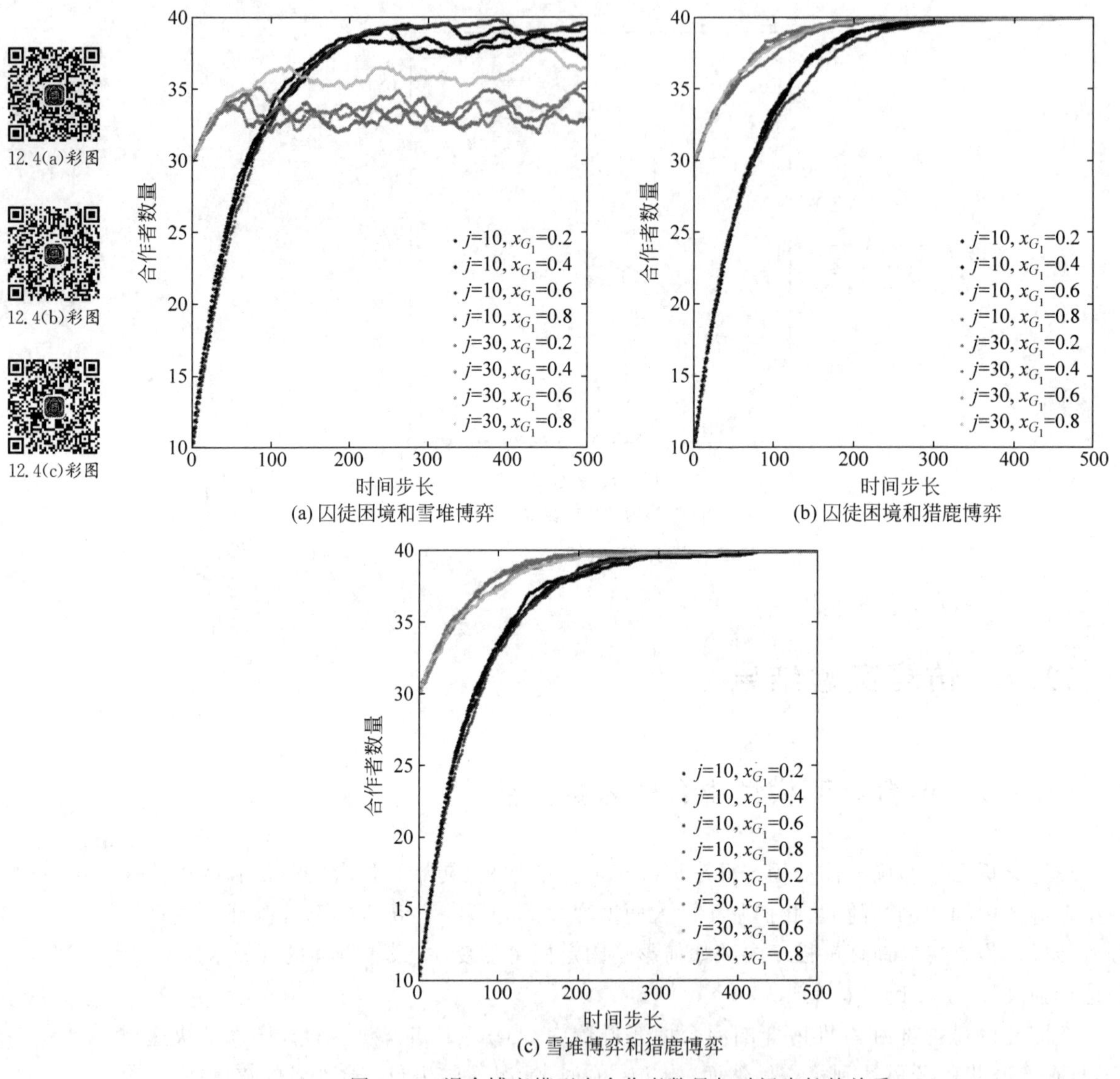

(a) 囚徒困境和雪堆博弈

(b) 囚徒困境和猎鹿博弈

(c) 雪堆博弈和猎鹿博弈

图 12.4　混合博弈模型中合作者数量与时间步长的关系

12.4.2　混合博弈模型中博弈对数量变化

在图 12.5(a)中，囚徒困境博弈和雪堆博弈的混合博弈群体中，囚徒困境博弈对的数量 m 随着时间步数的增加线性减少，此外 $j=10$ 时 m 的数量的变化趋势与 $j=30$ 时的情况近似。然而，在图 12.5(b)和图 12.5(c)中情况有所不同。博弈对的数量变化趋势在 $j=10$ 的情况略大于 $j=30$ 时的情况。在三个子图中，斜率最大的是 $x_{G_1}=0.8$ 时的情况，最小的是 $x_{G_1}=0.2$ 时的情况。这意味着，一种博弈对的数量将随着这种博弈类型在系统中比例的增大而快速下降。

(a) 囚徒困境和雪堆博弈

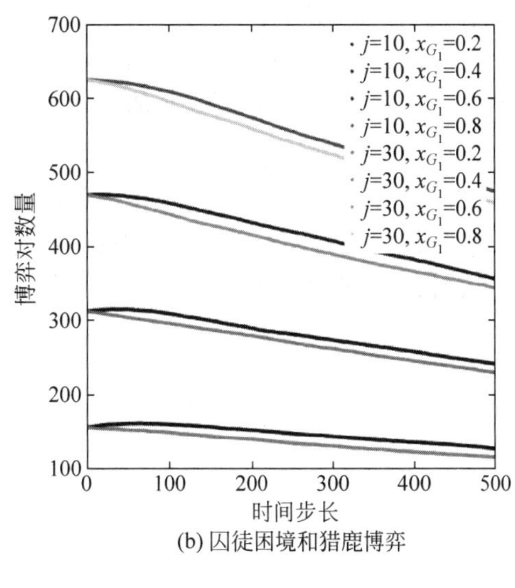

(b) 囚徒困境和猎鹿博弈

12.5(a)彩图

12.5(b)彩图

12.5(c)彩图

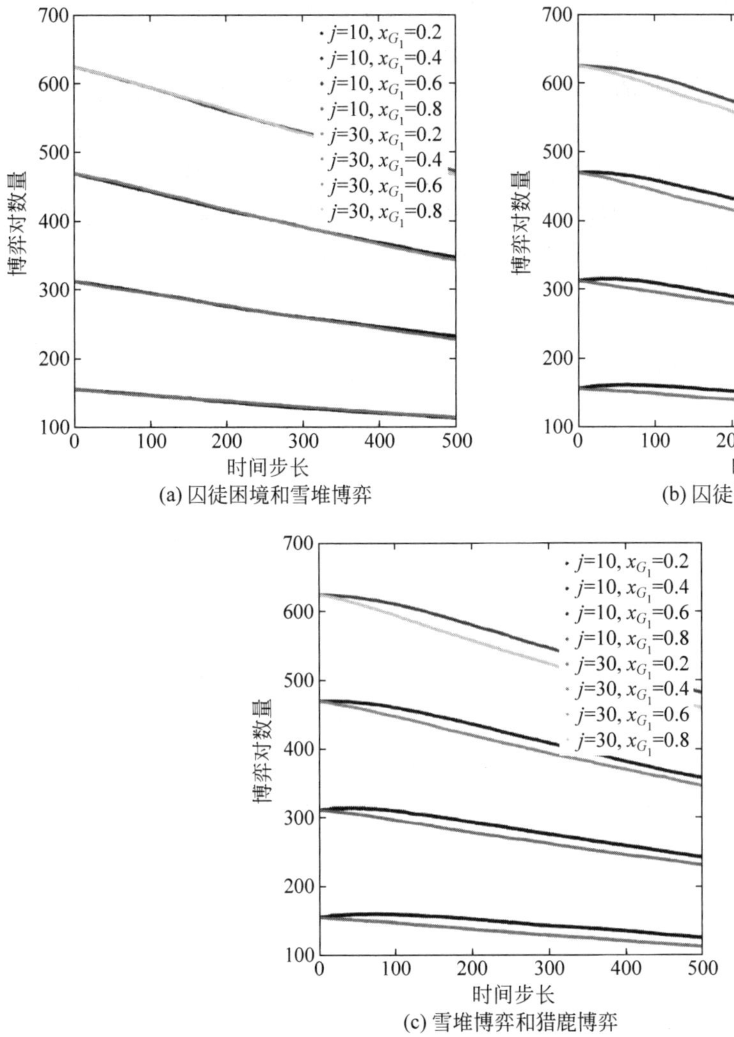

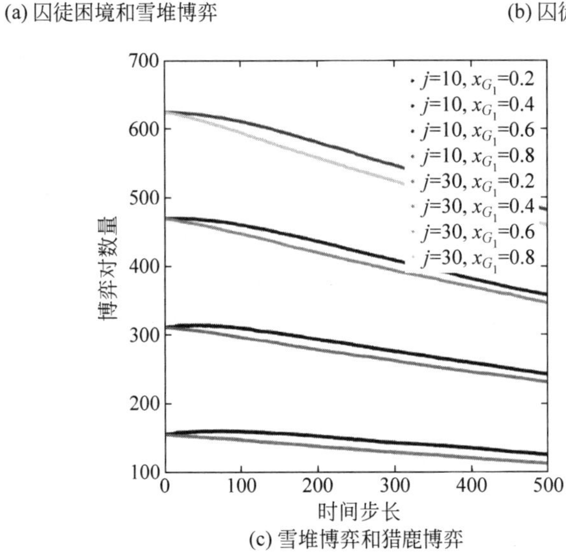

(c) 雪堆博弈和猎鹿博弈

图 12.5　混合博弈模型中博弈对数量与时间步长的关系

12.5　本章小结

多智能体系统中的合作行为在工程领域有着广泛应用。在系统中，个体和群体之间普遍存在利益冲突。现实世界中存在着多种合作困境，在这些合作困境中尽管群体成员的合作是必要的，但是个体的利益和集体的利益仍需共存。在一个真实的社会系统中，每个个体可能属于不同的社交网络，他们所面临的合作困境形式不尽相同。在以往的架构模型中，所有的个体基于一种合作困境中进行交互博弈。然而，个体的异质性揭示出在同一个博弈模型中研究个体合作水平的动态演化太过理想化。

基于这个现实，本章提出一种动态合作困境博弈模型，即系统中存在两种博弈模型。我们选择了三种具体的模型组合作为分析的基础，分别是囚徒困境博弈与雪堆博弈的混合、囚徒困境博弈与猎鹿博弈的混合，以及雪堆博弈与猎鹿博弈的混合博弈群体。

首先，通过理论计算和分析得到两人两博弈模型群体中固定概率和平均固定时间，研究当合作困境动态变化时合作水平的演化过程。一个关键性的结论是在三种不同的混合群体中合作者数量的变化趋势和博弈对的变化趋势不尽相同，取决于初始合作者的数量和不同博弈类型的比例等。实验结果揭示出当个体处于动态合作困境时如何控制和促进个体的合作行为。据此，可以进一步将此模型拓展为系统中存在多种博弈类型或更复杂的网络结构，以此进行接近于真实社会系统中关于合作困境的更深入的研究。

参考文献

请扫描下方二维码下载参考文献。

参考文献